コンストラクション
マテリアル

Harada Hiroshi 原田 宏 ＝＝＝編著

鹿島出版会

編集に当たって

　土木工学は、極めれば極めるほど奥は深く広く大きい。到底わが業の及ぶところではないと畏怖の念を抱かざるを得ない。

　土木構造物は、人々が生活を営んできた長い歴史のなかに共に生き続け、いかに人々のよりよい生活環境を生み出してきたか計り知れない。

　わが国では、稲作文化の始まる縄文後期から弥生時代に、公共施設である潅漑用水路、水田や環濠集落が建設され、古墳時代には仁徳天皇の御陵のような大規模土木構造物がすでにあった。今日の現代社会に至るまで、自然と戦い、山や海を拓き、川を治め、農地を開墾し、集落から村へ、村から都市へと国家形成の発展を支えてきた。したがって、土木技術は綿々と営まれ続けた2,000年超のわが国の歴史を刻む彫刻の鑿の役割を果たしてきたといえる。

　2011年3月11日に発生した東北地方太平洋沖地震による東日本大震災は、社会基盤施設の構築が、いかに日本国民の安寧に貢献し国益に資するものであることを改めて気付かせたと思う。社会基盤施設を、その長い供用期間を念頭に置いた目的に従い、計画し建設し維持していくことの重要性が改めて明らかにされた。

　本書は、土木教程選書『新版 土木材料学』(2003年)の内容をベースにしており、社会基盤施設の中心に位置する土木構造物を担う土木材料の重要性を、より理解しやすく学生諸兄姉に伝えるための新しい土木材料学の教科書として、標題も『コンストラクションマテリアル』と改め刊行するものである。ともすれば、土木建設系分野における材料の学習には、さほど専門的な知識が要求されないことから、高専や大学では2年生で履修されることが多い。したがって、大学を卒業したあと、技術士・土木施工管理技士・コンクリート技士等の資格試験を受験する場合には、再読をお勧めしたい。講義において大切なことは、施工現場をイメージさせながら、材料を利用するユーザーの立場からの知識の寛容が必要であると考え、限られた紙面の中で経験工学である側面を十分にカバーするように編纂した。

　本書の編集にあたっては、私の後任教授である梅村靖弘教授に編集幹事をお願いし、執筆は本学出身で年齢が30代半ばの第一線において活躍する技術者らが中心となって、ビジュアル情報化社会の中で育ってきた学生諸兄姉に対して、図表、写真を多く取り入れつつ、材料を利用していくユーザーの立場から必要な知識を得られるような記述を心がけている。内容は、彼ら若手技術者の目を通して、先輩そして自分らの経験から精査された実務的な知見を盛り込んでまとめてあり、実務に携わり始めた新人土木技術者の研修にも役立つものと思う。

　本書の構成は、序章で建設分野のあらましと仕組みと土木材料の総括について、第1章は多用されているコンクリート構造物の材料について、第2章は鋼構造物の代表である鋼橋の鋼材を中心に、第3章は土木構造物を建造するための仮設材料、第4章は道路用

アスファルト舗装材、第5章は従来の鋼材やコンクリートでは得られない性能を有する新材料等が述べられている。

本書の編集を通して、「良いコンクリートを作るには、砂と砂利とセメントと混和材と水を加えて練り混ぜればよいと考えるのは間違いで、さらに、作る人の心が入らないと良いコンクリートはできない」と諭された森豊吉先生のお言葉が、また「コンクリートは、人間と同様に風邪を引いたり病気になったりするから、常に良い手入れを心がけていなければならない」と説かれた関慎吾先生のお言葉が、ひとしお思い出される次第である。なお、お2人の先生方は共に福島県会津若松のご出身で、ズウズウ弁で話をされておられたことは印象的であった。

本書の基盤を作っていただいた『土木材料学』（初版1994年、新版2003年）刊行時の執筆者である先輩諸兄に感謝するとともに、後輩の指導の一助にと執筆に励んで頂いた各位と、教育的観点からご指導頂いた先生方、ならびに鹿島出版会の橋口聖一氏に深甚の謝意を表する次第である。

2012年8月

元日本大学教授　工学博士　原田　宏

編集委員会（2012年8月現在）

原田　宏	元 日本大学 理工学部 土木工学科 教授	編集委員長（序章）
梅村 靖弘	日本大学 理工学部 土木工学科 教授	編集副委員長（編集幹事）
佐藤 正己	日本大学 理工学部 土木工学科 助手	編集委員（第1章、第4章）
徳富 恭彦	独立行政法人鉄道建設・運輸施設整備支援機構	編集委員（第2章）
岡ノ谷 圭亮	東京地下鉄株式会社	編集委員（第3章）
安藤 彰宣	旭化成ジオテック株式会社	編集委員（第5章）

エドケイショナルアドバイザー

柳内 陸人	日本大学 生産工学部 土木工学科 教授	

目　次

編集にあたって

序章　日本の建設分野のあらまし

0.1　概　説 ……………………………………………………………………………… *1*
0.2　日本の建設産業の歴史 …………………………………………………………… *1*
0.3　わが国の建設産業の仕組み ……………………………………………………… *2*
0.4　社会基盤整備事業と土木構造物 ………………………………………………… *3*
0.5　土木構造物を支える土木材料 …………………………………………………… *3*

第1章　コンクリート構造物とその材料

1.1　概　説 ……………………………………………………………………………… *5*
1.2　セメント・コンクリートの歴史 ………………………………………………… *6*
1.3　コンクリート構造物の長所と短所 ……………………………………………… *6*
1.4　コンクリート構造物の種類 ……………………………………………………… *7*
　　1.4.1　無筋コンクリート ………………………………………………………… *7*
　　1.4.2　鉄筋コンクリート構造 …………………………………………………… *7*
　　1.4.3　プレストレストコンクリート構造 ……………………………………… *7*
　　1.4.4　鉄骨鉄筋コンクリート構造 ……………………………………………… *8*
1.5　コンクリート構造物を構成する主要な材料 …………………………………… *8*
　　1.5.1　セメント …………………………………………………………………… *9*
　　1.5.2　水 …………………………………………………………………………… *13*
　　1.5.3　骨　材 ……………………………………………………………………… *14*
　　1.5.4　混和材料 …………………………………………………………………… *15*
　　1.5.5　コンクリート構造物の補強材 …………………………………………… *21*
1.6　フレッシュコンクリートの性質 ………………………………………………… *24*
　　1.6.1　ワーカビリティー ………………………………………………………… *25*
　　1.6.2　コンシステンシー ………………………………………………………… *27*
　　1.6.3　プラスティシティーおよびフィニシャビリティー …………………… *30*
1.7　硬化コンクリートの性質 ………………………………………………………… *32*
　　1.7.1　コンクリートの強度 ……………………………………………………… *32*
　　1.7.2　コンクリートの弾性係数（ヤング係数） ……………………………… *36*
　　1.7.3　収　縮 ……………………………………………………………………… *36*
　　1.7.4　クリープ …………………………………………………………………… *37*
　　1.7.5　水密性 ……………………………………………………………………… *38*
　　1.7.6　熱的性質 …………………………………………………………………… *38*

- 1.8 コンクリート構造物の施工 ·· 39
  - 1.8.1 鉄筋加工・配筋 ·· 39
  - 1.8.2 型枠・支保工 ·· 44
  - 1.8.3 フレッシュコンクリートの製造 ·· 47
  - 1.8.4 運　搬 ·· 48
  - 1.8.5 打込み ·· 48
  - 1.8.6 締固め ·· 48
  - 1.8.7 仕上げ ·· 50
  - 1.8.8 養　生 ·· 50
  - 1.8.9 脱型（型枠支保工の取外し） ··· 51
  - 1.8.10 打継目 ··· 52
- 1.9 コンクリートの配合設計 ·· 53
  - 1.9.1 配合設計の基本的な考え方 ··· 53
  - 1.9.2 配合設計 ··· 53
- 1.10 コンクリートの品質管理と検査 ·· 58
  - 1.10.1 品質管理と検査の基本的な考え方 ··· 58
  - 1.10.2 品質管理と検査 ·· 58
- 1.11 コンクリート構造物の耐久性 ··· 63
  - 1.11.1 コンクリート構造物の劣化に対する要因 ······································· 63
  - 1.11.2 コンクリート構造物の点検・調査と診断 ······································· 68
- 1.12 特殊コンクリート ·· 70
  - 1.12.1 環境負荷低減コンクリート ··· 70
  - 1.12.2 マスコンクリート ··· 71
  - 1.12.3 高流動コンクリート ··· 72
  - 1.12.4 高強度コンクリート ··· 73
  - 1.12.5 収縮補償コンクリート ·· 74
  - 1.12.6 軽量コンクリート ··· 75
  - 1.12.7 水中コンクリート ··· 75
  - 1.12.8 プレパックドコンクリート ··· 75
  - 1.12.9 水中不分離性コンクリート ··· 76
  - 1.12.10 海洋コンクリート ·· 77
  - 1.12.11 転圧コンクリート ·· 77
  - 1.12.12 ポーラスコンクリート ·· 78
  - 1.12.13 吹付けコンクリート ··· 79
  - 1.12.14 短繊維補強コンクリート ·· 79
- 1.13 プレキャストコンクリート ··· 80
  - 1.13.1 プレキャストコンクリート製品 ··· 80
  - 1.13.2 プレキャストコンクリート部材を使用した構造物 ···························· 82

第2章 鋼構造物とその材料

- 2.1 鋼構造物の種類と特徴 ·· 89
  - 2.1.1 鋼構造物の種類 ··· 89
  - 2.1.2 鋼構造物の特徴 ··· 89

2.2 鋼橋の歴史と形式 ……………………………………………………… *90*
2.2.1 鋼橋の歴史 ……………………………………………………… *90*
2.2.2 鋼橋の形式 ……………………………………………………… *92*
2.3 鋼材の種類とその力学特性 …………………………………………… *95*
2.3.1 鋼材の種類 ……………………………………………………… *95*
2.3.2 鋼材の力学的性質 ……………………………………………… *99*
2.4 鋼橋の製作 ……………………………………………………………… *101*
2.4.1 鋼材の加工 ……………………………………………………… *101*
2.4.2 溶接継手 ………………………………………………………… *103*
2.4.3 高力ボルト継手 ………………………………………………… *104*
2.4.4 工場製作 ………………………………………………………… *105*
2.4.5 品質とその管理 ………………………………………………… *107*

第3章 仮設構造物とその材料

3.1 概　説 …………………………………………………………………… *111*
3.2 地下鉄工事の計画の考え方 …………………………………………… *112*
3.3 地下鉄工事の仮設構造物の材料と設計・施工の考え方 …………… *114*
3.3.1 土留め壁および中間杭建込み ………………………………… *114*
3.3.2 路面覆工 ………………………………………………………… *116*
3.3.3 埋設物防護 ……………………………………………………… *117*
3.3.4 掘　削 …………………………………………………………… *117*
3.3.5 本体構造物築造 ………………………………………………… *118*
3.3.6 埋設物復旧、埋戻し …………………………………………… *119*
3.3.7 道路復旧 ………………………………………………………… *122*

第4章 アスファルト舗装とその材料

4.1 概　説 …………………………………………………………………… *125*
4.1.1 道路の構造規格 ………………………………………………… *125*
4.1.2 設計・施工条件 ………………………………………………… *128*
4.1.3 耐久性・維持管理 ……………………………………………… *128*
4.2 アスファルト混合物の材料 …………………………………………… *128*
4.2.1 瀝青材料 ………………………………………………………… *128*
4.2.2 骨材・フィラー ………………………………………………… *131*
4.3 アスファルトの試験方法と品質規格 ………………………………… *132*
4.3.1 舗装用石油アスファルトの品質規格試験 …………………… *132*
4.4 アスファルト舗装の施工 ……………………………………………… *134*
4.4.1 加熱アスファルト混合物の製造・運搬 ……………………… *134*
4.4.2 加熱アスファルト混合物の敷均し・締固め ………………… *135*
4.5 加熱アスファルト混合物の配合設計 ………………………………… *136*
4.5.1 加熱アスファルト混合物の性質 ……………………………… *136*
4.5.2 加熱アスファルト混合物の種類 ……………………………… *136*
4.5.3 配合設計 ………………………………………………………… *137*

4.5.4　マーシャル安定度試験 …………………………………………………… *137*
4.6　アスファルト舗装の品質管理と検査 ……………………………………………… *139*
　　　4.6.1　品質管理の基礎事項 ……………………………………………………… *139*
　　　4.6.2　加熱アスファルト混合物の管理と検査 ………………………………… *140*
4.7　各種舗装工法 ………………………………………………………………………… *141*
4.8　再生舗装 ……………………………………………………………………………… *142*

第5章　環境を考慮した新しい材料

5.1　概　説 ………………………………………………………………………………… *145*
　　　5.1.1　時代の流れと新材料 ……………………………………………………… *145*
　　　5.1.2　新素材・新材料の利用傾向 ……………………………………………… *146*
　　　5.1.3　新素材の用語の説明 ……………………………………………………… *146*
5.2　分　類 ………………………………………………………………………………… *147*
5.3　利　用 ………………………………………………………………………………… *148*
　　　5.3.1　一　般 ……………………………………………………………………… *148*
　　　5.3.2　材料別にみた利用状況 …………………………………………………… *148*
　　　5.3.3　用途分野別にみた利用状況 ……………………………………………… *149*
5.4　利用の実例 …………………………………………………………………………… *150*
　　　5.4.1　ジオシンセティックス …………………………………………………… *150*
　　　5.4.2　発砲スチロール工法 ……………………………………………………… *155*
　　　5.4.3　繊維強化プラスチック材の適用 ………………………………………… *157*

付録資料
索　引

序章
日本の建設分野のあらまし

0.1 概説

　土木工学を学ぶ者のほとんどは、いずれわが国の建設産業関連分野に身を置き生活することになる。したがって、わが国の建設産業が日本の国の中で、どのような位置づけにあるか、そのあらましを知っておくことは、将来建設産業に参画するときの自分の役割を理解するうえで、大変重要なことになる。2011（平成23）年版国土交通白書によれば、わが国の建設産業は国内総生産GDPの約9％に相当する建設投資を受け、全産業就業人口の約7％にあたる約497万人を擁している。建設業社は48万社を超え、2011年度の建設投資額は42兆円を超えている。1997（平成9）年以降は減少傾向にあるものの、建設産業は、わが国の重要な基幹産業の1つである。

0.2 日本の建設産業の歴史

　日本の建設産業の歴史は、人々の生活の営みとともにある。歴史を紐解くと日本列島に人が住んでいたのは、石器時代に遡るといわれるほど古い。縄文時代後期に次第に水田稲作がわが国に導入され、1世紀かからないうちに九州から青森県まで水田稲作が行われるようになり、狩猟民族から農耕民族へと大転換があったといわれる。

　灌漑用水路、水田の開墾、集団定住生活などから村の形成を促し、小都市、小国家が生まれる。4世紀の仁徳天皇の御陵は、延べ400万人で21年間の工期を要したといわれる大土工が行われた大規模な墓である。6世紀末の聖徳太子以後大化の改新の際の土地の公有化などを裏づける高度な測量技術がすでにあった。

　8世紀初めの藤原京から平城京遷都の後の70年間を奈良時代というが、都の建設には70万人が携わり、南北4.8km、東西5.9km、中央に幅員75mの朱雀大路があったという。荘園の台頭をみた10世紀から12世紀に武士が現れ、鎌倉、室町時代を迎える。応仁の乱を機に室町幕府が衰え、100年間ほど戦国時代に入るが、織田信長や豊臣秀吉の時代の大坂城築城や徳川家康、秀忠、家光の3代による江戸城築城と城下町の建設は、巨大な土木構造物の建設の歴史である。17世紀に入ると神田上水や玉川上水の建設が有名である。さらに、1594年に千住大橋、1600年代には六郷大橋、日本橋、両国橋、新大橋、永代橋と次々と橋の完成をみる。江戸時代は特に都市の整備、農業利水、内陸水運、道路、港湾、治山、治水、新田塩田開発など多くの社会基盤整備事業が広く行われ、社会資本の充実が図られた。

　江戸時代末期、ペリー提督の率いる4隻の黒船の訪問を受けた1853（嘉永6）年、わが国は鎖国政策を改め明治維新を迎える。明治政府は、近代国家形成富国強兵を目標にお雇い外国人技術者の指導のもと、欧米先進国にならい近代都市の建設に着手し、産業を興した。土木工学の範囲では1870（明治3）年、鉄道建設に着手しトンネル工事を初めて行った。1875（明治8）年セメント工場完成、1900（明治33）年完成をみたわが国初の布引ダム（高さ33.3m、堤長110.3m、神戸）、1876（明治9）年札幌農学校が開校、有名な「Boys be ambitious」の言葉を残したクラーク博士が教頭となり、土木工学の端緒を開く。1886（明治19）年、帝国大学工科大学が設立される。私立学校では時を同じくして攻玉社に土木課程が開設され、1889（明治22）年日本大学の前身日本法律学校が設立され、1920（大正9）年日本大学に私学で初めて土木工学科が設立されている。

1914(大正3)年土木学会が誕生し、日本の近代土木技術は第2段階に入る。1931(昭和6)年鉄筋コンクリート示方書が制定され、着実に明治・大正・昭和へと社会資本整備事業が積み重ねられていったが、1945(昭和20)年第二次世界大戦が敗戦に至り、それまで営々と培われてきた社会資本整備の多くが爆撃で失われ、壊滅的な被害を被った。戦後、今日のわが国の社会資本整備事業が始まり、近代土木技術は第3段階を迎えることになる。

資源の少ないわが国における政治経済社会の構造は、極度に中央集権的傾向となり、企業の育成に重点が置かれたことは否めない。が、どん底の敗戦のなかから飢えに耐え、物不足に耐えながら人々が立ち上がり、わずか数十年の間に、今日の経済大国といわれる日本の社会の繁栄を導いてきた源の1つが土木工学である。地道に技術開発を続け、よりよいものを、より安くより早く建造するたゆみない努力をはらってきた土木技術と、それに携わってきた人々の英知が、今日の日本の豊かで平和な社会を築いたのである。

0.3 わが国の建設産業の仕組み

わが国の建設産業は、図0-1に示すように大きく分けると、仕事を創るグループと仕事を行うグループと、この2つのグループを支援するグループに分けられる。公共事業の場合と民間事業の場合の相違点は、仕事を創るグループが、民間事業者に変わり、仕事を行うグループの仕事の範囲が拡大されるが、支援するグループは変わらない。

(1) 仕事を創るグループ

公共の土木事業として仕事を創るグループは発注者といわれ、国の機関(国土交通省・農林水産省、経済産業省、厚生労働省等、ならびに各種独立行政法人・事業団・政府企業等)、3,300の地方自治体(都道府県・市町村等)に分けられる。国の機関は、日本の国土の将来像を描き、産業や経済の発展と国民生活の向上、社会福祉の増進を目的とした基本構想を立案する。独立行政法人・事業団・政府企業等は、国の基本構想を基に各々専門分野ごとに基本計画を立て、調査・基本設計・実施設計・工事発注・施工管理・維持管理を行う。地方自治体は国の基本構想あるいは基本計画のもとで、それぞれの地域の振興を目的として事業計画を立て、調査・基本設計・実施設計・工事発注・施工管理・維持管理を行う。

(2) 民間で仕事を創るグループ

わが国の基幹産業である、鉄鋼・重化学・造船・電気・電力・通信・情報・流通等の企業はもとより、一般私企業が、生産・販売・管理・開発・研究等の設備に関連する土木構造物を建設す

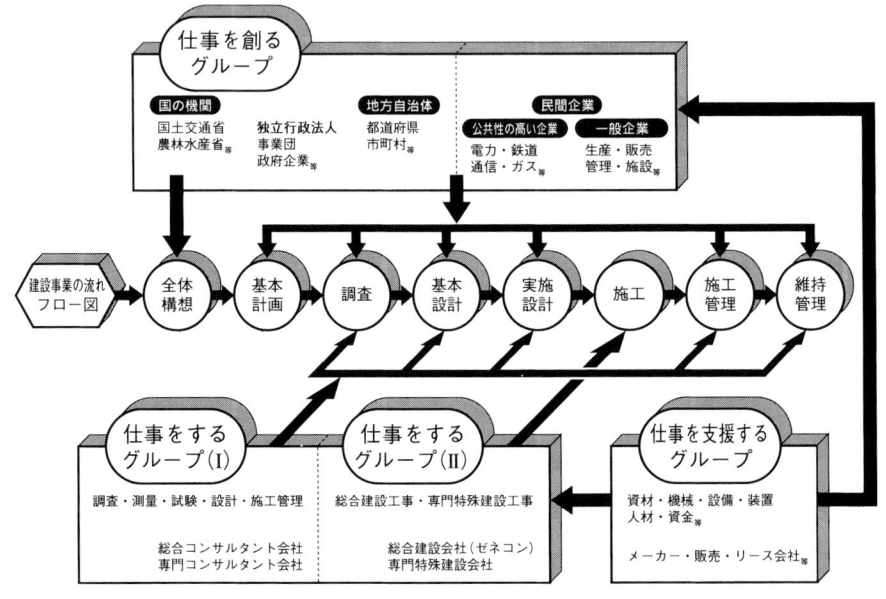

図0-1 建設産業のしくみ

る場合をいう。

（3） 仕事を行うグループ

主に、仕事を創るグループの部分的な仕事を遂行するグループに建設コンサルタントグループがある。また、仕事を創るグループから仕事を行うグループ、すなわち、一般にゼネコンといわれている工事を実施する総合建設会社や、ある部門を得意とする専門の建設会社のグループがある。各々会社の規模によって国際的に活躍する会社もあれば、日本全国で仕事をする会社もあり、地方のみで活躍する会社もある。

（4） 仕事を支援するグループ

仕事を支援するグループは、文字どおり仕事を創るグループと仕事を行うグループの2つのグループを支援する役割を担うグループで、公共・民間を問わず土木構造物建設に伴う材料・機器類・設備装置・人材・資金等を提供する企業グループをいう。

これら3つのグループが、各々の分野に応じて仕事を分担して、社会基盤整備事業である公共土木事業や民間の土木事業が推進される。

0.4　社会基盤整備事業と土木構造物

豊かなゆとりある生活空間の整備を目指して、わが国の社会基盤整備事業は営々と続けられており、わが国近代化の歴史とともに発展をみている。

台風・地震・津波など自然災害の多いわが国にとって土木工事は容易ではないが、エネルギー・食料ネットワーク（治山・治水・灌漑・利水・電力等）、物流ネットワーク（道路・鉄道・空港・港湾・漁港等）、都市環境ネットワーク（都市計画・街路・オフィス・住宅・公園・上下水道・ガス・電信・電話・電気施設・産業廃棄物処理・し尿処理・公害防止施設等）、産業構造ネットワーク（団地造成・工業団地・臨海工業地帯・工場改築・移転再開発等）等に伴う土木構造物は枚挙にいとまがない（図 0-2 参照）。

0.5　土木構造物を支える土木材料

土木構造物を支える土木材料は、古くは土砂・石材・木材が主流であり、明治時代に入り近代土木構造物の建設には外国からの輸入材を中心に、鋼材・煉瓦・アスファルト・セメント等が用いられてきた。第二次大戦終了後の復興とともに、特に昭和 30 年代後半から鋼材・アスファルト・セメント等の建設材料がわが国で自給できるようになり、急速に土木構造物の信頼が高まり、今日の土木構造物の基礎を築いてきた。

[序章　引用文献]

1）　写真提供：鹿島建設株式会社

[序章　参考文献]

(1)　岡田 清、明石外世樹、小柳 治共編：土木材料学（新編）、国民科学社、1988
(2)　樋口芳朗、辻 正哲、辻 幸和：建設材料学（第3版）、技報堂出版、1991
(3)　国土交通省：国土交通白書（平成13年度版）、2001
(4)　高橋 裕：現代日本土木史、彰国社、1990
(5)　農業土木歴史研究会編：大地への刻印、公共事業通信社、1988
(6)　繊維学会編：おもしろい繊維のはなし、日本工業新聞社、1992
(7)　山本 宏：橋の歴史―紀元1300年頃まで―、森北出版、1992
(8)　日本材料学会編：先端材料の基礎知識、オーム社、1991

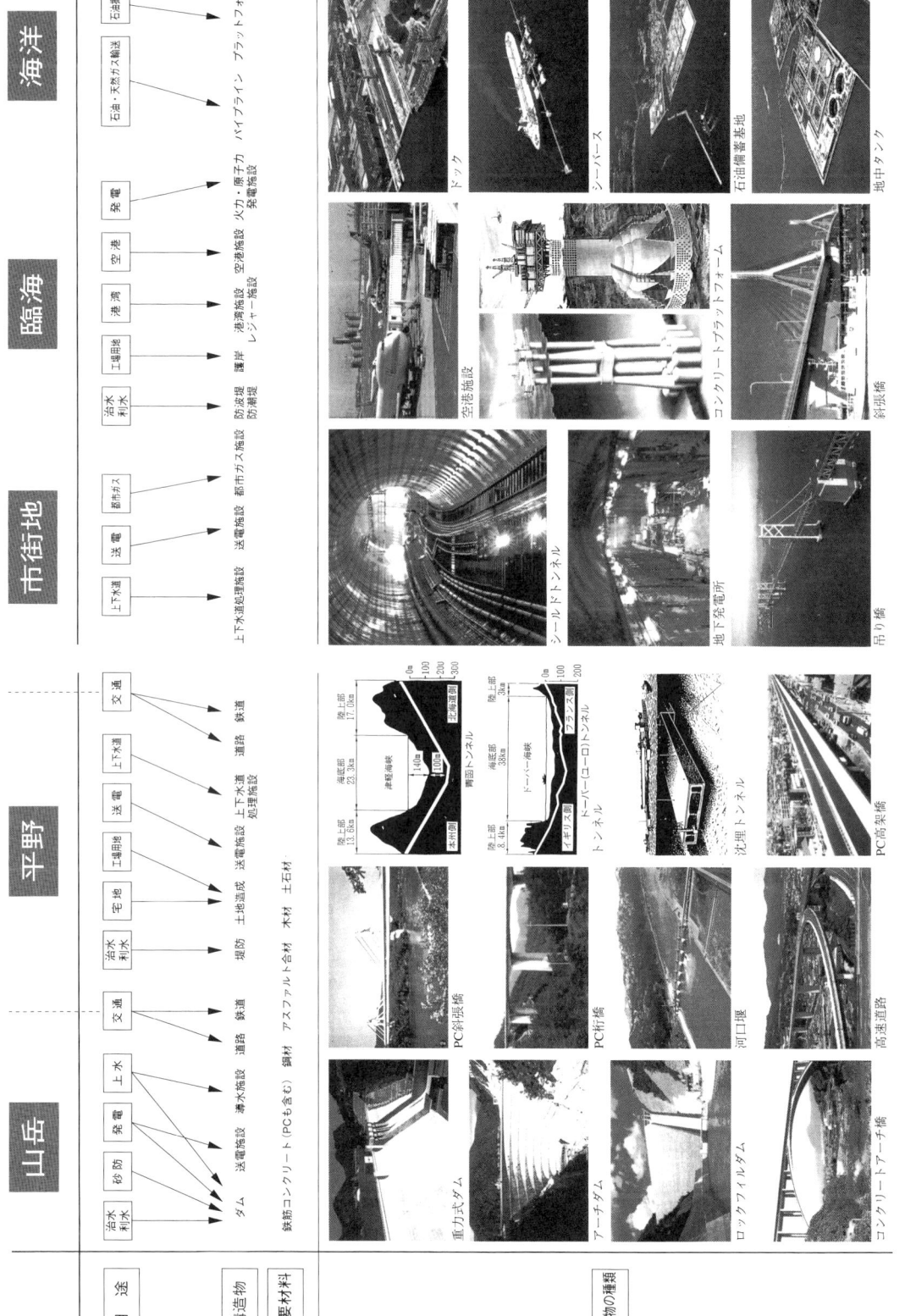

図 0-2 構造物の種類[1]

第1章
コンクリート構造物とその材料

1.1 概　説

　コンクリート構造物は、橋梁をはじめ多目的ダム、道路・空港滑走路の舗装、高架橋・地下鉄に見られる地下構造物・トンネル・路盤等の鉄道構造物、防波堤・岸壁・海上プラットフォーム（石油ガス掘削生産貯蔵施設）といった海洋構造物、共同溝、シールドトンネル・浄水施設・下水処理場施設など、わが国の土木構造物として、多方面にわたり利用されている。表 1-1 に土木分野で使用されている主なコンクリート構造物の種類を、構造種別毎に分類して示す。

表 1-1　コンクリート構造物の種類

構造物の種類：大分類	中分類	小分類
上空構造物	橋梁	RC道路橋、RC鉄道橋、PC道路橋、PC鉄道橋
	高架橋	道路高架橋、鉄道高架橋、鉄道駅高架橋
	橋脚、橋台	躯体、パラペット
	立体駐車場	道路
	給水施設	給水塔
地中構造物	トンネル	山岳トンネル
	シールドトンネル	鉄道、道路、上下水道施設、電信・電話、電気、ガス
	沈埋トンネル	道路、鉄道
	アンダーピニング	受け桁（合成構造）
	地下構造物	地下街、地下駐車場、地下駅、共同溝、浄水施設
基礎構造物	ケーソン	躯体、鋼殻ケーソン充塡コンクリート、RCウエル
	高架橋基礎	RCプレキャスト杭、PCプレキャスト杭、場所打ちコンクリート杭
	コンクリート舗装	道路、鉄道路盤
	地盤改良	モルタル系深層混合
海洋・臨海・港湾構造物	荷揚げ設備、洋上オイルターミナル、洋上石油ガス掘削生産貯蔵施設、下水処理施設、火力・原子力発電施設	桟橋、ドック、防波堤、荷役施設、沖合係留施設、埋立地、シーバース、海岸堤防、離岸堤、港湾漁港コンクリート製・ハイブリッド製プラットホーム、石油・ガス備蓄施設、下水処理施設、沖合人工島
空港設備	飛行場	滑走路他空港施設
騒音対策設備	騒音対策	防音壁
	排ガス	換気塔
防災設備	雪害対策	スノーシェルター
	落石対策	落石防護工
	衝突防止柵	コンクリートガードフェンス
	斜面防災	土留め擁壁、法面防護工
電気・ガス設備	ダム	多目的ダム、砂防ダム
	競技場、道路、鉄道	電柱、架線柱
	送電設備	送電設備基礎
娯楽設備	ゴルフ場	砂防ダム、排水施設、法面保護工
	遊園地	各種娯楽施設基礎他
仮設構造物、共通のもの	仮設材	覆工版
	型枠支保工	プレキャスト型枠

　セメントを結合材として、砂・砂利・水・セメント・混和材料（コンクリートの品質改善を目的として混入する材料）等を練り混ぜてつくるコンクリート材料は、比較的品質の良いものが安価に入手しやすいといった経済性の点から、これまで広く用いられてきた。しかし、コンクリート構造物は、鋼構造物と対比されることが多い。

　土木構造物は適切に維持管理することによって永久構造物とすることが求められており、そのため、初期コストだけでなく、維持管理コスト、最終処分コストも含めた、トータルコストを考えた評価が必要となってくる。その中で、コンクリート構造物の優位性をいかに適切に判断するかが重要な課題である。

　コンクリート構造物は、一般的に、鉄筋で補強し、鉄筋コンクリートとして使われることが多い。一方、ダム工事の堰堤に見られるような大きな重量を期待し、その特性を活かして無筋コンクリートとして利用するコンクリート構造物も見られる。コンクリート構造物は、各々その目的・場所・自然条件はもとより使用資材や作業員などが異なるなど、常にそれぞれの環境条件のもとで所要の品質を確保しなければならない。土木技術者は常に良いコンクリート構造物を建造するための正しい知識の涵養と経験が求められている。

　一方、広く、プレキャストコンクリート、プレハブ製品が採用されている。昨今の工事現場における建設就業者の高齢化対策、特に、鉄筋工、型枠工などの熟練労働者の不足を解消することができ、施工の合理化や急速施工を可能にしている。

　また、環境問題への対応が重要な社会的要請として取り上げられるようになった今日、プレキャスト（型枠）工法の開発は、熱帯林合板型枠の削減など地球温暖化防止の観点からも評価されている。

1.2 セメント・コンクリートの歴史

鉄筋コンクリート構造の主要材料であるポルトランドセメントは、ジョセフ・アスピディン（Joseph Aspdin：英国、1779～1855）が「人造石製造法の改良」という標題で1824年に特許を得たのが最初である。

これに用いたセメントの硬化した状態が当時の建築材のポルトランドストーン（Portland Stone）に似ていたことから、このセメントをポルトランドセメント（Portland Cement）と名づけた。

また、世界最初のコンクリートは、紀元前5000年にさかのぼり、ユーゴスラビアのレベンスキービル付近で、ダニューブ川の土手を掘り返したところ、B.C.5600年頃、ここに住んでいた石器時代の漁師や狩人が自分たちの小屋の床に一種のコンクリートを使っていたことがわかった。

その他、黄河上流の中国甘粛省安泰県大地湾にある新石器時代の文化遺跡から発掘されたコンクリートのセメントが現在の珪酸塩セメントとほぼ同じ成分であることが判明した。5,000年前の人々が現在とほぼ同じセメントを使用していたことになる。

鉄筋コンクリートを発明したのはジョセフ・モニエー（Joseph Monier：仏国、1823～1906）である。セメントモルタルの植木鉢を鉄網で補強することを発明し、その後改良を加えて、格子形に鉄筋を配置するMonier式を案出し、1867年に特許を得ている。

わが国の鉄筋コンクリート構造の土木・建築の分野での第1号は、土木では横浜港岸壁ケーソン工事（1890）であり、建築では、佐世保軍港第3船渠（1905年竣工）付属ポンプ所およびその煙突（1904年竣工）である。

1875年仏国で鉄筋コンクリート橋が初めて架けられた。わが国では1903（明治36）年鉄骨コンクリート橋が、1909（明治42）年鉄筋コンクリート橋が架けられた。

わが国では1875（明治8）年にセメントが国産化された。1898（明治31）年セメントのJISが制定され、社会基盤整備の発展とともに今日では、わが国の生産量は5,743万トン/年（2010年の統計）であり、世界のセメント生産量は約33.0億トン/年である。

1.3 コンクリート構造物の長所と短所

コンクリート構造物は一般に鉄筋コンクリートとして使われることが多い。鉄筋コンクリート構造の構造材料である鉄筋は引張力に強いが、ある限度以上の圧縮力で座屈し、また熱に弱い材料である。もう一方のコンクリートは、圧縮力には強いが、引張力およびせん断力には弱い材料である。これらの材料を組み合わせることによって、互いの短所を補い、鉄筋コンクリート構造物が成り立っている。以下にコンクリート構造物の特徴を示す。

（1） コンクリート構造物の長所
① 圧縮力に対して大変強い。
② コンクリートの各材料は比較的安く、簡単に入手することができる。
③ セメントや骨材を、必要な量だけ簡単にどんな所にも運べる。したがって、どんな所でも施工ができる。
④ 一般的な施工には、特に熟練した技術者を必要としない。
⑤ 耐久的・耐火的・耐震的な構造物ができる。
⑥ どんな形の構造物でもつくることができる。

（2） コンクリート構造物の短所
① 鋼材に比べるとねばり（靭性）が少ないため、大断面積になり、重くなる。
② 引張力が低いため、鉄筋などの補強が必要。
③ コンクリートが硬化し、強さを発揮するまでにある程度の養生日数が必要。
④ 設計や施工に注意しないとひび割れが発生しやすくなる。
⑤ 化学抵抗性、特に酸類に劣る。
⑥ 構造物を改造したり、取り壊したりするのが比較的困難である。

現在、上記短所を改善するため、各研究機関において開発が進められている。例を挙げると、ひび割れを抑制するための繊維補強コンクリートの採用、温度ひび割れを抑制するためのマスコンクリートに関する技術、および低発熱型セメントや各種混和材料の開発、施工性の改善についてはプレキャスト化などの研究が進められている。

1.4 コンクリート構造物の種類

コンクリート構造物は補強材の種類によって以下のように分類できる。
① 無筋コンクリート
② 鉄筋コンクリート構造（RC構造）
③ プレストレストコンクリート構造（PC構造）
④ 鉄骨鉄筋コンクリート構造（SRC構造）

上記①、②、③の力学上の特性を図1-1に示す。

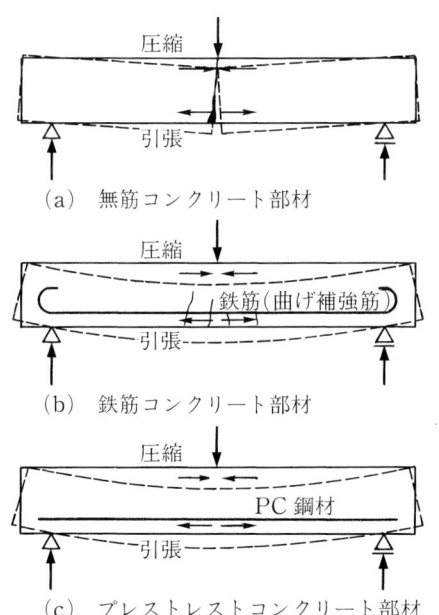

(a)は、曲げひび割れ発生後、直ちに破壊する。
(b)は、曲げひび割れが発生した後も、曲げ補強筋の働きで、さらに荷重を保持する。
(c)は、荷重によって生じる引張応力が、プレストレスによって生じている圧縮応力以上にならないと、曲げひび割れは発生しない。

図1-1 コンクリート構造部材の力学上の特性

1.4.1 無筋コンクリート

無筋コンクリートは、鉄筋などで補強しないコンクリートを総称したものであり、トンネルの覆工コンクリート、重力式橋台、重力式擁壁などがある。

一般に、舗装コンクリート、ダムコンクリートなどは無筋コンクリートと呼ばない。また土間コンクリートなどでは、ひび割れ防止のために溶接金網や用心鉄筋を用いる場合があるが、一般に無筋コンクリートとして扱っている。

1.4.2 鉄筋コンクリート構造

鉄筋コンクリート構造における鉄筋とコンクリートの機能について述べる。プレストレストコンクリート構造や鉄骨鉄筋コンクリート構造に使用される鉄筋についても同様の機能を有するものと考えてよい。

① 鉄筋コンクリート構造における圧縮力はコンクリートが負担する。
② 鉄筋コンクリート構造における引張力は鉄筋が負担する。コンクリート構造の設計においては、通常コンクリートの引張抵抗は無視し引張力は鉄筋で受け持たせる。
③ 鉄筋コンクリートの設計におけるせん断力はコンクリートとせん断補強筋が負担する。
④ 鉄筋とコンクリート間の付着力により両者が一体となって働くものとする。
⑤ 鉄筋とコンクリートの線膨張係数は常温でほぼ等しいものとする。両者の線膨張係数は約 $1 \times 10^{-5}/℃$ である。したがって、温度変化に伴う両材料間に生じる応力は考えない。
⑥ コンクリートで鉄筋を包む。コンクリートは強アルカリ性で、鉄筋の錆を防ぐ。また、かぶり厚さの確保により、炭酸ガス等によるコンクリートの中性化が鉄筋位置まで達するのを防ぎ、塩分や有害物質の侵入を防ぐ。
⑦ 鉄筋でコンクリートを包む効果：主筋、せん断補強筋でコンクリートを包み、拘束することにより耐力と靭性の向上が得られる。

1.4.3 プレストレストコンクリート構造

プレストレスとは、荷重によってコンクリートに発生する引張応力とほぼ同じ程度の圧縮応力を、あらかじめ部材に与えておくことである。

このような圧縮力を与えることによって、コンクリートに引張応力が生じないことになる。

プレストレストコンクリート構造物の特徴としては以下のものが挙げられる。

① ひび割れが生じにくい。
② 一般に鉄筋コンクリートよりも部材断面を小さくできるので、自重が支配するような大スパン構造（長大橋や大スパン架構）に有効である。

③ 一時的な過大荷重によるひび割れ、変形が生じても除荷後はほぼ復元する。
④ 高強度コンクリートおよび高張力鋼を有効に利用できる。

一般的には、PC鋼材を用いてプレストレスを与えているが、プレストレスを与える方法により大きく次のように分類できる。

(a) ポストテンション方式

コンクリートと付着しないように配置したPC鋼材をコンクリートの硬化後に緊張し、その両端をコンクリートに定着することでコンクリートに圧縮力を与える方法。この方法では、PC鋼材に引張力を与えるときの反力は直接コンクリートにとらせるので大きな部材にプレストレスを導入することができる。

一方、硬化したコンクリート中に配置されたPC鋼材を緊張するので、コンクリートとPC鋼材の摩擦によりプレストレスに損失が生じる。

(b) プレテンション方式

PC鋼材を緊張したのち、そのまわりにコンクリートを打設し、コンクリートの強度が発現した後、PC鋼材の引張力を鋼材の両端で解放し、コンクリートとPC鋼材の付着力によりコンクリートに圧縮力を与える方法。

この方法では、PC鋼材に与えた全引張力をける反力台が必要なので余り大きな部材にプレストレスを導入することはできない。このことから同じ反力台を使用して多量のプレキャスト部材を作る場合に適している。

また、プレストレスはコンクリートとPC鋼材の付着で導入されるので、PC鋼材の表面は摩擦係数の大きいものが望ましい。

1.4.4 鉄骨鉄筋コンクリート構造

鉄骨を鉄筋コンクリートで包んで一体化した構造で、わが国で独自に発展し、主に中高層建築、高橋脚あるいは橋桁などに用いられる。

鉄骨の使用により比較的小さな断面に多量の鋼材を無理なく収められ、鉄筋コンクリートの長所に加え鉄骨造が持つねばり強さを有する。そのため、一般に耐震性が高い。

1.5 コンクリート構造物を構成する主要な材料

コンクリート構造物は、大きく分けてコンクリートと補強鋼材から造られる（図1-2、表1-2、表1-3）。コンクリートはセメント・水・骨

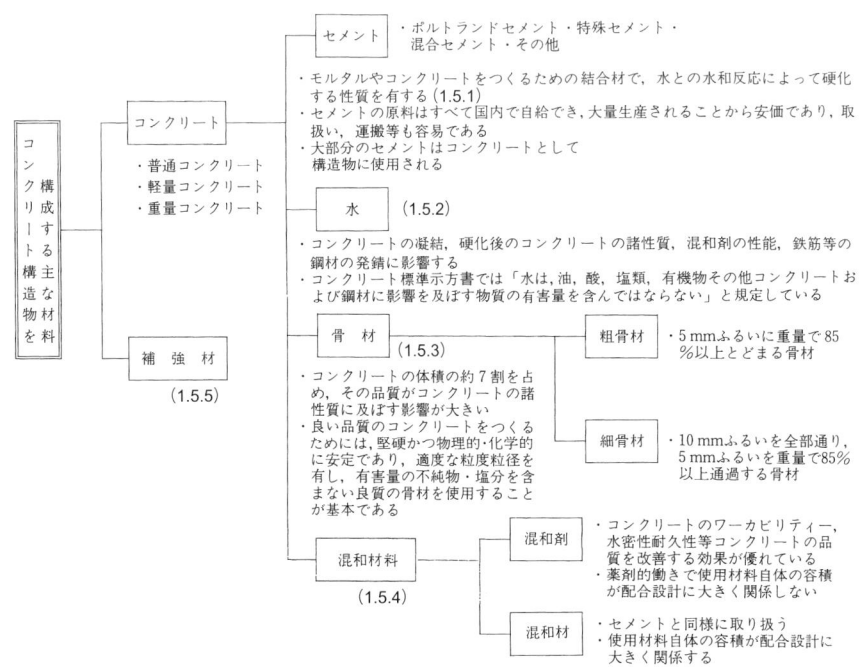

図1-2 コンクリート構造物を構成する主な材料

表 1-2　補強材の種類

鉄筋	・丸鋼（SR） ・異形棒鋼（SD） ・再生丸鋼（SRR） ・再生異形棒鋼（SDR）
PC鋼材	・PC鋼棒（丸鋼、異形） ・PC鋼線（丸線、異形線） ・PC鋼より線
鉄骨	・一般構造用圧延鋼材（SS） ・溶接構造用圧延鋼材（SM） ・溶接構造用耐候性熱間圧延鋼材（SMA） ・一般構造用軽量形鋼（SSC）
新素材	・繊維強化材（炭素、アラミド、ガラス、FRP）

表 1-3　骨材の種類[1]

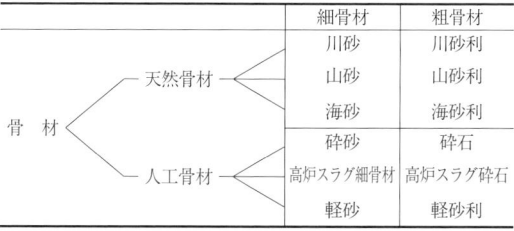

細粗骨材の範囲

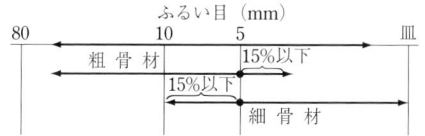

骨材の主な条件
・清浄である（塩化物、有機不純物、粘土塊）
・粒径が球状、立方形にちかい（実績率）
・適当な粒度が必要（ふるい分け試験、粗粒率）
・堅硬で密度が大きい（吸水率、密度試験）
・耐久性がある（安定試験、すりへり試験）

材を適正な割合で練り混ぜてつくるが、施工する構造物の種類や、その施工方法、場所、時期等によって配合が変化する。また現状では、硬化コンクリートの性質の改善やフレッシュコンクリート（fresh concrete：練り混ぜたばかりのコンクリート、まだ固まらない状態のもの）の施工性の向上のために多くの混和材料が開発、使用され重要な役割を果たしている。

コンクリートに使用する材料のほとんどは国内で生産または製造され、他の建設材料に比較すると経済的な材料である。しかし、自然環境への配慮からセメントの材料である石灰石や骨材の採取方法の問題、良質な骨材の枯渇やそれに代わる材料の開発、コンクリート廃材の処理や再利用の問題等いろいろ解決すべき課題があり、各所で研究が進められている。

1.5.1　セメント

（1）　セメントの製造

ポルトランドセメントは1824年に英国で発明され、その後、世界へ広く普及した。わが国のセメントの製造は、1875（明治8）年、東京・深川の官営工場で開始された。

セメント産業は、かつては資源・エネルギー多消費型であり、製造工程における粉塵や水質汚濁等公害産業の代表であったが、二度に及ぶ石油危機、自然環境への関心の高まり等を契機に、製造設備の大型化・近代化によるクリーン化を達成するとともに、製造コストの低減化、労働生産性の向上等着実に進展し、現在では世界でも有数の生産国になっている。

現在の国内のセメント会社数は20、工場数は33、生産能力は5,743万トン/年である（図1-3、図1-4）。

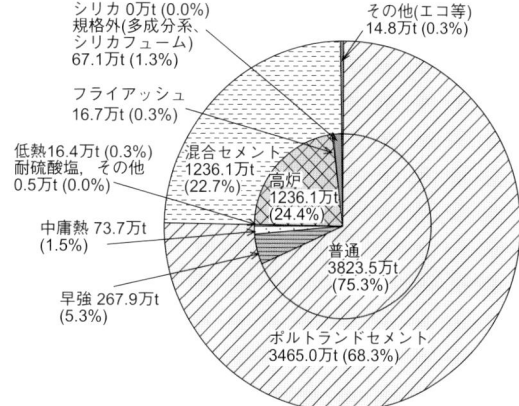

図 1-3　セメント種類別生産高（2010年）[2]

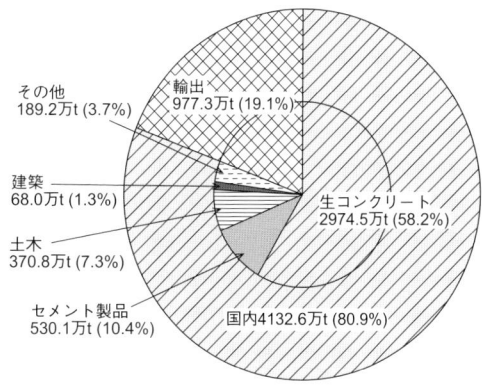

図 1-4　セメント需要部門別販売実績（2010年）[2]

セメントの製造工程の概要を図 1-5、セメントの化学組成を図 1-6、主要工程を図 1-7 に示す。

（2） **セメントの種類と規格**

セメントの種類は、①ポルトランドセメント、②混合セメント、③特殊セメントに大別される。

JIS に規定されたセメントの種類とその規格値を表 1-4 に示す。特殊セメントとして、白色ポルトランドセメント・アルミナセメント・超早強ポルトランドセメント・グラウト用セメント・油井セメント・低熱セメント・膨張セメント等がある。

（3） **各種セメントの用途と留意点**

各種セメントの用途と特徴を表 1-5 に示す。

セメント使用に際しては、これらの特徴（長所

図 1-5　セメントの製造工程

［原料］	（主要化学成分）	（主要化合物組成）	（略号）	鉱物名称		
石灰石	CaO	3CaO・SiO$_2$（けい酸三カルシウム）	C$_3$S	エーライト		セメントクリンカー
粘　土	SiO$_2$	2CaO・SiO$_2$（けい酸二カルシウム）	C$_2$S	ビーライト		
鉱さい	Al$_2$O$_3$	3CaO・Al$_2$O$_3$（アルミン酸三カルシウム）	C$_3$A	カルシウムアルミネート（アルミネート相）	間隙相	
	Fe$_2$O$_3$	4CaO・Al$_2$O$_3$・Fe$_2$O$_3$（鉄アルミン酸四カルシウム）	C$_4$AF	カルシウムアルミノフェライト（フェライト相）		
せっこう	CaSO$_4$・2H$_2$O					

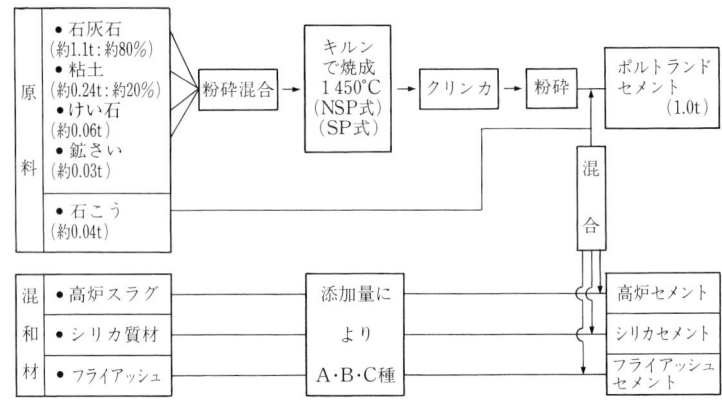

図 1-6　セメントの化学組成

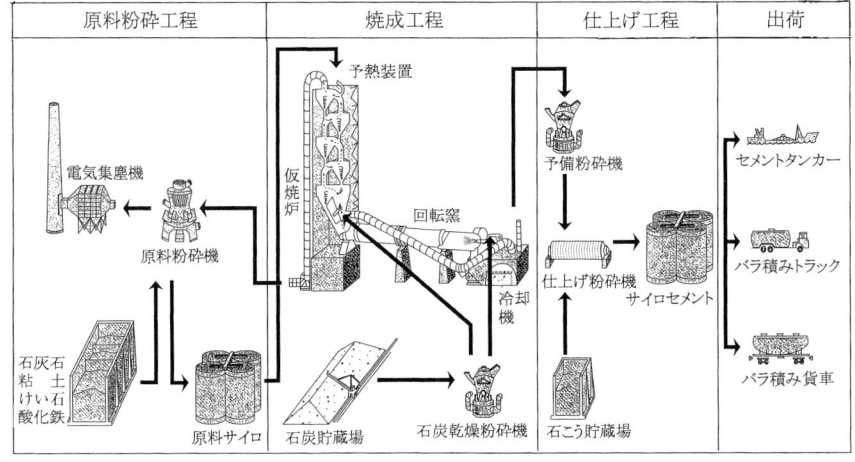

図 1-7　ポルトランドセメントの製造工程

表 1-4 セメントの品質規格 (JIS)

種類	混合材 Ps(質量%)	酸化マグネシウム	三酸化硫黄	強熱減量	全アルカリ	塩化物イオン	C₃S	C₂S	C₃A	水和熱 7日 (J/g)	水和熱 28日 (J/g)	比表面積 (cm²/g)	凝結 始発(分)	凝結 終結(時間)	安定性 パット法	安定性 ルシャテリエ法(mm)	圧縮 1日	圧縮 3日	圧縮 7日	圧縮 28日 (N/mm²)	圧縮 91日
ポルトランド 普通	0≦Ps≦5	≦5.0	≦3.5	≦5.0	≦0.75	≦0.035	-	-	-	-	-	2500≦	60≦	≦10	良	≦10	-	12.5≦	22.5≦	42.5≦	-
普通(低アルカリ型)		≦5.0	≦3.5	≦5.0	≦0.60		-	-	-	-	-	2500≦	60≦	≦10	良	≦10	-	12.5≦	22.5≦	42.5≦	-
早強	-	≦5.0	≦3.5	≦5.0	≦0.75	≦0.02	-	-	-	-	-	3300≦	45≦	≦10	良	≦10	10.0≦	20.0≦	32.5≦	47.5≦	-
早強(低アルカリ型)	-	≦5.0	≦3.5	≦5.0	≦0.60	≦0.02	-	-	-	-	-	3300≦	45≦	≦10	良	≦10	10.0≦	20.0≦	32.5≦	47.5≦	-
超早強	-	≦5.0	≦4.5	≦5.0	≦0.75	≦0.02	-	-	-	-	-	4000≦	45≦	≦10	良	≦10	20.0≦	30.0≦	40.0≦	50.0≦	-
超早強(低アルカリ型)	-	≦5.0	≦4.5	≦5.0	≦0.60	≦0.02	-	-	-	-	-	4000≦	45≦	≦10	良	≦10	20.0≦	30.0≦	40.0≦	50.0≦	-
中庸熱	-	≦5.0	≦3.0	≦3.0	≦0.75	≦0.02	≦50	-	≦8	≦290	≦340	2500≦	60≦	≦10	良	≦10	-	7.5≦	15.0≦	32.5≦	-
中庸熱(低アルカリ型)	-	≦5.0	≦3.0	≦3.0	≦0.60	≦0.02	≦50	-	≦8	≦290	≦340	2500≦	60≦	≦10	良	≦10	-	7.5≦	15.0≦	32.5≦	-
低熱	-	≦5.0	≦3.0	≦3.0	≦0.75	≦0.02	-	40≦	≦6	≦250	≦290	2500≦	60≦	≦10	良	≦10	-	-	7.5≦	22.5≦	42.5≦
低熱(低アルカリ型)	-	≦5.0	≦3.0	≦3.0	≦0.60	≦0.02	-	40≦	≦6	≦250	≦290	2500≦	60≦	≦10	良	≦10	-	-	7.5≦	22.5≦	42.5≦
耐硫酸塩	-	≦5.0	≦3.0	≦3.0	≦0.75	≦0.02	-	-	≦4	-	-	2500≦	60≦	≦10	良	≦10	-	≦10.0	20.0≦	40.0≦	-
耐硫酸塩(低アルカリ型)	-	≦5.0	≦3.0	≦3.0	≦0.60	≦0.02	-	-	≦4	-	-	2500≦	60≦	≦10	良	≦10	-	≦10.0	20.0≦	40.0≦	-
高炉 A種	5<Ps≦30	≦5.0	≦3.5	≦5.0	-	-	-	-	-	-	-	3000≦	60≦	≦10	良	≦10	-	12.5≦	22.5≦	42.5≦	-
高炉 B種	30<Ps≦60	≦6.0	≦4.0	≦5.0	-	-	-	-	-	-	-	3000≦	60≦	≦10	良	≦10	-	10.0≦	17.5≦	42.5≦	-
高炉 C種	60<Ps≦70	≦6.0	≦4.5	≦5.0	-	-	-	-	-	-	-	3300≦	60≦	≦10	良	≦10	-	7.5≦	15.0≦	40.0≦	-
フライアッシュ A種	5<Ps≦10	≦5.0	≦3.0	≦5.0	-	-	-	-	-	-	-	2500≦	60≦	≦10	良	≦10	-	12.5≦	22.5≦	42.5≦	-
フライアッシュ B種	10<Ps≦20	≦5.0	≦3.0	-	-	-	-	-	-	-	-	2500≦	60≦	≦10	良	≦10	-	10.0≦	17.5≦	37.5≦	-
フライアッシュ C種	20<Ps≦30	≦5.0	≦3.0	-	-	-	-	-	-	-	-	2500≦	60≦	≦10	良	≦10	-	7.5≦	15.0≦	32.5≦	-
エコセメント 普通	20<Ps≦30	≦5.0	≦4.5	≦5.0	≦0.75	≦0.1	-	-	-	-	-	2500≦	60≦	≦10	良	≦10	-	12.5≦	22.5≦	42.5≦	-
エコセメント 速硬	-	≦5.0	≦10.0	≦3.0	≦0.75	0.5≦ ≦1.5	-	-	-	-	-	3300≦	-	≦1	良	≦10	15.0≦	22.5≦	25.0≦	32.5≦	-

注)ポルトランドセメント: JIS R 5210、高炉セメント: JIS R 5211、フライアッシュセメント: JIS R 5213、エコセメント: JIS R 5214

表 1-5 セメントの種類・特徴および用途[3]に加筆

ポルトランドセメント

	普通ポルトランドセメント	早強ポルトランドセメント
特徴	1) 中庸熱セメントと早強セメントの中間の性質を有する。 2) 現在生産されているセメントの約80%を占める。	1) 普通セメントよりC_3Sが多い。 2) 早期に高強度を発現し、しかも長期にわたって増進を続ける。すなわち普通セメントと比較すると1日強さは約3倍、3日強さは約2倍である。 3) 曲げ強さが大きい。 4) コンクリートとして水密性が高いので構造物の耐久性がすぐれている。 5) 低温時でも強度発現が大きいので冬季工事に有効。 6) セメントの発熱量が大きい。
用途	一般のコンクリート工事	緊急工事・冬季工事・コンクリート工場製品・プレストレストコンクリートなど

	エコセメント	中庸熱ポルトランドセメント
特徴	1) 都市ごみや下水汚泥の焼却灰と従来のセメント原料から作られたセメント。 2) 普通セメントとほぼ同程度の品質を持つ。 3) 使用することによる環境負荷低減が期待できる。	1) 水和熱を小さくするためにC_3SとC_3Aを減じ、その代わりに長期強さを発現するC_2Sを十分多くしてある。 2) 水和熱は普通セメントより低い。 3) 短期強さは普通セメントより低いが長期強さは普通セメントと同程度かやや勝る。 4) 収縮は小さい。 5) 化学抵抗が大きく、硫酸塩、酸に対して普通・早強セメントに比較し抵抗性が大きい。
用途	一般のコンクリート工事・コンクリート工場製品など。	ダムなどのマッシブなコンクリート・コンクリート舗装・下水路などの工事。

	耐硫酸塩ポルトランドセメント	低熱ポルトランドセメント
特徴	1) C_3Aの含有量が4%以下と低く抑え、土壌中の硫酸塩、硫酸塩を含む水、地下水、工場排水および海水中の硫酸塩に対し高い抵抗性がある。 2) モルタル強さは材齢28日では普通セメントと中庸熱セメントのほぼ中間。	1) より水和熱を小さくするために中庸熱セメントよりもC_3Sを減じ、長期強さを発現するC_2Sを十分多くしてある。高ビーライトセメントとも呼ばれる。 2) 水和熱は中庸熱セメントより低い。 3) 短期強さは普通セメントより低いが長期強さは普通セメントに勝る。 4) 収縮は小さい。 5) 流動性に優れる。
用途	港湾施設・海洋構造物・下水施設・工場排水設備・硫酸塩を含む廃棄物の固化など。	長大橋下部構造や大規模地下構造物などのマスコンクリート・高強度コンクリート・高流動コンクリートなど。

混合セメント

	高炉セメント	フライアッシュセメント
特徴	1) ポルトランドセメントに高炉水砕スラグ微粉末を混合してつくる。 2) 初期強さがやや低いが長期では普通セメントに勝ることが多い。 3) 高炉スラグ含有量の多いものは下水や海水などに対する耐食性にすぐれている。 4) 水和熱の発生速度が小さい。 5) 耐熱性が大きく、水密度も高い。 6) 初期に十分な養生が必要。 7) 乾燥収縮が大きい。 8) 塩害に強い。	1) 微粉炭燃焼の火力発電所で完全燃焼した微粉炭の灰分が溶けて球状となり、電気集塵機で捕集されたもの(フライアッシュ)をポルトランドセメントに混合してつくる。 2) 長期強度は普通セメントに勝り、強度発現性が良い。 3) 乾燥収縮が小さく水和熱も低い。 4) 同一ワーカビリティーを得るための水量を減ずることができ、コンクリートの流動性を良くする。 5) 水密性が高く、また化学抵抗性が強い。
用途	ダム、河川、港湾などの土木工事、建築工事。	ダム工事、マッシブなコンクリートや一般の土木、建築工事。

	低発熱型(多成分混合型)セメント	シリカフュームセメント
特徴	1) 水和熱を小さくするため、中庸熱セメントに高炉水砕スラグ微粉末やフライアッシュを混合したり、高炉セメントにフライアッシュを混合。 2) 材齢28日の水和熱は220～300J/gと、中庸熱セメントの規格値340J/gを大きく下回る。 3) 断熱温度上昇量を普通セメントと比較した場合、フライアッシュセメントB種および高炉セメントでは1～2℃程度、中庸熱セメントでは8℃程度小さいのに対し、低発熱型セメントでは約22℃も小さい。 4) 圧縮強度は材齢28日頃までは普通セメントや中庸熱セメントを用いた場合に比べ劣るが、材齢91日以上の長期となるとかなりの強度増進を示す。	1) 金属シリコン、フェロシリコンを製造する際発生する超微粉末であるシリカフュームをポルトランドセメントに混合してつくる。 2) 初期強さが普通セメントと同様で長期強度は大きく勝る。 3) コンクリートの流動性を良くし、水結合材比を低減できる。 4) 高性能減水剤と併用して高強度・高流動コンクリートに用いられる。 5) 耐海水性、化学抵抗性が強い。 6) 自己収縮が大きい。
用途	ダム以外のマッシブなコンクリート構造物、長大橋のケーソン基礎。	超高層ビルや橋梁上部工などの超高強度コンクリート・海洋構造物など。

および短所)に留意して適切な選択をすることが大切である。

(4) セメントの化学成分と特性

ポルトランドセメントの一般的な化学成分および鉱物組成の例を表1-6に示す。早強性セメントであるほどC_3Sが多くなっている。次にセメントクリンカー主要鉱物の特性と圧縮強度発現特性を表1-7と図1-8に示す。C_3Sは、短期強度増進は著しいが、その後の強度の伸びは小さい。C_2Sは、短期強度は小さいが、長期強度は大きい。

表1-6 セメントの化学組成例および鉱物組成例

項目	強熱減量	化学組成（％）						鉱物組成（％）			
		SiO_2	Al_2O_3	Fe_2O_3	CaO	MgO	SO_3	C_3S	C_2S	C_3A	C_4AF
普通	1.1	21.3	5.1	2.9	64.2	1.5	2	55	19	9	9
早強	1.1	20.4	4.7	2.7	65.2	1.4	3	66	8	8	8
中庸熱	0.6	23.8	3.7	3.9	63.8	1.1	1.9	43	36	3	12
低熱	0.7	25.4	3.5	3.5	62.5	1.1	2.2	27	53	3	11
耐硫酸塩	0.7	22.5	3.5	4.3	64.8	1.2	1.8	58	21	2	13
エコ	1.1	17.8	7.2	4.1	61.1	1.8	3.9	49	12	14	13

表1-7 セメントクリンカー主要鉱物の特性[4]

名称	分子式	略号	特性				
			水和反応速度	強度	水和熱	収縮	化学抵抗性
けい酸三カルシウム	$3CaO \cdot SiO_2$	C_3S	比較的速い	28日以内の早期	中	中	中
けい酸二カルシウム	$2CaO \cdot SiO_2$	C_2S	遅い	28日以後の長期	小	小	大
アルミン酸三カルシウム	$3CaO \cdot Al_2O_3$	C_3A	非常に速い	1日以内の早期	大	大	小
鉄アルミン酸四カルシウム	$4CaO \cdot Al_2O_3 \cdot Fe_2O_3$	C_4AF	かなり速い	強度にほとんど寄与しない	小	小	中

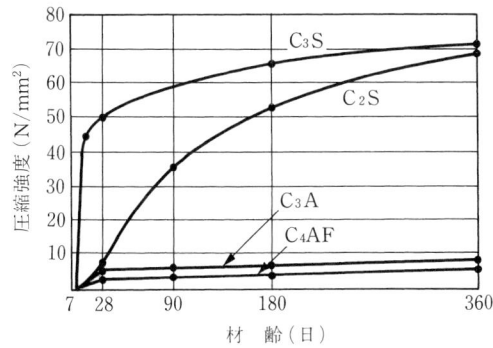

図1-8 セメントクリンカー主要鉱物の圧縮強度発現例

（5）セメントの水和反応と水和物

セメントの水和過程を図1-9に示す。また、そのときのセメントの水和反応と代表的な水和物を図1-10、図1-11と表1-8に示す。

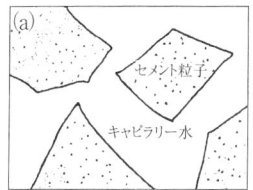
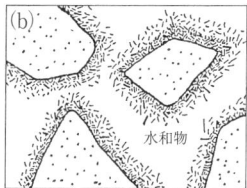
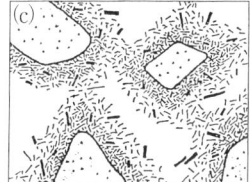

図1-9 凝結・硬化プロセス概念図[5]

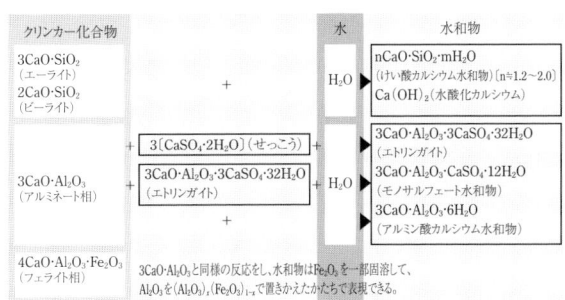

図1-10 ポルトランドセメントの水和[6]

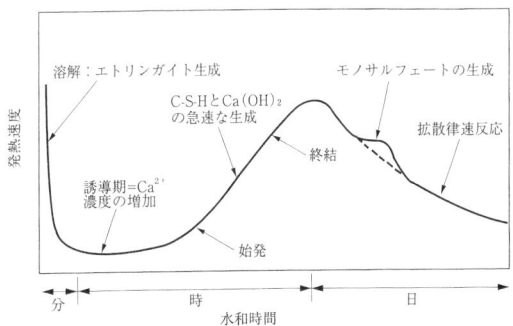

図1-11 凝結・硬化過程を水和発熱速度曲線からみた模式図[7]

表1-8 常温で生成する代表的なセメント水和物の種類と特性

名称	化学式	特性
けい酸カルシウム水和物	$C_{0.8-2.0}SH_{1.5-2.0}$ (C-S-H)	比重：2.2、形態：針状、網状、球状の凝集
水酸化カルシウム	$Ca(OH)_2$	比重：2.24、形状：板状積層
エトリンガイト	$C_3A \cdot 3CaSO_4 \cdot 32H$ [*1]	比重：1.73、形状：針状
モノサルフェート水和物	$C_3A \cdot CaSO_4 \cdot 12H$ [*2]	比重：1.95、形状：板状
アルミン酸カルシウム水和物	C_4AH_{12-19} [*2]	比重：1.79、形状：板状
	C_3AH_6 [*3]	比重：2.52、形状：立方体状
	C_2AH_8 [*4]	比重：1.95、形状：六方板状
	CAH_{10} [*4]	比重：――、形状：六角柱状

注）*1：AFt、*2：AFm、*3：立方晶系水和物、*4：低カルシウム六方晶系水和物

1.5.2 水

コンクリートに使用する練混ぜ水は、その品質によってはフレッシュコンクリートのワーカビリティー（作業のしやすさの程度）、凝結時間や強度発現性状等の水和反応、またコンクリート硬化後の諸性質、混和材の性能、補強鋼材の腐食に悪影響を及ぼすことがある（表1-9参照）。

表1-9 練混ぜ水中の各種塩類が凝結・強度・収縮に及ぼす影響（濃度10,000ppm）

影響 塩の種類	凝結	強度	収縮
塩化ナトリウム	やや促進性	長期強度を低下	増大
塩化カルシウム	促進性	初期強度を増大	増大
塩化アンモニウム	促進性	短期強度を増大	増大
炭酸ナトリウム	促進性が著しい 異常凝結性	長期強度を低下	増大
硫酸カリウム	少ない	少ない	少ない
硝酸カルシウム	促進性	長期強度を低下	増大
硝酸鉛	遅延性が著しい	初期強度を低下	少ない
硝酸亜鉛	遅延性が著しい 異常凝結性	初期強度の低下が著しい	—
硼砂	異常凝結の傾向	全体的に低下	やや増大
フミン酸ナトリウム	遅延性が著しい	全体的に低下	やや増大

以下に使用にあたっての留意点を示す。
① 一般に水道水の使用が望ましい。
② 井戸水等でも飲料水として合格している水は使用できる。
③ 飲料水に不合格な水でも、飲用に適さない原因が臭いや細菌による場合にはモルタルまたはコンクリートの強度試験を行い合格と判定されたものは使用できる。
④ pHの低い（酸性）水、多量の塩素イオン（海水）や、フミン酸を含む水は鉄筋の発錆を促進するおそれがあるので使用しない。
⑤ 砂糖、酸化亜鉛その他セメントの水和に悪影響を及ぼす物質を含む水は使用しない。
⑥ レディーミクストコンクリート工場のミキサやトラックアジテータ等の洗浄排水から、骨材を除いた水を回収水という。回収水の使用に関しては、日本コンクリート工学協会は表1-10に示す使用基準を設けている。

表1-10 回収水の使用基準

分類	使用基準
上澄み水	・そのまま使用できる
スラッジ水	・スラッジ固形分は、セメント重量の3%以下 ・水セメント比の修正 　スラッジ固形分1%につき単位水量、単位セメント量を1〜1.5%増す ・細骨材率の修正 　スラッジ固形分1%につき約0.5%減とする ・AE剤の使用量 　固形分量に応じて増す。AE減水剤についても同様に、空気量調整剤を増す

1.5.3　骨材
（1）概要

骨材はコンクリート体積の約7割を占めるため、その品質が配合設計からフレッシュコンクリートのワーカビリティー、さらには硬化後のコンクリートの諸性質にまで及ぼす影響が大きい。したがって、耐久性の高いコンクリート構造物を造るためには、良質の骨材を使用することが基本である。

しかし、最近のコンクリート用骨材は、資源的、地域的な制約等から図1-12に示すように多種多様化するとともに、品質の優れたものだけを選んで使用できる状況にはない。したがって、このことを十分理解したうえで配合設計およびコンクリート工事をする必要がある。

（2）骨材に要求される品質

骨材は清浄、堅硬、耐久的で、適当な粒度を持ち、ごみ、どろ、有機不純物、塩化物等の有害量を含まないこと。また、粗骨材はうすい石片、細長い石片を有害量含むとコンクリートの耐久性に影響を及ぼす。耐火性を必要とする場合には、耐火的な骨材を用いる。

砕砂、高炉スラグ砂、軽量骨材、砕石、高炉スラグ砕石はそれぞれJISに、その品質が定めら

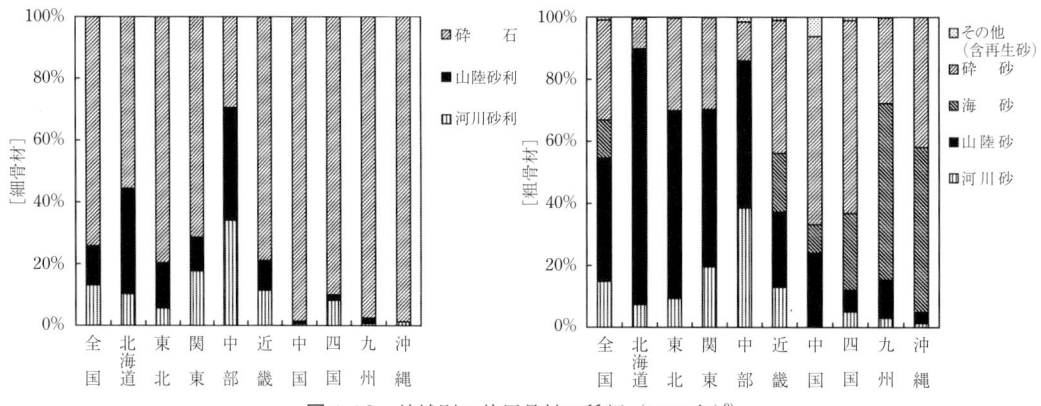

図1-12　地域別の使用骨材の種類（2010年）[9]

れている。その他の骨材の場合には、粒度が図1-13に示す範囲に入り、有害物含有量が表1-11に示す限度内とする。凍結融解を考慮する必要がある場合には、硫酸ナトリウムによる安定性試験を行って判定する。一般には細骨材の場合の損失量は10%以下、粗骨材の場合の損失量は12%以下としている。

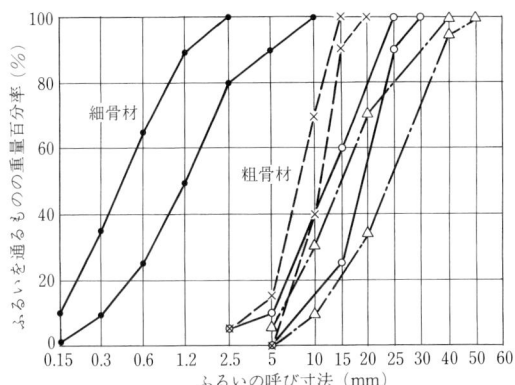

図 1-13 許容される骨材の粒度曲線の範囲

表 1-11 骨材の有害物含有量の限度（重量百分率）[10] に加筆

種類	最大値	
	細骨材	粗骨材
粘土塊	1.0[*1]	0.25[*5]
洗い試験で失われるもの		1.0[*6]
コンクリートの表面がすりへり作用を受ける場合	3.0[*2]	
その他の場合	5.0[*2]	
石炭、亜炭等で比重1.95の液体に浮くもの		
コンクリートの外観が重要な場合	0.5[*3]	0.5[*3]
その他の場合	1.0[*3]	1.0[*3]
塩化物（塩化物イオン量）	0.02[*4]	
ロサンゼルスすりへり試験機による粗骨材のすりへり試験		40[*7]

注) [*1] 試料は、JIS A 1103による骨材の洗い試験を行った後にふるいに残留したものを用いる。
　　[*2] 砕砂および高炉スラグ細骨材の場合で、洗い試験で失われるものが石粉であり、粘土、シルト等を含まないときは、最大値をおのおの5%および7%にしてよい。
　　[*3] 高炉スラグ細骨材には適用しない。
　　[*4] 細骨材の絶乾重量に対する百分率であり、NaCl換算では0.03%に相当する。
　　[*5] 試料は、JIS A 1103による骨材の洗い試験を行った後にふるいに残留したものから採取する。
　　[*6] 砕石の場合で、洗い試験で失われるものが砕石粉であるときは、最大値を1.5%にしてよい。また、高炉スラグ粗骨材の場合は、最大を5.0%としてよい。
　　[*7] 土木学会コンクリート標準示方書における（JIS A 1121）すりへり減量の限度は、舗装用で一般に35%、ダム用で一般に40%である。

1.5.4 混和材料

混和材料には混和剤と混和材があり、セメント量に対して、混和剤はごく少量混ぜるもの、混和材は5～70%と多量に混ぜるものである。

混和剤・混和材の効果もそれぞれ違うが、主にコンクリートの施工性、強さ、耐久性を改善する目的で使用している。混和材料の主な働きは次のとおりである。
① ワーカビリティーの改善（流動性の向上、凝結・硬化時間の調整）
② 硬化後の物理的性状の改善（強度の増進、収縮量の低減）
③ 耐久性の改善

（1） 混和剤

化学混和剤の発展は、コンクリートの発展と言っても過言ではなく、この発展に応じて施工性の向上、強度増進、耐久性も向上してきた。混和剤は少量で作用するものが多く、その多くが界面活性剤である。界面活性剤の主な働きとして空気連行性、湿潤性、分散性および流化性などがあげられる。

（a） AE剤

AE剤（Air Entraining Admixture）は、図1-14のように、連行する気泡表面に作用しコンクリート中に微細な空気泡を分散して連行する界面活性剤であり、コンクリートの施工性や耐凍害性の向上を目的とする。コンクリート中に連行空気泡が適当量存在すると、連行された気泡は細かい球状であることから、ボールベアリング効果を発揮し流動性が向上され、自由水の凍結による大きな膨張圧を緩和する働きにより凍結融解抵抗性が向上する。

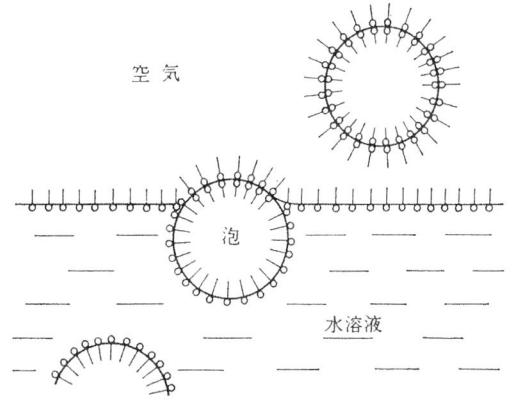

図 1-14 界面活性剤による気泡作用 [11]

（b） 減水剤（AE減水剤、高性能AE減水剤）

減水剤とは、セメント粒子表面への界面活性作用により、セメント粒子の分散効果を期待し施工に必要なスランプを得る水量を低減させる混和剤

である。AE減水剤は、現状最も使用されている混和剤でありAE剤と減水剤の両者を持ち合わせた混和剤である。高性能減水剤は、減水剤よりもさらに高い減水効果を付与した混和剤であり、水セメント比が低く粉体量が多い高強度コンクリートや高流動コンクリート（自己充てんコンクリート）などに用いられる。高性能AE減水剤は、この特性に加えAE剤の効果を付与したものである。主成分がリグニン系やナフタレン系の減水剤は、静電反発作用によりセメント粒子を分散させ減水効果を得るのに対し、ポリカルボン酸系では高分子にグラフト鎖を配置することで立体障害反発力を用いてセメント粒子を分散させて減水効果が得られるものである（図1-15）。

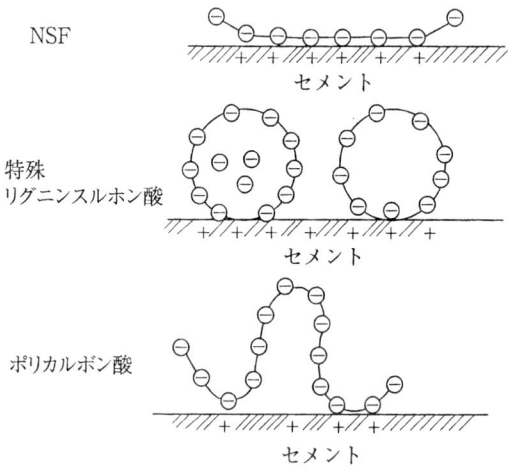

図1-15　混和剤吸着形態模式図[12]

(c)　凝結・硬化時間調整剤（凝結促進剤、凝結遅延剤）

凝結・硬化時間調整剤は、セメントの水和反応に影響を与えてモルタルやコンクリートの凝結・硬化速度を早めたり、遅らせたりする混和剤である。これらの混和剤の種類は、図1-16のとおりであるが、その作用の程度と硬化に応じてそれぞれの用途に使用されている。凝結促進剤は、セメントの水和反応を早め、凝結に要する時間を短くするとともに、モルタルやコンクリートの初期材齢における強度発現性を大きくするために用いる混和剤で、急結剤、急硬材、促進剤などがある。

急結剤は、セメントの水和反応を早め、凝結時間を著しく短くするために用いる混和剤であり、コンクリートに瞬間的な凝結を起こさせる混和剤

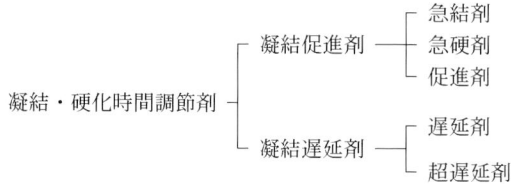

図1-16　凝結・硬化時間調節剤の種類[13]

でありJIS A 0203に規定されている。急結剤には数多くの成分が使用されているが、大別すると無機塩系（アルミン酸塩など）、セメント鉱物系（カルシウムアルミネート鉱物）、天然鉱物系および有機質系の4種類に分類される（表1-12）。急結剤の主要用途はトンネル工事などに用いられる吹付けコンクリートである。

促進剤は、コンクリートの凝結を促進し、コンクリートの早期強度を増大させる混和剤であり、主成分として表1-13に示すような物質が用いられるが、混和剤としてJIS規格では規定されておらず一般的に促進型減水剤の促進成分として使用される。主な用途としては、①寒冷時のコンクリートに用いて早期強度発現させ初期の養生期間を短縮する。②プレキャストコンクリート製品に用いて型枠の使用回転率を高め加熱養生に消費される熱量を節減する。③凝結遅延性のある減水剤に配合して凝結遅延性を改善する。などが挙げられる。

遅延剤は、セメントの水和を遅らせ、凝結に要する時間を長くするために用いる混和剤である。表1-13に示すように、遅延作用の程度と効果により遅延剤と超遅延剤に分類される。遅延剤も促進剤と同じく単独で用いられず減水剤の遅延型の遅延性分として使用されている。遅延剤は、過剰に添加すると凝結の大幅な遅延あるいは過大な空気量の増大を招くので、添加量の選定には慎重な検討が必要である。遅延剤の主な用途は以下のとおりである。主な用途としては、①暑中コンクリートに用いて凝結を遅延させ、高温による早期硬化を防ぐ。②レディーミクストコンクリートの長時間輸送時に用いてスランプの低下を抑え施工性を改善する。③超遅延剤に分類されるものは気密性や水密性を必要とするコンクリート構造物のコールドジョイントの防止に用いる。などが挙げられる。

表1-12 急結剤(材)の主成分と作用機構[14]

種類		主成分	作用機構
無機塩系	非セメント系	炭酸ソーダ (Na_2CO_3)	セメント水和物の水酸化カルシウム ($Ca(OH)_2$) と反応して難溶性の炭酸カルシウム ($CaCO_3$) と水酸化ナトリウム (NaOH) を生成する。このうち、NaOHはセメントゲル (C-S-Hゲル) を可溶化してC_3SやC_2Sの水和を促進する
		アルミン酸ソーダ ($mNa_2O・Al_2O_3$)	セメント溶液中でNaOHと水酸化アルミニウム ($Al(OH)_3$) に加水分解する。生成した$Al(OH)_3$は$Ca(OH)_2$と反応して、カルシウムアルミネート水和物 ($3CaO・Al_2O_3・6H_2O$) 形成してセメントを急結させ、NaOHはC_3SやC_2Sの水和を促進する
	セメント系	アルミン酸カルシウム類 ($12CaO・7Al_2O_3：C_{12}A_7$)	$C_{12}A_7$は水と反応してカルシウムアルミネート水和物 ($2CaO・Al_2O_3・8H_2O$) を生成して瞬間的にセメントを急結させる。また、適量の硫酸カルシウム ($CaSO_4$) と併用するとエトリンガイト ($C_3A・3CaSO_4・32H_2O$) を生成してセメントの初期強度を強める
		カルシウムサルホアルミネート系 ($4CaO・3Al_2O_3SO_3：C_4A_3S$)	C_4A_3Sはセメントとの反応で種々のカルシウムアルミネート水和物とエトリンガイトを生成してセメントを急結させる
	天然鉱物系	か焼ミョウバン石 ($K_2SO_4、Al_2(SO_4)_3、Al_2O_3$の混合物)	か焼ミョウバン石は天然鉱物であるミョウバン石 [$K_2SO_4・Al_2(SO_4)_3・4Al(OH)_3$] を500〜700℃で焼成して得られる鉱物である。$Ca(OH)_2$と反応してセメントを急結させる。水和生成物としてカルシウムアルミネート水和物やエトリンガイトが確認されている
有機質系		グリセリン ($C_3H_5(OH)_3$)	セメントの中の間げき相の水和を促進し、瞬結性を発現する。しかし、C_3S、C_2Sの水和を促進しないため、強度の発現が小さい
		トリエタノールアミン ($N(CH_2CH_2OH)_3$)	アルミン酸三石灰 (C_3A) の水和を促進するが、C_3S、C_2Sの水和促進作用は小さい

備考 非セメント系には改良無機塩系および無機塩系・液状も含む。これら無機塩系急結剤はいずれもアルミン酸塩を主成分としている

表1-13 促進剤および遅延剤（超遅延剤）の成分[15]をもとに作成

種類	促進剤の成分	遅延剤（超遅延剤）の成分
無機系化合物	塩化物（$CaCl_2$、NaCl、KCl） 硫酸塩（$CaSO_4$、Na_2SO_4、K_2SO_4） チオシアン酸塩（NaSCN） 亜硝酸塩（$Ca(NO_2)_2$、$NaNO_2$） 硝酸塩（$Ca(NO_3)_2$、$NaNO_3$） アルカリ（NaOH、KOH） 炭酸塩（$CaCO_3$、Na_2CO_3、K_2CO_3） 水ガラス アルミナ系（$Al(OH)_3$、Al_2O_3）	ケイフッ化物（$MgSiF_6$） ホウ酸類（H_3BO_3） リン酸類（K_2HPO_4） 亜鉛化合物（ZnO） 鉛化合物（PbO） 銅化合物（CuO）
有機系化合物	アミン類（ジエタノールアミン、トリエタノールアミン） 有機酸（ギ酸、酢酸、アクリル酸）のカルシウム塩	オキシカルボン酸（グルコン酸、グルコヘプトン酸、クエン酸、酒石酸）とその塩 ケト酸（2ケトカルボン酸）とその塩 アミノカルボン酸（グルタミン酸）とその塩 糖類、糖アルコール類 高分子有機酸（リグニンスルホン酸、フミン酸、タンニン酸）とその塩 水溶性アクリル酸（ポリアクリル酸）とその塩

(d) 収縮低減剤

収縮低減剤は、セメント硬化体中の毛細管空隙中の水の表面張力を低下させ、水の散逸蒸発に伴う毛細管張力を小さくし、コンクリートの乾燥収縮および自己収縮を低減する効果を持つ混和剤である。JIS規格や土木学会基準には規定されていないが日本建築学会において品質の規定がされている（表1-14）。

表1-14 コンクリート用収縮低減剤の品質（JASS 5M-402附属書1：2009）

項 目		品質基準
フロー値比（%）		85以上
凝結時間の差（分）	始発	120以下
	終結	180以下
圧縮強さ比（%）	材齢7日	80以上
	材齢28日	85以上
長さ変化比（%）	乾燥期間7日	70以下
	乾燥期間28日	75以下

図1-17は収縮低減剤添加コンクリートと無添加コンクリートの乾燥収縮ひずみの比と単位収縮低減剤添加量との関係を示したもので、添加量の増加に伴い比率は低下し、材齢4週で大きな低減効果が得られるが、長期材齢になると効果が低下することを示している。乾燥収縮を積極的に抑制したい場合には効果的である。しかし、収縮低減剤の種類によっては、空気連行性や消泡性があるため空気量の調整を行うことが必要である。また、空気量の安定性が悪い場合には凍結融解に対する抵抗性の低下が指摘され、使用量が多い場合には凝結遅延や強度低下などの悪影響を及ぼすことがあるため使用に当たっては事前に確認することが好ましい。

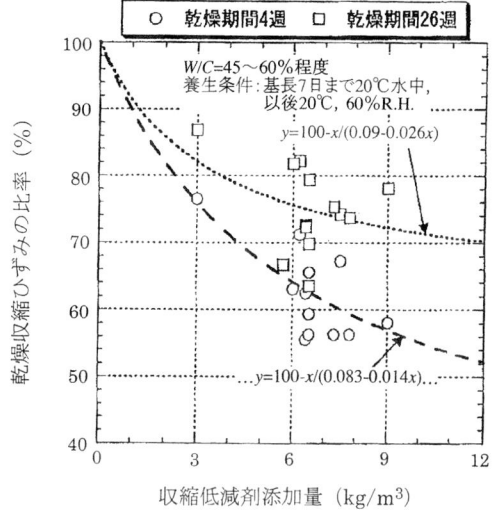

図1-17 収縮低減剤による乾燥収縮ひずみの低減効果[16]

（2）混和材

コンクリートの高性能化や要求性能の多様化あるいは産業副産物の有効利用の観点から多くの混和材が利用されている。主に利用されている混和材について、主要構成成分、作用機構および効果について概説する。表1-15に混和剤の種類とその主成分、作用機構と性能の概要を示す。

（a）フライアッシュ

フライアッシュは、図1-18のように石炭火力発電所の微粉炭ボイラーの燃焼排ガス中に浮遊する微細な石炭アッシュ（灰）を電気集じん機で捕集したものであり、その品質はJIS A 6201（コンクリート用フライアッシュ）に比表面積、強熱減量、活性度指数等が規定されている（表1-16）。フライアッシュは、セメントの水和により生成する水酸化カルシウムとの反応により、不溶性で化学的にも比較的安定なけい酸カルシウム水和物（C-S-H）を生成して硬化するポゾラン反応を有する微粒子である。フライアッシュは、球状であることからコンクリートに混入するとボールベアリングの様な作用をするため、ワーカビリティーが改善され単位水量が減少する。また、フライアッシュは、反応がゆっくり進行するため水和熱が低くダムや大規模構造物に用いられるマスコンクリートとして使用される。また、図1-19のように使用量が増加すると初期強度が低下するがポゾラン反応により長期強度が増進し、水密性、耐海水性、アルカリ骨材反応の抑制など耐久性が向上する。ただし、中性化の抵抗性が低下するとされているため配慮が必要である。

表1-15 混和材の作用機構と性能[17]

種類	主成分など	作用機構	付与される性能	使用上の注意点	規準など
フライアッシュ	ガラス（Al_2O_3-SiO_2系）、α-石英、ムライト	ポゾラン反応 充てん効果	・水密性 ・長期強度増進 ・水和熱低減 ・アルカリシリカ反応抑制	・最適な種類と置換率（強熱減量、粉末度などから4種類に分類） ・強熱減量などの品質の変動 ・初期湿潤養生（中性化など）	JIS A 6201
膨張材	・カルシウムサルフォアルミネート系 ・生石灰系 ・複合系	エトリンガイトや水酸化カルシウムの生成	・ひび割れ抵抗性 ・ケミカルプレストレス	・初期湿潤養生	JIS A 6202
高炉スラグ微粉末	ガラス（CaO-MgO-Al_2O_3-SiO_2系）	潜在水硬性	・硫酸塩抵抗性 ・海水に対する抵抗性 ・アルカリシリカ反応抑制 ・高強度化 ・高流動化	・最適な種類と置換率（粉末度などから3種類に分類） ・自己収縮 ・初期湿潤養生（中性化など）	JIS A 6202
高炉徐冷スラグ	メリライト、α-ワラストナイト	C_3Aの水和抑制 炭酸化反応 不活性粉体	・流動性保持 ・中性化抑制 ・水和熱低減	・長期強度発現には寄与しない	
シリカフューム	ガラス（SiO_2系）	ポゾラン反応	・高強度化 ・高耐久化	・自己収縮 ・ハンドリング	JIS A 6207
石灰石微粉末	カルサイト（$CaCO_3$）	非結合性の混和材 （・エーライトの水和促進 ・C_3Aとの反応）	・高流動化 ・水和熱低減	・最適粉末度と置換率 ・DEF（エトリンガイトの遅れ生成） ・長期強度発現に寄与しない	JCI石灰石微粉末研究委員会品質規格（案）

第1章　コンクリート構造物とその材料　19

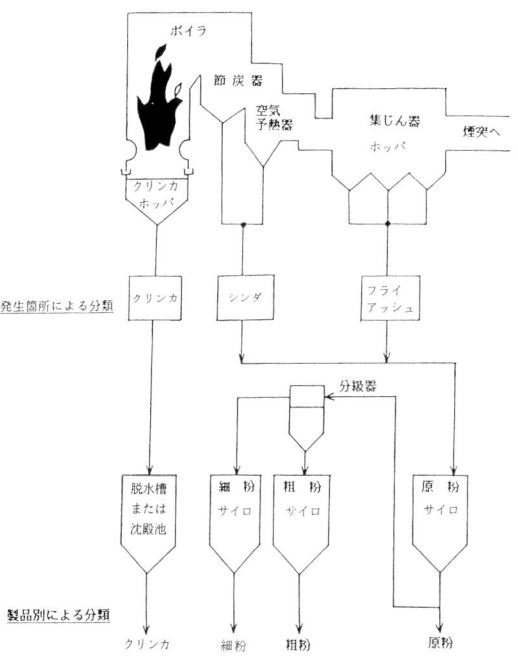

図 1-18　石炭灰の発生工程 [18]

表 1-16　フライアッシュの品質規定（JIS A 6201）

	フライアッシュⅠ種	フライアッシュⅡ種	フライアッシュⅢ種	フライアッシュⅣ種
二酸化ケイ素　%	45.0 以上			
湿分　%	1.0 以下			
強熱減量　%	3.0 以下	5.0 以下	8.0 以下	5.0 以下
密度　g/cm³	1.95 以上			
粉末度 45μm ふるい残分 %	10 以下	40 以下	40 以下	70 以下
比表面積　cm²/g	5000 以上	2500 以上	2500 以上	1500 以上
フロー値比　%	105 以上	95 以上	85 以上	75 以上
活性度指数　% 28日	90 以上	80 以上	80 以上	60 以上
活性度指数　% 91日	100 以上	90 以上	90 以上	70 以上

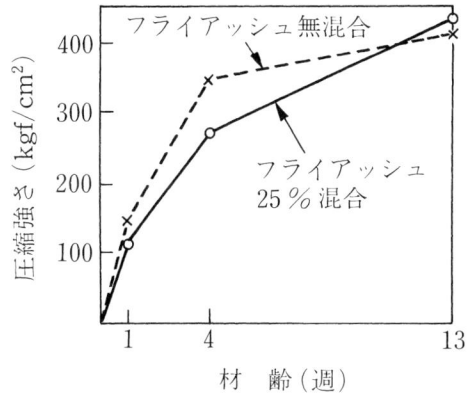

図 1-19　ポゾラン反応の効果 [19]

(b)　膨張材

膨張材は、図 1-20 のように水和反応によってエトリンガイト（$3CaO \cdot Al_2O_3 \cdot 3CaSO_4 \cdot 32H_2O$）や水酸化カルシウム（$Ca(OH)_2$）の結晶を生成させ、モルタルまたはコンクリートを膨張させるもので、収縮によるひび割れの低減、ケミカルプレストレスの導入などに用いられる。その性質は、JIS A 6202（コンクリート用膨張材）では、膨張材の品質、試験方法、検査、表示などについて規定されている（表 1-17）。

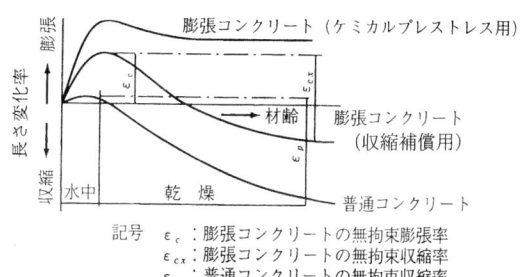

記号　ε_c：膨張コンクリートの無拘束膨張率
　　　ε_{cs}：膨張コンクリートの無拘束収縮率
　　　ε_p：普通コンクリートの無拘束収縮率

図 1-20　膨張コンクリートおよび普通コンクリートの膨張・収縮特性曲線 [20]

表 1-17　膨張材の品質規定（JIS A 6202）

項目			規定値
化学成分	酸化マグネシウム	%	5.0 以下
	強熱減量	%	3.0 以下
物理的性質	比表面積	cm²/g	2000 以下
	1.2mm ふるい残分	%	0.5 以下
	凝結	始発(min)	60 以後
		終結(hr)	10 以内
	膨張性（長さ変化）	7日	0.00030 以上
		28日	-0.00020 以上
	圧縮強さ N/mm²	3日	6.9 以上
		7日	14.7 以上
		28日	29.4 以上

(c)　高炉スラグ微粉末

高炉スラグ微粉末は、図 1-21 のように製鉄所における溶銑製造過程で、高炉から排出された溶融状態のスラグを高速の水や空気で急冷したものを微粉砕したもので、スラグだけでは硬化しないがセメントの水和反応によって生成する水酸化カルシウムやせっこうの刺激によって硬化する潜在水硬性と呼ばれる性質を持っている。その性質は、JIS A 6206（コンクリート用高炉スラグ微粉末）では、主な品質として比表面積、活性度指数が規定されている（表 1-18）。高炉スラグ微粉末を使用すると、長期強度の増進（図 1-22）、耐海

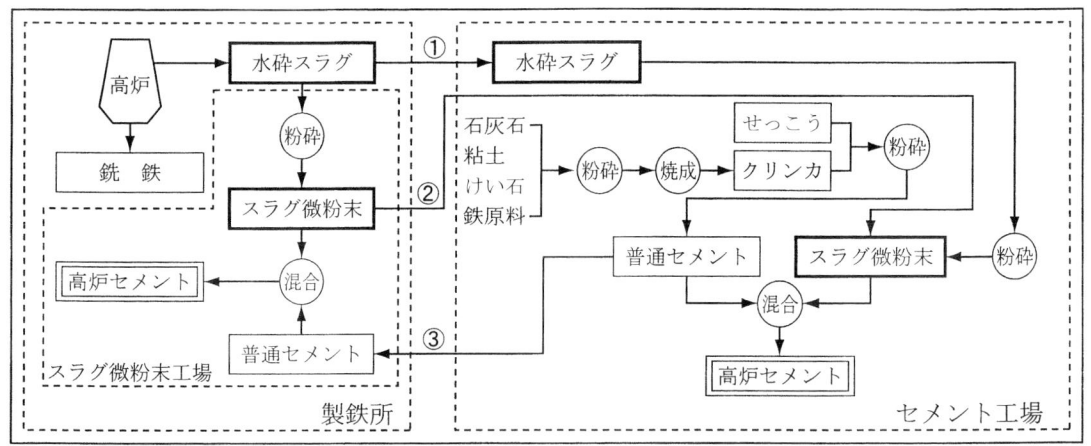

図 1-21 普通セメントおよび高炉セメント製造の概略[21]

水性、耐薬品性、アルカリ骨材反応の抑制など耐久性の向上が期待できる。一方では、使用量が増加すると初期強度の低下や中性化の抵抗性が低下することも知られており、使用する際には配慮が必要である。

表 1-18 高炉スラグ微粉末の品質規定（JIS A 6206）

品質		高炉スラグ微粉末 4000	高炉スラグ微粉末 6000	高炉スラグ微粉末 8000
密度	g/cm³	2.80以上	2.80以上	2.80以上
比表面積	cm²/g	3000以上 5000未満	5000以上 7000未満	7000以上 10000未満
活性度指数 %	材齢7日	55以上	75以上	95以上
	材齢28日	75以上	95以上	105以上
	材齢91日	95以上	105以上	105以上
フロー値比	%	95以上	90以上	85以上
酸化マグネシウム	%	10.0以下	10.0以下	10.0以下
三酸化硫黄	%	4.0以下	4.0以下	4.0以下
強熱減量	%	3.0以下	3.0以下	3.0以下
塩化物イオン	%	0.02以下	0.02以下	0.02以下

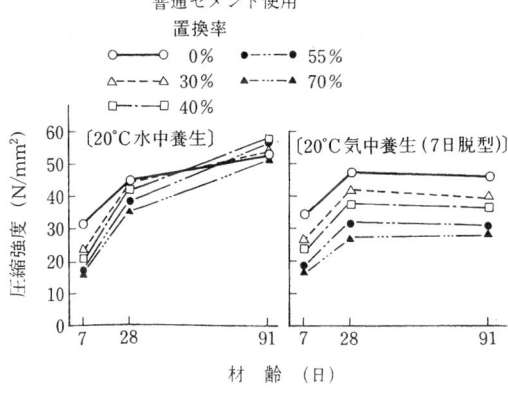

図 1-22 高炉スラグ微粉末を用いたコンクリートの圧縮強度[22]

(d) シリカフューム

シリカフュームは、写真 1-1 のようにアーク式電気炉でフェロシリコンや金属シリコンなどを製造するときに生じる排ガスを捕集して得られる平均粒径が 0.1μm 以下で、BET 比表面積が 15～25m²/g 程度の球形超微粒子である。主成分は、非晶質の二酸化けい素（SiO_2）であり、フライアッシュなどに比べて粒子が小さく活性度が高いため、初期材齢から活発なポゾラン反応性を示す。また、極めて低水セメント比の条件下で高性能減水剤と併用することによって、優れた流動性と分離抵抗性、高強度発現性を発揮するため、高強度コンクリート・高流動コンクリート用混和材として使用される。また、ポゾラン反応による組織の緻密化により透水性が小さくなり、化学抵抗性や耐海水性に優れていることから海洋コンクリートにも使用され、北海の石油プラットホームでも 1982 年以降に建造されたものには用いられている。JIS A 6207（コンクリート用シリカフューム）では、シリカフュームの品質、試験方法、表示などについて規定している（表 1-19）。

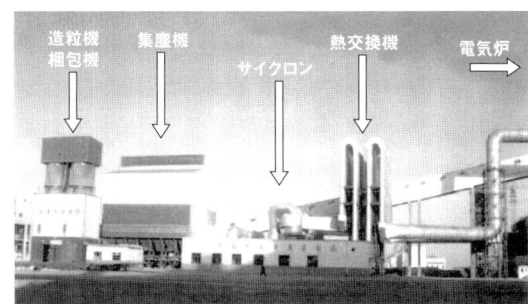

写真 1-1 典型的なシリカフューム製造工場（中国・内モンゴル自治区）[23]

表 1-19 シリカフュームの品質規格（JIS A 6207）

項　目		品　質　規　格
二酸化けい素	%	85以上
酸化マグネシウム	%	5.0以下
三酸化硫黄	%	3.0以下
遊離酸化カルシウム	%	1.0以下
遊離けい素	%	0.4以下
塩化物イオン	%	0.1以下
強熱減量	%	5.0以下
湿分	%	3.0以下
比表面積	m^2/g	15以上
活性度指数	材齢7日	95以上
%	材齢28日	105以上

(e)　石灰石微粉末

石灰石微粉末は、石灰石をブレーン比表面積3,000〜8,000cm²/g程度まで微粉砕化したものであり、その主成分は炭酸カルシウム（$CaCO_2$：カルサイト）である。化学的には非常に活性度が低く、コンクリートとして利用すると粉体量の増大に伴う水和熱の抑制、流動性の改善、材料分離抵抗性の向上が期待できる。近年、エーライトの反応促進をすることが明らかになってきているが、石灰石微粉末自体はポゾラン反応や潜在水硬性などのように長期強度発現等には寄与しないことが知られている。EU諸国では、省エネルギーや地球温暖化対策として有効であるとされ積極的に利用されている。

1.5.5　コンクリート構造物の補強材
（1）鉄　筋

鉄筋は、コンクリート中に埋め込んでそれを補強するために用いる棒鋼で、普通丸鋼と異形鉄筋とがあり、それぞれJIS G 3112に規定する熱間圧延棒鋼および熱間圧延異形棒鋼である。普通丸鋼はリブまたはふし等の表面突起がない円形断面の鉄筋であるのに対し、異形鉄筋はリブまたはふし等の表面突起を有し（**図1-23**）、コンクリートとの付着強度が大きくなるような断面形状となっている。現在、コンクリート構造物に使用される鉄筋のほとんどは異形鉄筋で占められている。

鉄筋コンクリート用棒鋼の応力-ひずみ曲線を**図1-24**に示す。弾性係数（ヤング係数）は一般に200kN/mm²が用いられている。以下に、鉄筋の化学成分、機械的性質等の諸元を**表1-20**に示す。なお、鉄筋の分類・諸元は巻末の**付録資料**に示す。

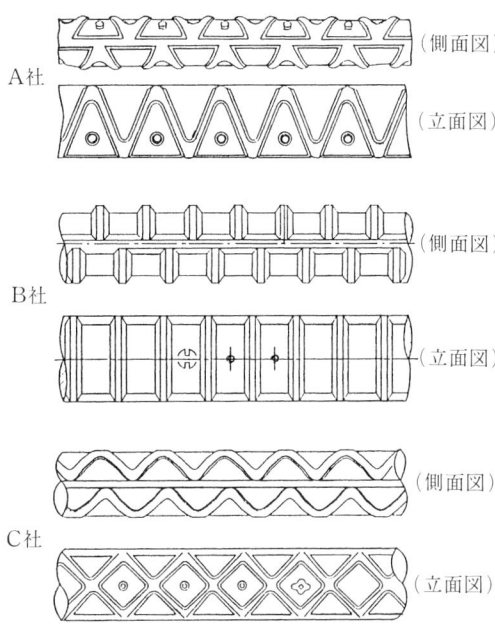

図1-23　異形鉄筋の表面形状の種類

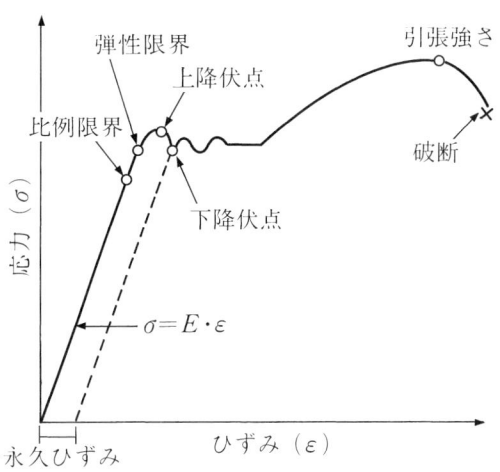

図1-24　鉄筋の応力-ひずみ曲線[24]

表 1-20 鉄筋の機械的性質（JIS G 3112）

区　分	種類の記号	降伏点または0.2%耐力(N/mm²)	引張強さ(N/mm²)	引張試験片	伸び(%)	曲げ性 曲げ角度	曲げ性 内側半径	
普通丸鋼	SR235	235以上	380〜520	2号	20以上	180°		公称直径の1.5倍
				3号	24以上			
	SR295	295以上	440〜600	2号	18以上	180°	径16mm以下	公称直径の1.5倍
				3号	20以上		径16mmを超えるもの	公称直径の2倍
異形鉄筋	SD295A	295以上	440〜600	2号に準じるもの	16以上	180°	D16以下	公称直径の1.5倍
				3号に準じるもの	18以上		D16を超えるもの	公称直径の2倍
	SD295B	295〜390	440以上	2号に準じるもの	16以上	180°	D16以下	公称直径の1.5倍
				3号に準じるもの	18以上		D16を超えるもの	公称直径の2倍
	SD345	345〜440	490以上	2号に準じるもの	18以上	180°	D16以下	公称直径の1.5倍
							D16を超えD41以下	公称直径の2倍
				3号に準じるもの	20以上		D51	公称直径の2.5倍
	SD390	390〜510	560以上	2号に準じるもの	16以上	180°		公称直径の2.5倍
				3号に準じるもの	18以上			
	SD490	490〜625	620以上	2号に準じるもの	12以上	90°	径25mm以下	公称直径の2.5倍
				3号に準じるもの	14以上		径25mmを超えるもの	公称直径の3倍

（2）PC 鋼材

PC 鋼材とは、プレストレストコンクリート構造物にプレストレスを与えるために用いる高強度の鋼材で、PC 鋼線・PC 鋼より線および PC 鋼棒があり、それぞれ、JIS G 3536、JIS G 3109 に規定されている。

PC 鋼材に要求される一般的な性質を以下に示す。

① 引張強度が大きい
② 応力-ひずみ曲線が相当大きい応力度まで直線状である
③ リラクセーションが小さい
④ 破断時伸びが大きく靭性に富んでいる
⑤ プレテンション部材に使用される場合は、コンクリートとの付着が大きい
⑥ 構造物によっては特に疲労強度が大きい

PC 鋼材の弾性係数は一般に鉄筋と同じく $200kN/mm^2$ が用いられている。応力-ひずみ曲線を図 1-25 に示すが、一般の鋼材と異なり PC 鋼線・PC 鋼より線・PC 鋼棒 1 号は明確な降伏点が現れないので、0.2%ひずみ点を降伏点応力度と呼んでいる。

表 1-21 に PC 鋼材の機械的性質等の諸元を示す。なお、PC 鋼材の分類・諸元は巻末の**付録資料**に示す。

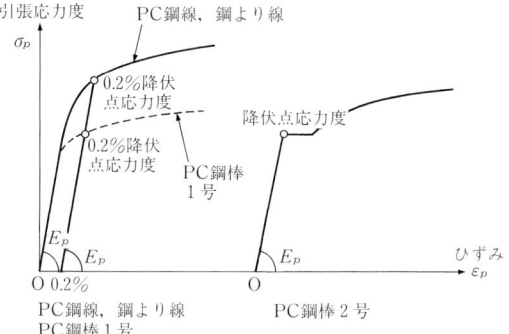

図 1-25 PC 鋼材引張応力-ひずみ曲線 [25]

表 1-21 PC 鋼棒の機械的性質（JIS G 3112）

種　類			記号 SI単位	記号 (参考)従来単位	引張試験 降伏点又は耐力(kN/mm²)	引張試験 引張強さ(kN/mm²)	引張試験 伸び(%)	リラクセーション値(%)
丸棒	A種	1号	SBPR 785/930	SBPR 80/95	0.784以上	0.932以上	5以上	1.5以下
		2号	SBPR 785/1030	SBPR 80/105	0.784以上	1.030以上	5以上	1.5以下
	B種	1号	SBPR 930/1080	SBPR 95/110	0.932以上	1.079以上	5以上	1.5以下
		2号	SBPR 930/1180	SBPR 95/120	0.932以上	1.177以上	5以上	1.5以下
	C種	1号	SBPR 1080/1230	SBPR 110/125	1.079以上	1.226以上	5以上	1.5以下
		2号	SBPR 1080/1320	SBPR 110/135	1.079以上	1.324以上	5以上	1.5以下
異形棒	B種	1号	SBPD 930/1080	SBPD 95/110	0.932以上	1.079以上	5以上	1.5以下
	C種	1号	SBPD 1080/1220	SBPD 110/125	1.079以上	1.220以上	5以上	1.5以下
	D種	1号	SBPD 1275/1420	SBPD 130/145	1.275以上	1.422以上	5以上	1.5以下

備考）耐力とは、0.2%永久伸びに対する応力をいう。

（3） 構造用鋼材

第2章「鋼構造物とその材料」および第3章「仮設構造物とその材料」を参照。

（4） 新素材

わが国の建設用新素材（連続繊維補強材）は、1980年初期から開発・商品化が進められ、1990年代に入って建設分野への利用が急速に拡大かつ高まってきた。

新素材・新材料の性質を、建設分野で使用される材料にとって重要な性質である力学的性質を中心に表1-22に示した。

表1-22　FRP材料の特徴と標準物性[26)に加筆]

		アラミド (AFRP)	ガラス (GFRP)	カーボン (CFRP)	PC鋼より線	鉄筋
密度		1.3	1.7〜1.9	1.5	7.85	7.85
引張強度	N/mm²	1400〜1800	600〜900	1900〜2300	1750〜1900	500
引張弾性係数	kN/mm²	50〜70	30	130〜420	200	210
破断伸び	%	2〜4	2	0.6〜1.9	6	10
リラクセーション	%	5〜15	10	1.5〜3	1〜2	—
熱膨張係数	10⁻⁶/℃	−2〜−5	9	0.6	12	12
耐触性		—	○	○	×	×
非磁性		—	○	○	×	×

材料の力学的特性を比較する場合に比強度、比弾性率という概念がよく使われる。比強度、比弾性率とは、材料の強度（σ）、弾性率（E）を密度（ρ）で割ったもので、同じ荷重に耐えるものならば軽い素材の方が優れているという考え方である。図1-26に表1-22をもとに作成した新素材・新材料の比強度-比弾性率力学特性図を示した。

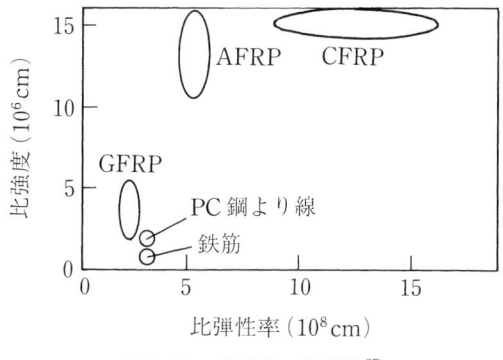

図1-26　比強度-比弾性[27)]

(a) FRP

炭素繊維、アラミド、ガラスなどの連続繊維の束をエポキシ樹脂で相互に接着し、硬化させた連続繊維補強材をFRP（Fiber Reinforced Plastic）と呼んでいる。

これらは、高強度・軽量・非金属などの大きな特徴があり、PCケーブルの代わりなどに使用されている。

特にグランドアンカーへの利用が増加しており、最近では外ケーブルとしての利用も見られるようになってきている。また、橋脚の耐震補強として連続シートをエポキシ樹脂にて接着、または浸透させながらの接着を行う連続繊維シートによる補強工法が開発されている。

FRPは使用繊維の種別により、大きく分けて無機繊維系と有機繊維系に大別でき、詳細は図1-27に示す。FRPの応力-ひずみ曲線を図1-28に示す。

材料による分類

① 繊維による分類

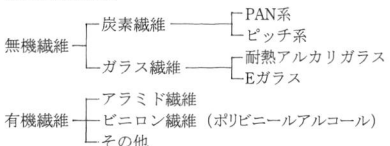

② 結合材による分類

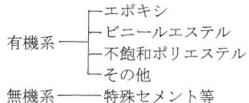

③ 形状による分類

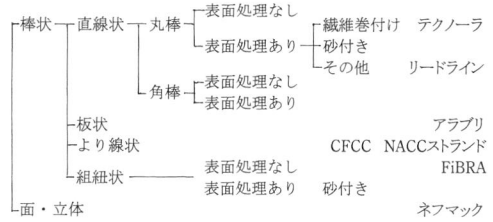

図1-27　連続繊維補強材の種類[28)]

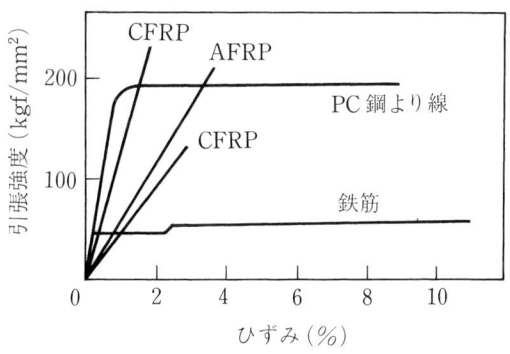

図1-28　FRPの応力-ひずみ曲線[29)]

(b) 繊維素材

最近はたくさんの種類の繊維が用いられている。繊維で補強したコンクリートは、引張りや曲げの強さが大きく、ひび割れ発生への抵抗も強くなる。また、一般的なコンクリートは大きなひび割れが発生するともろく壊れやすくなるが、繊維補強したコンクリートはひび割れが発生しても急激な強度低下をすることなく、変形するほどの粘り強い特性を持っている。

繊維補強材の主な種類とその用途は表1-23のとおりである。

表1-23　主な補強用繊維の種類[30]

繊維の種類	主な用途	摘要
鋼繊維（スチールファイバー）	トンネル壁面吹付、道路舗装、柱とはりの接合部、プレキャスト製品	短繊維で用いる。
ガラス繊維（ガラスファイバー）	ビルのカーテンウォール、フロアーパネル、内装仕上げ用のボード	短繊維で用いる。ガラス繊維はコンクリートのアルカリ性に弱いので、専用のセメントを用いるなどの対策が必要。
炭素繊維（カーボンファイバー）	ビルのカーテンウォール、フロアーパネル、プレストレストコンクリートの耐震補強、建築用躯体の補強	耐久性がある。加工して用いる場合もある。
アラミド繊維	ビルのカーテンウォール、床・天井板、プレストレストコンクリートの緊張材、耐酸性の強化	加工して用いる場合が多い。非常に強いが高価。
ポリエチレンポリプロピレン	フロアーパネル	短繊維で用いる。

使い方は、①3～5cmぐらいの短繊維をコンクリートなどに混ぜる。②長繊維を織ったシート等を巻いて使用する。③繊維を鉄筋・板・網のように加工しておいて使用するなどがある。

繊維補強コンクリートの活用には経済的な問題も多いが、構造上や安全性の確保などから用いられることが多い。

将来的には、超高層ビルの建設、大規模地下開発、海洋開発に関連して、繊維補強コンクリートの発展が期待されるところである。

各繊維素材の概要を以下に示し、使用例を述べる。

① 炭素繊維：使用する炭素繊維の種類によりPAN系とピッチ系に分かれる。導電性を有する。スキーの板や釣竿、自動車部品、航空機、人工衛星、宇宙船などにCFRPとして使用されている。

② ガラス繊維：使用する繊維により耐熱アルカリガラスとEガラスに分かれる。作成形状の自由度から自動車部品、サーフボード・航空機の内装などにGFRPとして使用されている。色は透明である。

③ アラミド繊維：芳香族ポリアミド繊維ナイロンに属する。分子構造を説明すると、ナイロンの分子を芳香環（炭素Cと水素Hの組合せでできた六角形分子構造）により鎖状に結合された分子構造を持っている。防弾チョッキ、消防服に使用される。

1.6　フレッシュコンクリートの性質

フレッシュコンクリートに要求される主な性質は、次の4つである（図1-29参照）。

① どのような場所でも、どのような形状の構造物でも、打込みが可能なこと。

② 運搬・打込み・締固めおよび表面仕上げの各施工段階において作業が容易に行えること。

③ 施工時およびその前後において、材料分離により均質性が失なわれたり品質が変化することが少ないこと。

④ 作業が終了するまでは、所要の軟らかさを保ち、その後は正常な早さで凝結・硬化すること。

① 運搬，打込み，締固め，仕上げが容易である
② 鉄筋や型枠のすみずみまで十分ゆきわたる
③ これらの作業中，材料の分離が少ない

図1-29　施工性の良いコンクリートとは？[31]

フレッシュコンクリートに、このような性質を持たせるには材料の性質を十分に理解し、適切な配合と正確な計量、十分な練混ぜが必要である。

フレッシュコンクリートの性質は、ワーカビリティー、コンシステンシー、プラスティシティー、

フィニッシャビリティーなどの用語によって表される。

1.6.1 ワーカビリティー

フレッシュモルタルやフレッシュコンクリートの性質のうち、作業しやすさの程度を指す。「ワーカブル」とは、作業に適した、ほどよい軟らかさで、しかも材料分離しにくい状態をいう。ワーカビリティー（workability）は、図 1-30 に示すように、コンシステンシー（コンクリートの変形および流動性に対する性質）とプラスティシティー（材料分離に対する抵抗性）、およびフィニッシャビリティー（表面仕上げの容易さ）とを合わせた、いわば作業性ともいうべき性質で、フレッシュコンクリートの性質のうち最も包括的な性質であり、図 1-31 に示すような因子によって影響される。

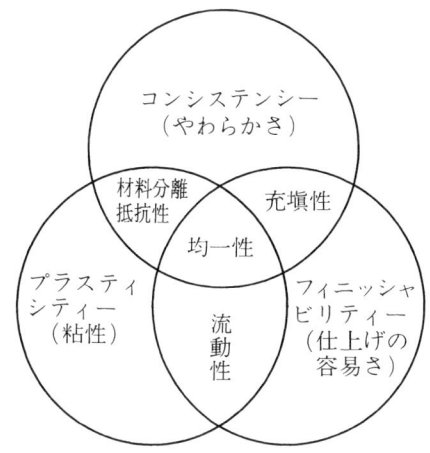

図 1-30　ワーカビリティーの構成[31]

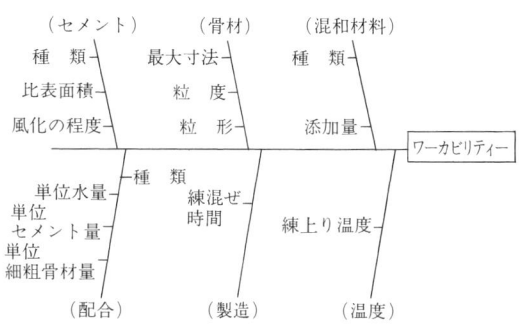

図 1-31　ワーカビリティーに影響する因子（主としてコンクリート）[32]

① 単位水量を大きくすることや粗骨材の最大寸法を大きくすることは、流動性を増すが材料分離の傾向も増す。また、細骨材率を小さくすることや細骨材の粗粒率を大きくする場合にも、過度に行えば、材料分離の傾向が増す。このように、流動性と材料分離に対する抵抗性に対して相反する影響を及ぼす因子が多く、両者を満足してワーカビリティーを良くすることは難しい。

② AE剤、減水剤、フライアッシュ等の混和材料を使い、粒形・粒度の適正な骨材を用いることは、同じコンシステンシーのコンクリートを得るのに必要な単位水量を減じ、材料分離に対する抵抗性を増すことからワーカビリティーを良くする。

③ 単位セメント量が多いほどそのコンクリートのプラスティシティーが増すので、一般に富配合のものは貧配合のものよりワーカビリティーが良いといえる。

④ セメントの種類、比表面積、風化の程度等はワーカビリティーへ影響を及ぼす。一般に、比表面積の高いセメントを使用した場合、セメントペーストの粘性が高くなり、流動性は小さくなる。逆に、比表面積が 2800cm^2/g 以下の小さいものを使用した場合には、セメントペーストの粘性が低くなりすぎ、流動性は大きくなっても材料分離は生じやすく、ワーカビリティーは悪くなる。風化したセメントや異常凝結を示すセメントは、ワーカビリティーを著しく悪くする。

⑤ 練混ぜ不十分で不均質な状態のコンクリートはワーカビリティーが悪い。一方、過度に練混ぜ時間が長いと、セメントの水和を促進し、ワーカビリティーは悪くなる。

ワーカビリティー測定の代表的な方法はスランプ試験である。スランプ試験は手軽に行え、コンクリートが形を変えるだけで崩れない範囲では、再現性が良くコンシステンシーを的確に表す（図 1-32、図 1-33）。

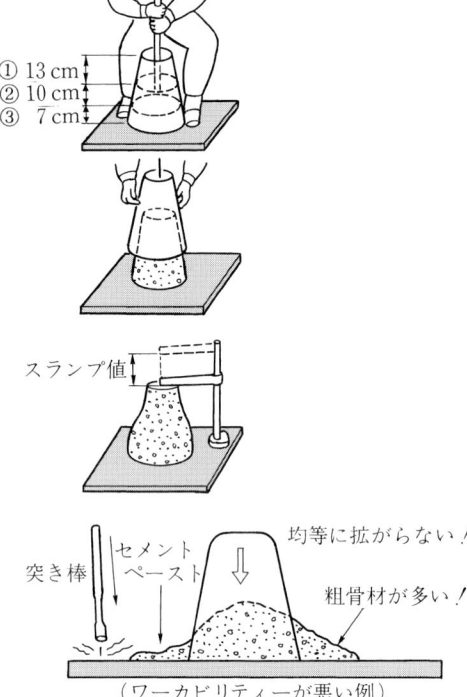

(1) スランプコーンの内側を湿布でふく。コーンが浮き上がらないように踏みつける。試料は3層にシャベルで①②③とほぼ同量入れ、片寄らないように突き棒で均して、各層25回均等に突く（突き棒の先端は前の層にわずかに入れる）。突き終わったら上面を平らに均す。
(2) スランプコーンは片寄らないように静かに垂直に引き上げる（引き上げる時間は2〜3秒）。
(3) スランプ尺でスランプ値を測定する。
(4) スランプ測定後、突き棒で数回鉄板を叩き、コンクリートの広がりや材料の分離の程度を見る。

図 1-32　スランプ試験の方法[31]

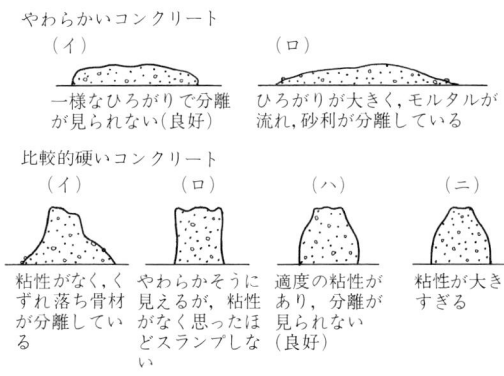

図 1-33　スランプ試験後の形状とワーカビリティー[33]

空気量がワーカビリティーに及ぼす影響としては、同一のワーカビリティーをつくる場合、空気量1%の増加に対して細骨材率を0.5〜1.0%、単位水量を約3%少なくすることができる。

コンクリート中の空気泡には、コンクリートの練混ぜ打込み時に混入した比較的大きな気泡のエントラップトエアと、AE剤やAE減水剤を用いて計画的に均等に分布させた微小な独立した空気泡であるエントレインドエアとがある。エントレインドエアは、コンクリートのワーカビリティーを改善するとともに、硬化コンクリートの耐凍害性や水密性を著しく改善し耐久性を増す。

粗骨材の最大寸法と空気量の関係は、一般に粗骨材の最大寸法に応じて3〜6%とするのが標準であり、粗骨材の最大寸法が小さいコンクリートほど空気量は多くする。これは、耐久性の大きいコンクリートとするためには、モルタル中の気泡間隔係数をある一定値以下にする必要があることと、粗骨材の最大寸法の小さいコンクリートは単位モルタル量が多いことによるものである。

空気量に影響する因子として以下のことが考えられる。

① AE剤、AE減水剤の混和量が増せば空気量も増大する（図1-34）。
② セメントの粉末度および単位セメント量が増すと空気量は減少する。
③ 細骨材中の0.3〜0.6mmの粒が多いと空気量は増す。また細骨材率が大きくなると空気量は増す（図1-35）。
④ スランプが大きくなると空気量は増す（図1-36）。
⑤ 練混ぜ時間の初めの1〜2分間で空気量は急速に増し、3〜5分間で最大となり、その後は徐々に減少する（図1-37）。
⑥ コンクリート温度が低いと空気量は増す（図1-38）。
⑦ コンクリートの運搬、振動締固め等により、約1/4〜1/6程度の空気量が減少する（図1-39）。

空気量の測定方法として、重量法（JIS A 1116）、容積法（JIS A 1118）、空気室圧力方法（JIS A 1128）がある。

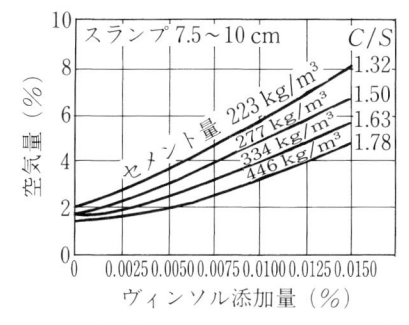

図 1-34 AE剤添加量およびセメント量と空気量[34]

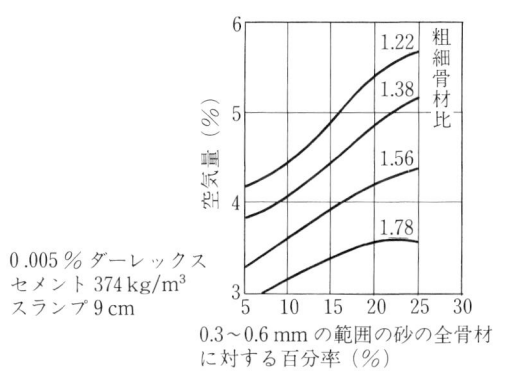

図 1-35 砂の量と空気量[34]

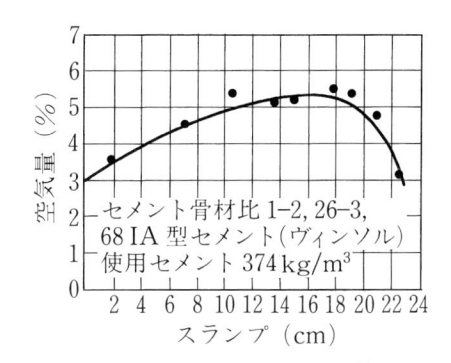

図 1-36 スランプと空気量[34]

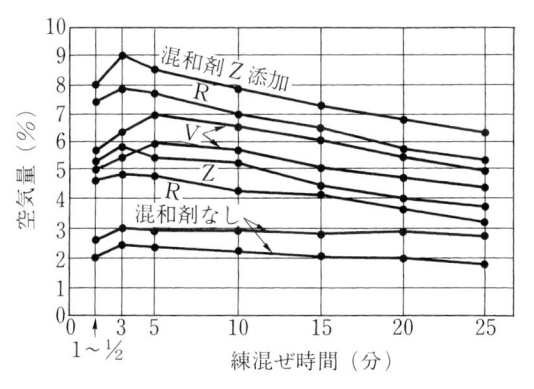

図 1-37 練混ぜ時間と空気量[34]

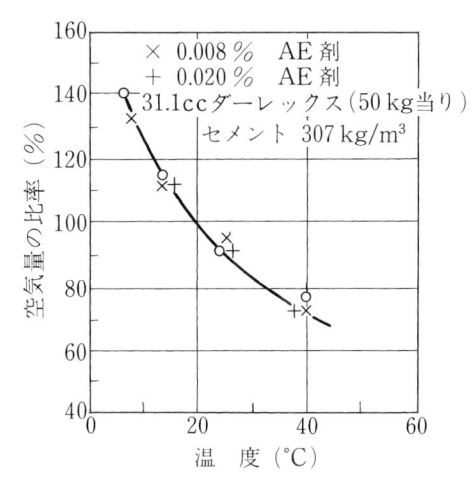

図 1-38 温度と空気量[34]

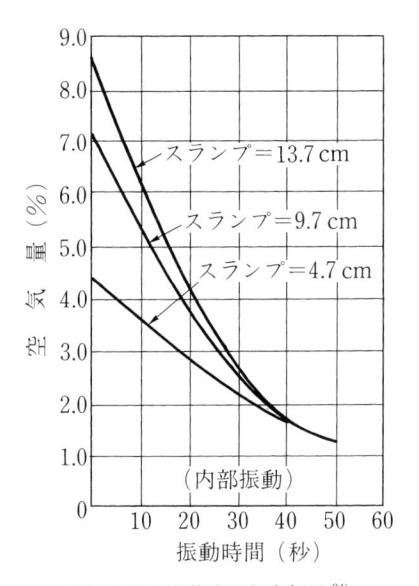

図 1-39 振動時間と空気量[34]

1.6.2 コンシステンシー

　コンシステンシー(consistency)は、"固さ"、"粘稠度"等の意味を持ち、フレッシュコンクリートでは変形あるいは流動性に対する抵抗性の程度を表す。

　コンシステンシーは、図 1-40 に示す粘弾性体における降伏値、塑性粘度、およびダイレタンシー(体積膨張)等の基本物性が組み合わされた性質と考えられる。ダイレタンシーに伴う流動性の減少、ときには単に外力(撹拌、振動)による流動性の減少(粘性上昇)を示す場合もある。したがって、少なくともその一面を測定することが

できるため、定量的に表すことができる。コンシステンシーの測定方法を**表1-24**に示す。

コンシステンシーを測定する方法は、①コンクリートに一定の外力を与えた時の変形量を測定するもの（スランプ試験、スランプフロー試験など）、②コンクリートに所定の変形を生じさせるのに必要な仕事量を測定するもの（振動台式コンシステンシー（VB）試験（図1-41）、リモルディング試験）に大別される。

通常のコンクリート（スランプ5～18cm）では、スランプ試験が用いられ、流動コンクリートおよび高流動コンクリート（スランプ18cm以上、スランプフロー45cm以上）ではスランプフローが用いられる。一方、固練りコンクリート（スランプ5cm以下）の場合、スランプ試験では重力で変形させる力が不足して試験感度がが低下するため、振動式コンシステンシー（VB）試験が適している（図1-42）。

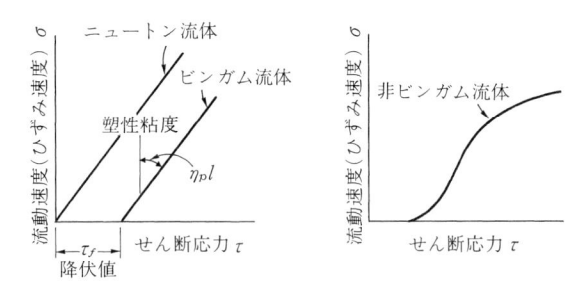

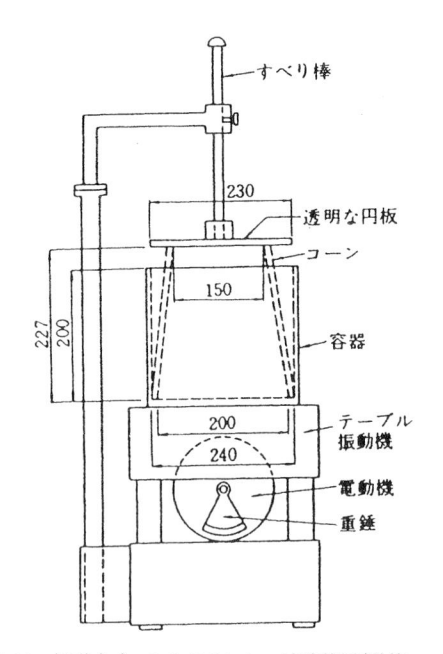

図1-41 振動台式コンシステンシー試験装置(単位：mm)[33]

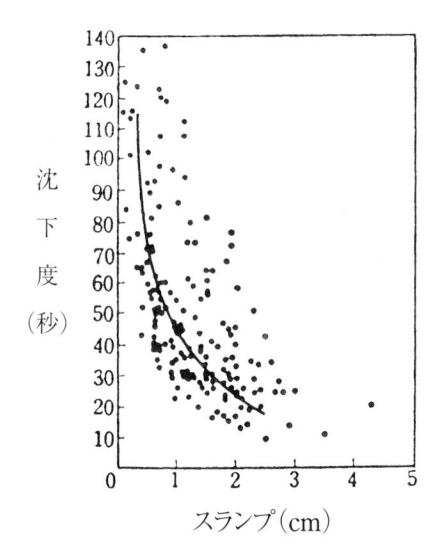

(a) ビンガム流体の流動曲線　(b) コンクリートの流動曲線

図1-40 流動曲線[35]に加筆

表1-24 各種コンシステンシー試験方法[35]に加筆

試験方法	図	試験方法の概要	原理
スランプ試験 (JIS A 1101)	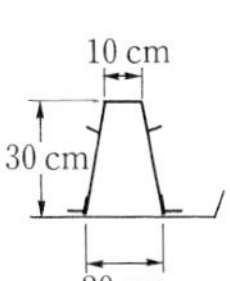 10 cm / 30 cm / 20 cm	左図のコーンにコンクリートを3層に分けて詰め、各層25回ずつ突いたのちコーンを引き上げて下がり量を測る。	重力による変形量
スランプフロー試験		左図のコーンにコンクリートを3層に分けて詰め、各層25回ずつ突いたのちコーンを引き上げて直径の広がりを測る。	
VB試験	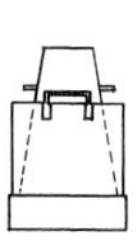	コーンの外側にも円筒形容器を置き、コーンを引き上げたのち振動を与え、コンクリートが水平になって外側の容器を満たすまでの秒数を測る。	一定変形を起こさせるのに必要なエネルギー
リモールディング試験		VB試験方法に類似、コンクリートが水平になって外側の容器を満たすまで台を上下させ、その回数を測る。	

図1-42 スランプと沈下度との関係[33]

コンシステンシーに影響を及ぼす要因を以下に示す。

① 単位水量：極端に固練りあるいは軟練りでない場合、単位水量の1.2％の増減でスランプが約1cm増減する（図1-43）。

② 空気量：空気量が約1％増減するとスランプが約2.5％増減する。

③ 粗骨材最大寸法：粗骨材の最大寸法を大きくすると、同じコンシステンシーのコンク

リートを得るのに、単位水量および単位セメント量を減らすことができる（図1-44）。

④ 粒形：粒形判定実積率とスランプとの間には直線関係がある（図1-45）。

⑤ 粗粒率および細骨材率：粗粒率が小さいほど、また細骨材率が大きいほどスランプは小さくなる。

⑥ AE剤、AE減水剤および減水剤：AE剤は空気量を増すことにより、減水剤はセメント粒子を分散させることにより、変形・流動性を増す。また、AE減水剤は、AE剤と減水剤の両者の働きにより、変形・流動性を増す。

⑦ フライアッシュおよびシリカフューム：ボールベアリング作用により、変形・流動性を増す。

⑧ 温度：練上り温度が10℃高いと、スランプは2～3cm小さくなる（図1-46）。

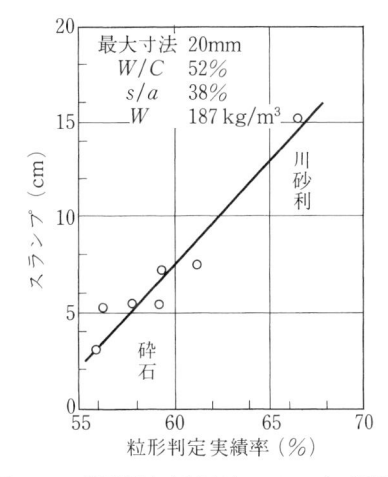

図1-45 粒形判定実積率とスランプの関係[37]

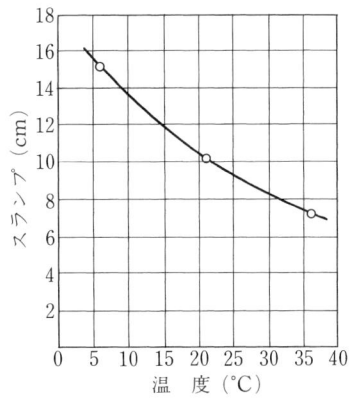

図1-46 温度の上昇によるスランプの減少[38]

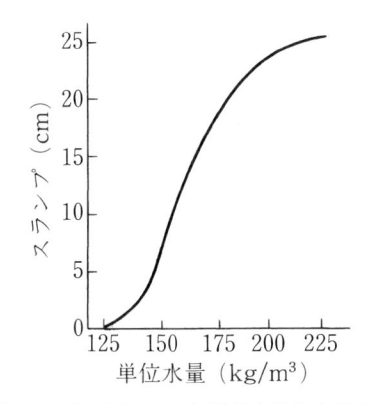

図1-43 コンシステンシーに及ぼす単位水量の影響[35]

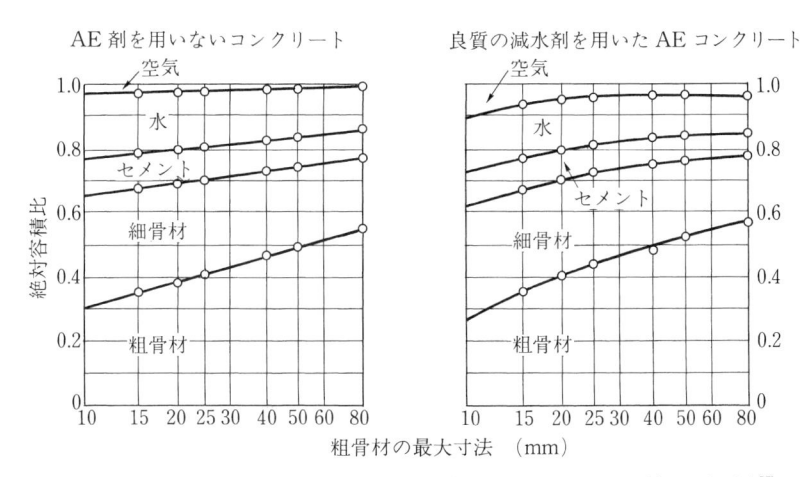

図1-44 粗骨材の最大寸法と配合の関係（コンシステンシーが等しい場合）[37]

1.6.3 プラスティシティーおよびフィニッシャビリティー

コンクリートを容易に型に詰めることができ、型を取り去るとゆっくり形を変えるが、くずれたり、材料が分離したりすることのないような性質をプラスティシティー（plasticity）、粗骨材の最大寸法、細骨材率、細骨材の粒度、コンシステンシー等による仕上げの容易さを示すフレッシュコンクリートの性質をフィニッシャビリティー（finishability）という。

コンクリート中で構成成分の分布が不均一となる現象、すなわち粗骨材が局部的に集中する現象を材料分離（segregation）といい、水分がコンクリート上面に向かって上昇する現象をブリーディング（bleeding）という。前者は主に運搬・打込み中に生じ、後者は打込み後に生じる。材料分離したコンクリートは強度・水密性・耐久性等が低下する。

材料分離に影響を及ぼす要因をまとめると図1-47のようになる。

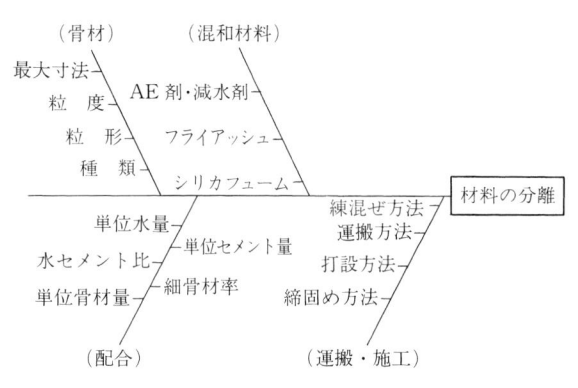

図 1-47 材料分離に影響を及ぼす因子[39]に加筆

骨材を分離させようとする力は重力であって、粒子の半径の3乗にほぼ比例する。一方、分離を妨げる力は、粒子が周囲から受ける抵抗で、これは半径の2乗にほぼ比例する。したがって、骨材の粒径が大きいほど分離しやすくなる。一般に、粗骨材では丸みを帯びた形状のものは、偏平なものや細長いものに比べて分離しにくい。細骨材では、細粒分が増せばコンクリートの粘性が増し分離しにくくなる。細骨材率を増すことは、分離を少なくするのに有効である。

単位水量が大きく、スランプの大きいコンクリートは分離しやすく、逆に、単位水量の極端に小さいコンクリートは、モルタルの粘着性が不足し分離する傾向が大きくなる。一般に、普通の施工法では、スランプ8cm程度のコンクリートが比較的分離しにくいとされている。

AE剤や良質なポゾランは、コンクリートの凝集性を増し、分離を少なくするのに有効であると同時に、流動性を増し単位水量を減じる効果があり分離抵抗を増大させる。

材料分離は、使用するコンクリートが同一であっても、施工によって著しく変化する。例えば、斜めシュートを使用したり、バイブレータによる横に流しての打込みは、材料分離が著しく大きくなるので禁じられている。施工にあたっては、材料分離が生じないような方法で施工する必要がある。

図1-48に示すように、ブリーディング水が浮上したあとは水みちができるとともに、鉄筋や粗骨材の下面には水膜や空隙ができ、付着強度や水密性の低下が生じるためコンクリートの耐久性に影響を及ぼす。また、ブリーディング水と一緒に浮上したレイタンス（不純物の微粒分子が堆積したもの）は、コンクリート硬化後の表面に薄層をつくる。この物質は、強度も付着力もなく、コンクリートを打ち継ぐ場合には有害であるので必ず除去する必要がある。

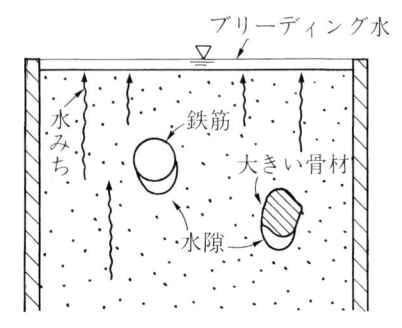

図 1-48 ブリーディングによってコンクリートの内部に生じる現象[40]

一方、コンクリートの表面仕上げを行うにはある程度のブリーディングも必要である。またブリーディングが少なすぎたり、表面乾燥が急激な場合はひび割れが発生する恐れがあるので施工には注意を要する。

ブリーディングに影響する要因を以下に示す。

① セメントの比表面積が大きく、凝結時間の早いものほどブリーディングは少ない（図1-49、図1-50）。

② 細骨材の粒度が細かいほど、ブリーディングは減少する（図 1-51）。
③ 水セメント比が大きいほど、またスランプが大きいほど、ブリーディングおよび骨材の沈降は大きくなる。
④ AE 剤の使用は、ブリーディング量と沈降量を低減するのに効果的である（図 1-52）。
⑤ コンクリートの温度が低いほど、ブリーディングは長く続く（図 1-53）。
⑥ 過度の締固めおよび表面仕上げは、ブリーディングを増大させる。
⑦ 打込み速度が速いほど、1 回の打込み高さが高いほどブリーディングは大きくなる。

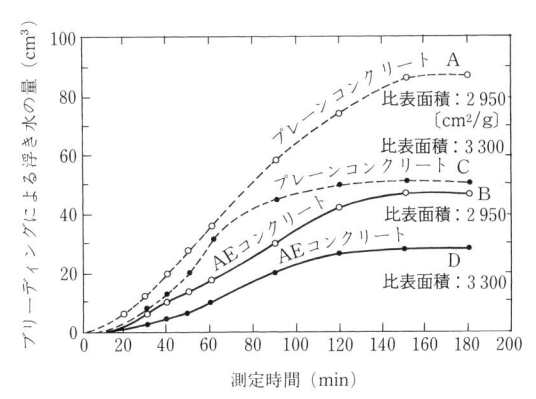

図 1-49 ブリーディングに及ぼすセメントの比表面積の大小および AE 剤使用の影響の例 [41]

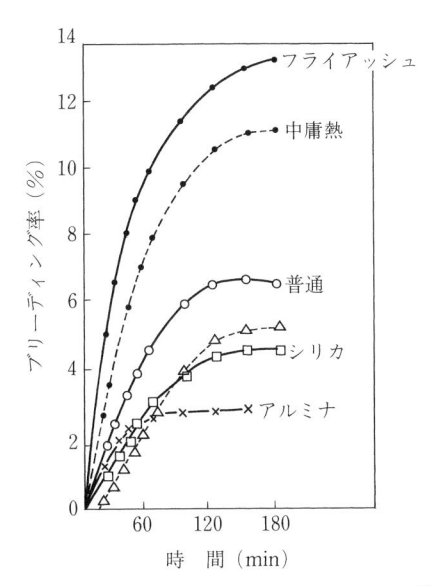

図 1-50 セメントの種類とブリーディング [41]

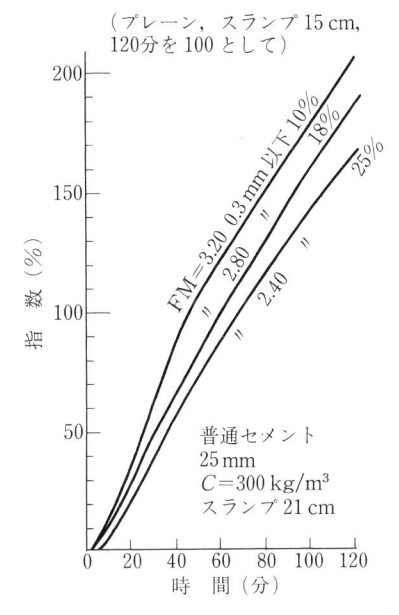

図 1-51 砂の粒度とブリーディングの関係 [41]

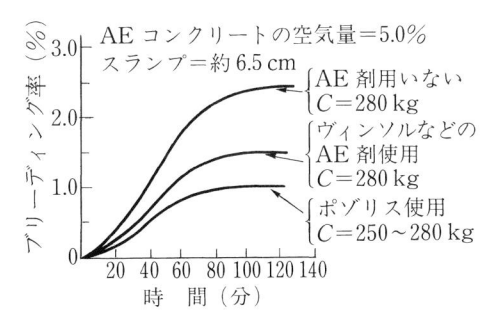

図 1-52 AE 剤・減水剤の使用がコンクリートのブリーディングに及ぼす影響 [41]

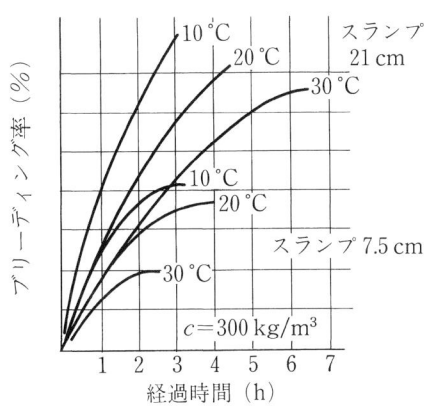

図 1-53 コンクリートの温度とブリーディングの関係 [41]

1.7 硬化コンクリートの性質

コンクリートが鋼材と大きく異なる点は、細骨材、粗骨材をセメントペーストで結合させた複合材料であり、これらの配合によってその性質が大きく変わることである。そのうえセメントペーストの強度が時間的に変化し、変形性状に大きな影響を及ぼす。また、弾性係数は時間だけではなく応力レベルによっても変化する。

ここで硬化したコンクリートの主な性質を以下に示す。

① 強度
② 弾性係数（ヤング係数）
③ 収縮
④ クリープ
⑤ 水密性
⑥ 熱的特性

1.7.1 コンクリートの強度

一般に、コンクリートの特性値は、原則として材齢28日における圧縮試験強度に基づいて定める。

コンクリートは引張、曲げ、せん断、支圧、鋼材との付着強度など各種の強度を有している。また、荷重の作用する速度によって静的、動的、衝撃などに対する強度、さらに環境条件によって高温時、低温時などに対する強度など種々の強度に区分される。一般の普通コンクリートに対して、圧縮強度の特性値に基づいて他の種々の特性値を推定することができる。

（1） 圧縮強度

コンクリートの圧縮強度は、JIS A 1108に規定されており、直径に対して2倍の高さを持った円柱供試体に載荷した最大荷重を断面積で除した値として算出する。

$$f_c' = P/\pi(d/2)^2 \tag{1.1}$$

ここで、P：最大荷重、d：円柱供試体の直径

[圧縮強度の推定式]

一般的にコンクリートの圧縮強度は次式によって推定でき、コンクリートの配合設計に用いられている。

$$f_c' = A + B(C/W) \tag{1.2}$$

ここで、A、B：実験によって定まる定数
C/W：セメント水比（単位セメント量／単位水量）

つまり、通常bは正であるので上式は単位セメント量が多いほどまたは単位水量が少ないほど、高い強度のコンクリートを得られることを示している（図1-54）。

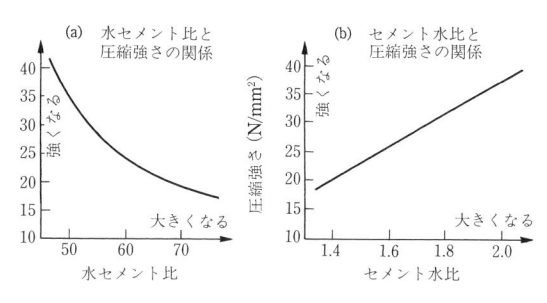

図1-54　セメントと水および強さの関係概念図[42]に加筆

（2） 圧縮強度以外のコンクリートの強度

コンクリートの引張強度は、圧縮強度に比べてかなり小さく1/10〜1/13程度であるが強度が増加するとその比は小さくなる。引張強度は、鉄筋コンクリートの設計では一般に無視されるが、乾燥収縮や温度応力等によるひび割れの検討を行う場合には重要な特性となる。引張強度を求めるには、一般的にJIS A 1113の割裂引張強度試験が用いられ、圧縮強度試験機と円柱供試体を用いてできる簡易な試験であり、図1-55のように円柱供試体を直径方向に加圧すると、加圧方向と直行する方向に引張応力が生じることを利用したもので、次式によって求めることとしている。

$$f_t = 2P/\pi dl \tag{1.3}$$

ここで、P：最大荷重、d：円柱供試体の直径、l：円柱供試体の長さ

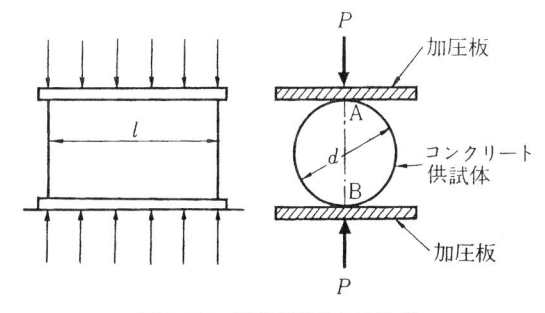

図1-55　割裂引張強度試験[43]

曲げ強度は、鉄筋コンクリート部材やプレストレスコンクリート部材の曲げひび割れ発生の検討に用いられる。曲げ強度試験は、JIS A 1106に定

められており、図 1-56 に示すようにはり試験体の 3 等分点載荷を行い、破壊時の曲げモーメントから次式により曲げ強度を求める。曲げ強度は、圧縮強度の 1/5～1/8 程度であり、また引張強度と同様圧縮強度が増加してもその比は小さくなる。

$$f_b = M/Z = Pl/bh^2 \qquad (1.4)$$

ここで、M：破壊モーメント、Z：断面係数、P：最大荷重、l：スパン、b：破壊断面の幅、h：破壊断面の高さ

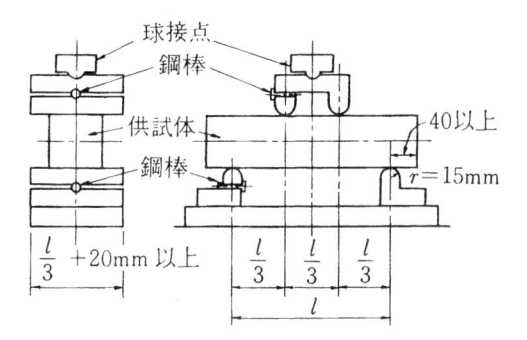

図 1-56 曲げ試験（3 等分点載荷）[42]

せん断強度は、圧縮強度の大きいほど大きく、圧縮強度の 1/4～1/6 程度で引張強度の 2.3～2.5 倍である。図 1-57 に示す各種の直接せん断試験を行い求めることができるが、このような試験では曲げの影響が内在し正確なせん断強度を求めることは非常に難しい。

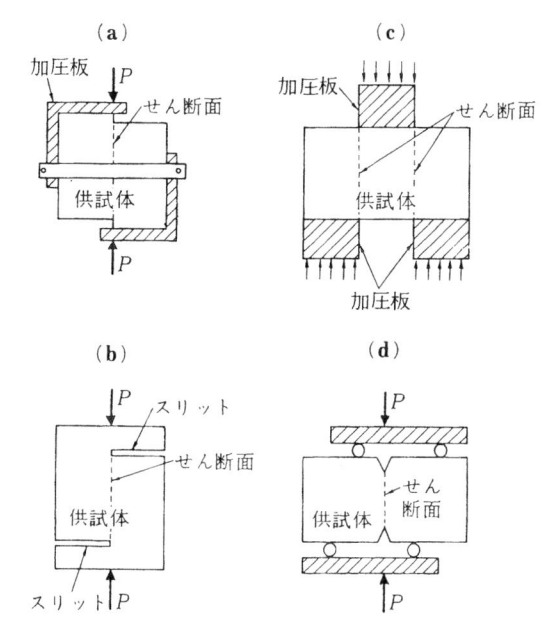

図 1-57 直接せん断試験（3 等分点載荷）[43]

コンクリートと鉄筋との付着強度は、鉄筋の挿入方向、位置や鉄筋の表面状態、形状、コンクリートの配合、締め固め方法により異なる。鉄筋の付着強度を求める試験方法としては、土木学会基準（JSCE-G503-2007）の引抜き試験方法がある。

支圧強度は、橋脚の支承部やプレストレスコンクリートの緊張材定着部などでは、部材面の一部分だけに圧縮力が作用する。図 1-58 のように、局部荷重を受ける場合のコンクリートの圧縮強度を支圧強度と呼ぶ。

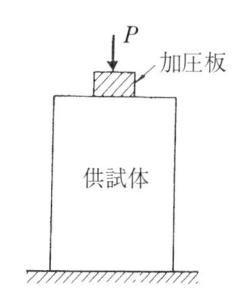

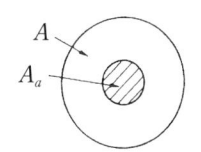

図 1-58 局部加圧試験[44]に加筆

コンクリート標準示方書（設計編、2007 年、土木学会）によれば、コンクリートの引張強度、曲げ強度、付着強度および支圧強度の特性値は、一般の普通コンクリートに対して、圧縮強度の特性値 f'_{ck}（設計基準強度）を用いて以下の推定式から求めて良いこととしている。

［引張強度の推定式］

$$f_{tk} = 0.23 f'^{2/3}_{ck} \qquad (1.5)$$

［曲げひびわれ強度の推定式］

$$f_{bck} = k_{0b} \cdot k_{1b} \cdot f_{tk} \qquad (1.6)$$

ここに、

$$k_{0b} = 1 + \frac{1}{0.85 + 4.5(h/l_{ch})} \qquad (1.7)$$

$$k_{1b} = 0.55 \sqrt[4]{h} \quad (\geq 0.4) \qquad (1.8)$$

k_{0b}：コンクリートの引張軟化特性に起因する引張強度と曲げ強度の関係を表す係数

k_{1b}：乾燥、水和熱など、その他の原因による
ひび割れ強度の低下を表す係数

h：部材の高さ（m）（>0.2）

l_{ch}：特性長さ（m）（$=G_F \cdot E_c/f_{tk}^2$、E_c：弾性係数、G_F：破壊エネルギー、f_{tk}：引張強度の特性値。ただし、この場合の破壊エネルギーおよび弾性係数は、コンクリート標準示方書に従って求めるものとする）

［付着強度の推定式］

JIS G 3112 の規定を満足する異形鉄筋について、

$$f_{bok} = 0.28 f'_{ck}{}^{2/3} \quad (1.9)$$

ただし、$f_{bok} \leqq 4.2 \text{N/mm}^2$

普通丸鋼の場合は、異形鉄筋の場合の 40％とする。ただし、鉄筋端部に半円形フックを設けるものとする。

［支圧強度の推定式］

$$f'_{ak} = \eta \cdot f'_{ck} \quad (1.10)$$

ただし、

$$\eta = \sqrt{A/A_a} \leqq 2 \quad (1.11)$$

ここに、A：コンクリート面の支圧分布面積
　　　　A_a：支圧を受ける面積

コンクリートの材料係数 γ_c は、一般に、終局限界状態の検討においては 1.3（$f'_{ck} \leqq 80\text{N/mm}^2$ の場合）とする。また、通常の使用時の限界状態の検討においては 1.0 としてよい。

(3) コンクリート強度に影響を与える要因

(a) セメントと骨材の影響

① 一般に、コンクリートの強度はセメント強さに比例して増加する（図 1-59 参照）。

② 骨材の石質、粒度、粒径、表面状態などがコンクリート強度に関係する。

③ 軟質の軽石のような低強度の骨材を用いるとコンクリートの強度は著しく低下する。

④ 骨材の表面の状態は、平滑なものよりも粗いものの方が、一般にコンクリート強度は増加し、砕石の方が砂利より強度は大きい。

⑤ W/C が同一の場合、粗骨材の最大寸法が大きいほど強度は低下する（図 1-60 参照）。

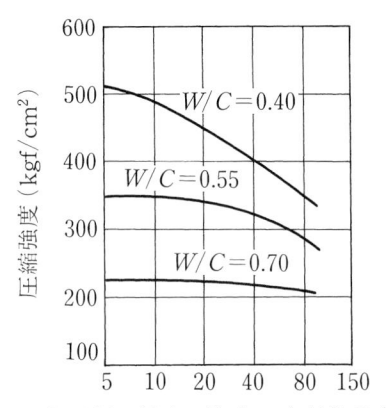

図 1-60　粗骨材の最大寸法と圧縮強度[45]

(b) 練混ぜ、締固めの影響

コンクリートの練混ぜ時間は、強度、空気量、ワーカビリティーに大きな影響を及ぼす。練混ぜ時間が短いと、付着力が増加せず、セメントと水との接触が悪いので、一般に強度は減少し、強度のばらつきも大きくなる。この傾向は富配合のコンクリートほど、またスランプが大きいほど著しい。

しかし練混ぜ時間があまり長くなると、AE コンクリートではエントレインドエア（AE 剤や AE 減水剤を用いて計画的に均等分布させた微妙な独立した空気泡）が抜け、また温度が高いと、ワーカビリティーが悪くなる。その他、練混ぜ時間は、ミキサの性能、コンクリートの配合等によっても変化する。

硬練りコンクリートは、振動締固めを原則としている。振動締固めを行わないで、棒で突き固めた場合、硬練りコンクリートでは、20〜30％の強度低下があった例もある。

(c) 養生条件の影響

コンクリートの強度は、セメントの水和作用によって発生するものであるから、養生温度と湿分によって大きく変化する。

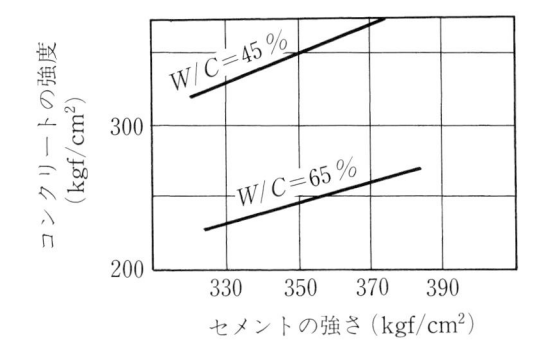

図 1-59　セメントの強さとコンクリート強度の関係

① 養生温度が強度に及ぼす影響

養生温度と圧縮強度との関係は、セメントの種類、配合等によって異なるが、普通ポルトランドセメントを用いた場合、4～40℃のわが国の一般の気温では、養生温度が高いほど、材齢28日までの初期強度が大きい。一般に10℃以上の養生温度では、材齢28日の圧縮強度はさほど変化しないが、10℃以下ではかなり低く、特に4℃以下では強度の増加が急激に悪くなる。長期材齢においては、養生温度が高いほど強度は低い傾向がある（図1-61 参照）。

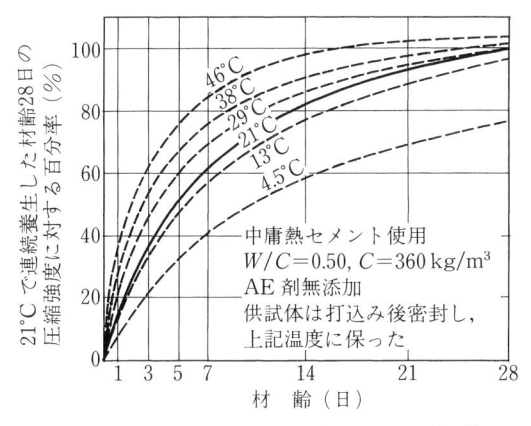

図1-61 圧縮強度に及ぼす養生温度の影響[46]

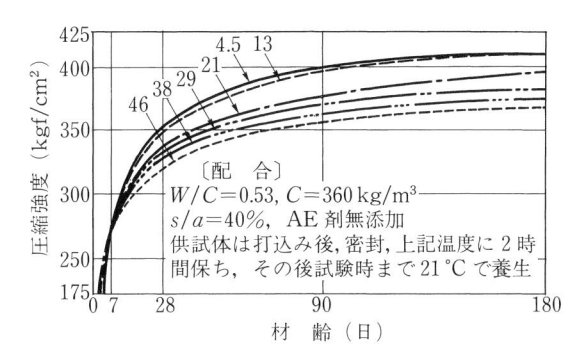

図1-62 圧縮強度に及ぼす初期養生温度の影響[46]

② 打込み温度が強度に及ぼす影響

コンクリートの初期温度、すなわち練混ぜおよび打込み温度が低いほど、同一温度で養生した場合、強度の増進が大きい。すなわち、打込み温度が低いほど、材齢28日以後の強度が大きいことを示している。このことは、暑中コンクリートの場合、練混ぜ温度を下げることは、強度上も有効であること、また寒中コンクリートの場合、練混ぜ水等を加熱して、打込み温度を高めるが、温度があまり高すぎるとかえって悪影響を及ぼすことがあることを示している（図1-62 参照）。

③ コンクリートの乾湿が強度に及ぼす影響

コンクリートの強度の増進には、セメントの水和に必要な水が十分存在することが必要である。一般にワーカビリティーを得るに必要な水量は、水和に必要な水量より多いから、コンクリート中より水分が逃げない限り、水和に必要な水は十分存在することになる。現場のコンクリートでは、養生が不十分であったり、また養生が十分でも養生期間が短すぎると、表面より乾燥して、反応に必要な水が不足し、コンクリートが乾燥し、材齢に伴う強度増進は停止する。しかし、乾燥したコンクリートを水中養生すれば、強度は増進し、その程度は材齢が早いほど大きい（図1-63 参照）。

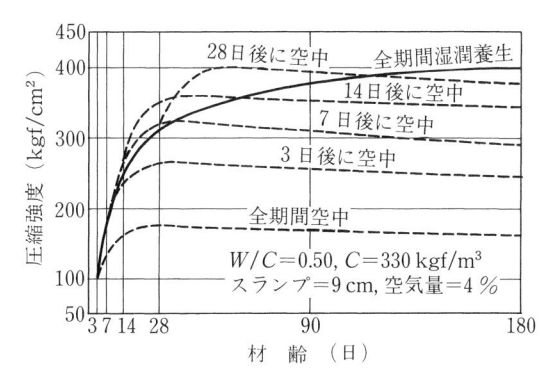

図1-63 圧縮強度に及ぼす乾湿の影響[46]

④ 材齢がコンクリートの強度に及ぼす影響

コンクリートの圧縮強度と材齢との関係は、セメントの水和速度に関係する。すなわち、コンクリートが湿潤状態に保たれる限り、材齢の進行とともに強度は増進する。圧縮強度と材齢の関係は、①セメントの種類、②配合、③養生条件によって異なってくる。

この関係は、コンクリートの品質を管理する場合に必要である。コンクリートの強度の品質管理は、一般に、材齢28日における圧縮強度を基として行っているが、コンクリート強度を早く知る必要のある場合がしばしばある。

この場合、材齢3日または7日の圧縮強度試験で管理し、材齢28日の強度を推定する。そのため現場においては、試験によってあらかじめ

σ_3 または σ_7 と σ_{28} の関係を求めることが大切である。

1.7.2 コンクリートの弾性係数（ヤング係数）

弾性係数は、JIS A 1149 に規定されており、応力度をひずみで割った値として算出される。応力度とひずみの関係をプロットすると**図 1-64** のようになり、コンクリートは完全な弾性体ではないので、応力とひずみの関係は曲線となり、一般に弾性係数の値を厳密に定めることは困難である。これには、①0 点における接線を初期弾性係数（E_i）、②ある応力におけるひずみの点と 0 点を結んだ線を割線弾性係数（E_c）、③ある応力における接線を接線弾性係数（E_t）の 3 種類がある。

通常、鉄筋コンクリートの設計に用いられるヤング係数は圧縮強度の 1/3 点と原点とを結ぶ割線弾性係数を用いる（1/3 割線弾性係数）。

$$弾性係数(E) = \frac{応力度(\sigma)}{ひずみ(\varepsilon)} = \frac{P/A}{\Delta l/l} \quad (\text{N/mm}^2) \tag{1.12}$$

ここで、P：荷重（N）、A：載荷面積（mm²）、Δl：変化量（mm）、l：元の長さ（mm）

弾性係数の値は、圧縮強度と密接な関係があり、圧縮強度が大きいほどその値も大きい。しかしコンクリート標準示方書（設計編、2007 年、土木学会）に示されている**表 1-25** の値は、全国を調査して平均したものであり、骨材の種類と品質の程度によって、また地域によって大きく変動することが知られている。

コンクリート標準示方書（設計編、2007 年、土木学会）によれば、設計に用いられる一般の普通コンクリートの応力 - ひずみ曲線は、圧縮強度の特性値 f_{ck}'（設計基準強度）を用いて以下のモデル式から求めて良いこととしている（**図 1-65** 参照）。

［コンクリート標準示方書による推定式］

$$k_1 = 1 - 0.003 f_{ck}' \quad (\leq 0.85) \tag{1.13}$$

$$\varepsilon_{cu}' = \frac{155 - f_{ck}'}{30,000} \quad (0.0025 \leq \varepsilon_{cu}' \leq 0.0035) \tag{1.14}$$

ここで、f_{ck}' の単位は N/mm²

［曲線部の応力 - ひずみ式］

$$\varepsilon_c' = k_1 \cdot f_{cd}' \times \frac{\varepsilon_c'}{0.002} \times \left(2 - \frac{\varepsilon_c'}{0.002}\right) \tag{1.15}$$

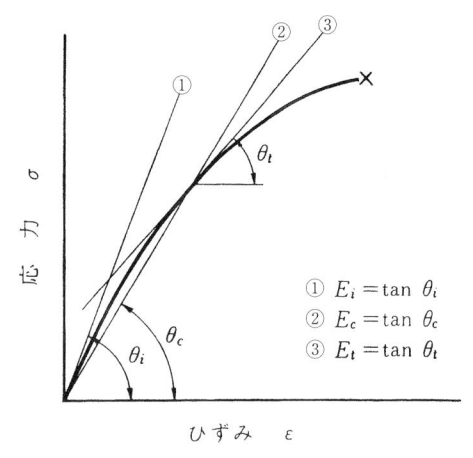

図 1-64 弾性係数の種類 [47]

① $E_i = \tan \theta_i$
② $E_c = \tan \theta_c$
③ $E_t = \tan \theta_t$

表 1-25 コンクリートの弾性係数 [48]

設計基準強度 f_{ck}	普通コンクリート	18	24	30	40	50	60	70	80
E_c (kN/mm²)	普通コンクリート	22	25	28	31	33	35	37	38
	軽量コンクリート*	13	15	16	19	—	—		

＊ 骨材の全部を軽量骨材とした場合

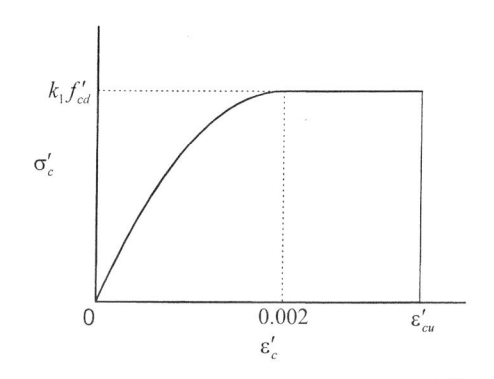

図 1-65 コンクリートの応力 - ひずみ曲線 [49]

1.7.3 収縮

（1） 乾燥収縮

硬化したコンクリートが乾燥によって縮む現象である。主に、セメントゲルの細孔中の水分が蒸発してセメントペーストが縮むことによって生じる。乾燥収縮ひずみは、$500 \sim 700 \times 10^{-6}$ 程度で外的、内的に拘束されている場合は乾燥収縮によってひび割れが生じることがある。

コンクリートの乾燥収縮量を大きくする要因としては以下のことが挙げられる。

① 大気の湿度が低い
② 単位セメント量が多い
③ 骨材量が少ない
④ 単位水量が多い

⑤ コンクリート体積に対する表面積の比が大きい

図1-66にコンクリートの単位セメント量・水量と乾燥収縮の関係を示す。

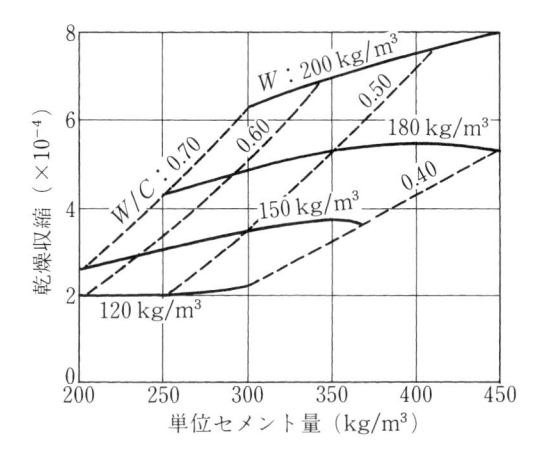

図1-66 コンクリートの単位セメント量・水量と乾燥収縮[50]

（2）自己収縮

自己収縮は、セメントの水和によって凝結開始以後に生じる体積現象であり、乾燥収縮、物質の侵入や逸散、温度変化、外力や外力拘束起因する体積変化は含まれない。一般的なコンクリートの自己収縮ひずみは、$200 \sim 300 \times 10^{-6}$程度とされているが、図1-67によると水セメント比が低いコンクリートほど自己収縮は増加する傾向にあることがわかる。

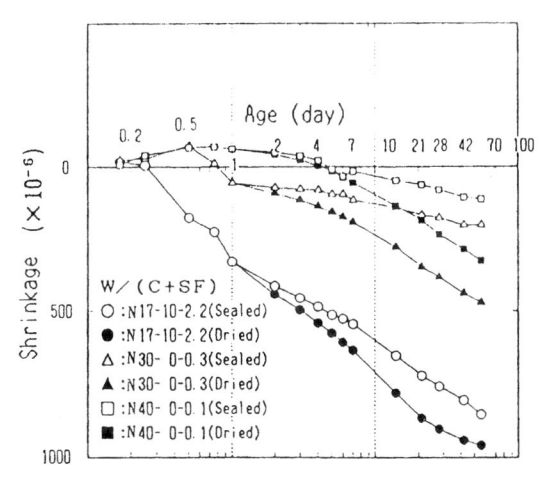

図1-67 コンクリートの自己収縮および乾燥収縮に及ぼす水結合材比の影響[51]

コンクリートの自己収縮量を大きくする要因としては以下のことが挙げられる。
① 水セメント比が低い
② 鉱物質混和材（高炉スラグ、シリカフュームなど）の添加量が多い
③ 骨材量が少ない

1.7.4 クリープ

持続荷重が作用すると、時間の経過とともにひずみが増大する。この現象をクリープといい、増大したひずみをクリープひずみという（図1-68参照）。

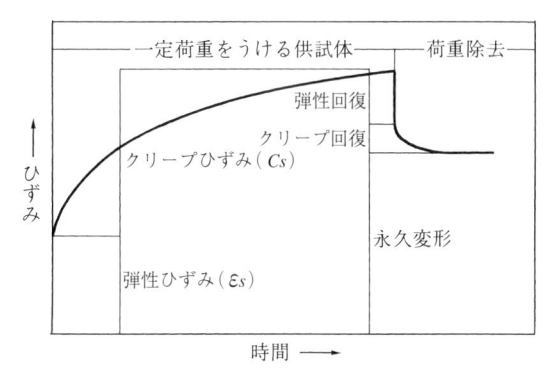

図1-68 硬化したコンクリートのクリープ

このひずみは通常、約3カ月で50％以上が生じ、約1年でその大部分が終了する。

クリープひずみ（C_s）と弾性ひずみ（ε_s）の比をクリープ係数といい、通常1〜3の値である。つまり、ある荷重が載荷されて弾性変形量δが生じた場合、クリープ変形量が$1\delta \sim 3\delta$生じるということを表す。

クリープには、応力集中を減じひび割れ発生の危険性の減少、強制変位（支点沈下など）によって生じる断面力の減少などの長所もあるが、たわみ、ひび割れ幅などの時間経過にともなう増大、プレストレス力が減少などの悪影響も及ぼす。

コンクリートのクリープを大きくする要因としては以下のことが挙げられる。
① 水セメント比が大きい
② セメントペースト量が多い
③ 空気量が多い
④ 作用している圧縮応力が大きい
⑤ 載荷材齢が若い

⑥　大気の湿度が低い
⑦　大気の温度が高い

1.7.5　水密性

コンクリートからの漏・透水の原因の多くは、施工不良によるものであって、コンクリート自体を通過して水が漏れることはほとんどない。

水密性を確保するためには、適正な配合のコンクリートを確実に施工することが重要であり、配合においては、水セメント比、粗骨材の寸法などに留意する必要がある。

また、締固めおよび養生を十分行ったコンクリートでも、水セメント比が55～60%以上に大きくなると、コンクリートの水密性は減少し、骨材が分離する傾向が大きく、打ち込んだコンクリートに欠陥ができやすい。

1.7.6　熱的性質

コンクリートの熱的性質は、コンクリート構造物の温度、ひずみ、応力などの解析の際、コンクリートの温度ひび割れに配慮した設計の際の基礎データとなる。

コンクリートの熱的特性は、強度の場合と異なり、水セメント比や材齢によってあまり影響されず、主としてコンクリートの体積の7～8割を占める使用骨材の石質、単位量によって大きく変化するとされる。石灰岩を用いたコンクリートの線膨張係数は小さく、けい岩のようなけい酸（SiO_2）を多く含むものは線膨張係数が大きい。

普通コンクリートの線膨張係数は、常温で7～$13×10^{-6}$/℃で、鋼の約$11×10^{-6}$/℃とほぼ等しい。また、一般にセメントペーストの線膨張係数は、$10～20×10^{-6}$/℃、骨材は$5～8×10^{-6}$/℃といわれ、普通コンクリートの線膨張係数は、セメントペーストと骨材の中間的な値となる。

普通コンクリートの熱伝導率は、鋼の約1/50、軽量コンクリートの熱伝導率は普通コンクリートの半分程度である。コンクリートの比熱は、水の比熱の約1/5、鋼の約1/2に相当する。普通コンクリートの熱拡散率（熱拡散係数）は、$0.003m^2$/hr程度で、骨材量の多いダムコンクリートでは大きな値となる（表1-26参照）。

コンクリート標準示方書（設計編、2007年、土木学会）によれば、設計に用いられる一般の普通コンクリートの熱的特性は、全国を調査して平均した値が用いられている（表1-27）。

表1-26　各種コンクリートの熱的性質[52]

コンクリート	骨材 細骨材	骨材 粗骨材	密度 ρ (kg/m³)	熱膨張係数 α (1/K)	熱伝導率 k (W/(m·k))	比熱 c (kJ/(kg·K))	熱拡散係数 h^2 (m²/h)	温度範囲
重量コンクリート	磁鉄鉱 赤鉄鉱 重晶石	磁鉄鉱 赤鉄鉱 重晶石	4020 3860 3640	$8.9×10^{-6}$ 7.6 16.4	2.44～3.02 3.26～4.65 1.16～1.40	0.75～0.84 0.8～0.84 0.54～0.59	0.0028～0.0037 0.0039～0.0054 0.0021～0.0027	≒300℃
普通コンクリート（ダム用コンクリートを含む）	— — — — — — 川砂	珪岩 石灰岩 白雲石 花崗岩 流紋岩 玄武岩 川砂利	2430 2450 2500 2420 2340 2510 2300	12～15 5.8～7.7 — 8.1～9.7 — 7.6～10.4 —	3.49～3.61 3.14～3.26 3.26～3.37 2.56 2.09 2.09 1.51	0.88～0.96 0.92～1 0.96～1 0.92～0.96 0.92～0.96 0.96 0.92	0.0056～0.0062 0.0048～0.0052 0.0048～0.0051 0.0040～0.0043 0.0033～0.0034 0.0031～0.0032 0.0026	10～30℃
軽量コンクリート	川砂 軽砂	軽石類 軽石類	1600～1900 900～1600	— 7～12	0.63～0.79 0.5	— —	0.0014～0.0018 0.0013	
気泡コンクリート	セメント・シリカ系 石灰・シリカ系		500～800	8 7～14	0.22～0.24	—	0.0009	

表1-27　コンクリートの熱的特性[53]

熱伝導率	9.2kJ/mh℃
比熱	1.05kJ/kg℃
熱拡散率	0.003m²/h

1.8 コンクリート構造物の施工

コンクリート構造物の耐久性に、社会の注目が集まっている。知識不足や管理不行き届きが、思わぬ不具合を生むためコールドジョイントやジャンカ、ひび割れなどをできる限り無くして、丈夫で美しいコンクリートをつくるためにはどうすればよいのか。工事の施工にあたっては、初めに十分な計画を立てることが大切である。材料、資材、作業員、機械、電力等の準備から、工事に関する各機関との連絡、地元への対応等手落ちなく行わなければならない。フレッシュコンクリートが硬化し、仕上がってしまえば、寸法誤差、強度不足、有害なひび割れ等の欠陥が発見された場合、その除去や補修には莫大な費用と工期を要するものである。施工については十分に検討された計画、安全管理、品質管理に基づいて実施することが重要である。特に冬期および夏期の施工については注意を払って計画を立てねばならない（表1-28参照）。

表1-28 寒中および暑中コンクリート

区分	外気温	コンクリート打込み温度	養生温度	備考
寒中コンクリート	日平均気温4℃以下	5～20℃	5℃以上に保つ	・早強セメントの使用は有効 ・AE減水剤等の使用が標準 ・水または骨材の加熱
暑中コンクリート	日平均気温25℃を超える	35℃以下	少なくとも24時間は湿潤状態に保つ	・AE減水剤遅延型の使用が標準 ・水または骨材のクーリング

新しい方向としては、土木学会のコンクリート標準示方書が性能照査型設計に移行（基準類の国際的な整合を図る目的から）したことに注目する必要がある。性能照査型とは、目的の構造物に要求される性能を満足するように設計し、完成した構造物が要求性能を満たしていれば、使用材料や施工方法を問わない。要求性能を最終的に満足できればよいという性能照査型の考えに立てば、新しい材料や技術を採用しやすくなる可能性が大きい。性能照査型への移行は、新技術を導入しやすくなるだけでなく、新技術を生み出すための技術力の向上を促すこととなる。

したがって、コンクリートに要求される性能と施工計画の組合せは幾通りも存在するようになる。例えば、固練りのコンクリートを手間暇かけて打込む方法や、高流動コンクリートを用いて一気に打込む方法などがある。性能照査型設計では、立案した施工計画を照査（事前に机上で確認）しあい、打込んだコンクリートの耐久性まで確認しなければならない。性能照査と検査に着目すると、コンクリート工事も多少変わってくるものと考える。コンクリート構造物の施工とは、設計図書を基にして目的とする構造物を仕上げるまでの各種作業のことである。以下に従来の施工手順を図1-69に示す。

1.8.1 鉄筋加工・配筋

鉄筋加工・配筋は、設計図で示された正しい寸法および形状に、材質を害さないよう適切な方法で加工し、所定の位置に正確に堅固に組み立てる。

コンクリート構造物の耐久性には設計図に示された鉄筋のかぶりや有効高さ等を守る必要があり、そのためには鉄筋の加工および配置の正確さが重要である。

現場における、鉄筋の注文から組立開始までの一般的な流れを図1-69に示す。それぞれの段階において点検すべき項目を明確にし、チェックリストを用意しておくのがよい。

以下に、土木学会のコンクリート標準示方書に基づく鉄筋に関する諸規定を示す。ただし、道路、鉄道など各構造物によって規定の内容が若干異なるので注意が必要である。

(1) かぶり

かぶりとは、図1-70に示すように鉄筋あるいは緊張材やシースの表面とコンクリート表面の最短距離で測ったコンクリートの厚さのことをいい、コンクリート標準示方書（設計編、2007年、土木学会）によると図1-71のようにコンクリートの品質、鉄筋の直径、環境条件、施工誤差を考慮して定めるものとされている。

鉄筋のかぶり、ピッチを確保するためには、スペーサ（図1-72）を適当な間隔で用いて正しい位置に鉄筋を固定する。示方書では、型枠に接するスペーサは原則としてコンクリート製またはモルタル製を用い、本体コンクリートと同等以上の品質を有するものでなければならないと規定している。

(2) 鉄筋のあき

鉄筋等のあきとは、鉄筋あるいは緊張材やシースの純間隔または内部振動機を挿入するための水平あきのことで、鉄筋のあきに対する規定を表1-29に示す。

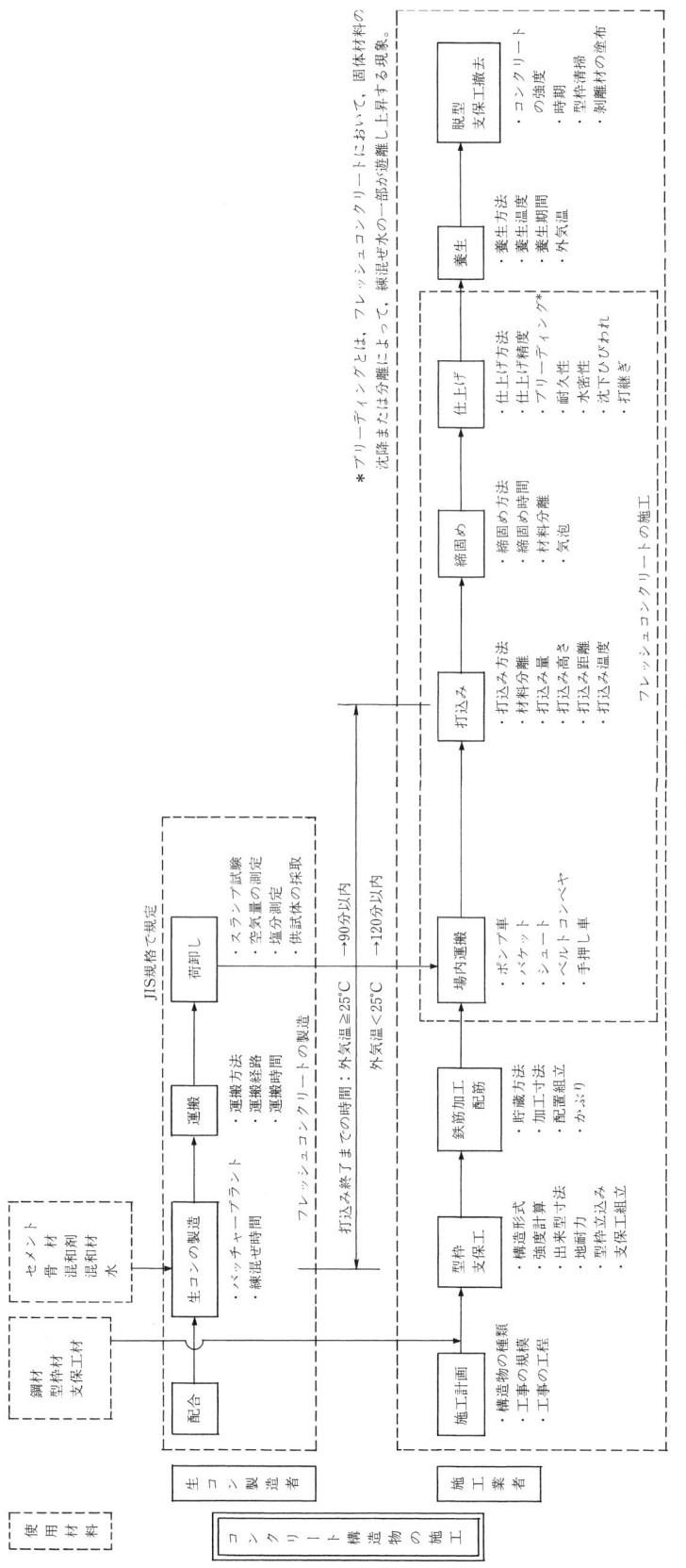

図1-69 コンクリート構造物の施工手順の概念

生コン製造者

使用材料:
- セメント
- 骨材
- 混和剤
- 混和材
- 水

フロー: 配合 → 生コンの製造 → 運搬 → 荷卸し

- 生コンの製造（バッチャープラント）
  - バッチャープラント
  - 練混ぜ時間
- 運搬
  - 運搬方法
  - 運搬経路
  - 運搬時間
- 荷卸し（JIS規格で規定）
  - スランプ試験
  - 空気量の測定
  - 塩分測定
  - 供試体の採取

フレッシュコンクリートの製造

打込み終了までの時間：外気温≧25℃ → 90分以内／外気温<25℃ → 120分以内

施工業者

- 施工計画
  - 構造物の種類
  - 工事の規模
  - 工事の工程
- 型枠支保工
  - 構造形式
  - 強度計算
  - 出来型寸法
  - 地耐力
  - 型枠立込み
  - 支保工組立
- 鉄筋加工・配筋
  - 貯蔵方法
  - 加工寸法
  - 配置組立
  - かぶり
- 場内運搬
  - ポンプ車
  - バケット
  - シュート
  - ベルトコンベヤ
  - 手押し車
- 打込み
  - 打込み方法
  - 材料分離
  - 打込み量
  - 打込み高さ
  - 打込み距離
  - 打込み温度
- 締固め
  - 締固めの方法
  - 締固め時間
  - 材料分離
  - 気泡
- 仕上げ
  - 仕上げ方法
  - 仕上げ精度
  - ブリーディング*
  - 耐久性
  - 水密性
  - 沈下ひびわれ
  - 打継ぎ
- 養生
  - 養生方法
  - 養生温度
  - 養生期間
  - 外気温
- 脱型・支保工撤去
  - コンクリートの強度
  - 時期
  - 型枠清掃
  - 剥離材の塗布

鋼材・型枠材・支保工材

フレッシュコンクリートの施工

*ブリーディングとは、フレッシュコンクリートにおいて、固体材料の沈降または分離によって、練混ぜ水の一部が遊離し上昇する現象。

コンクリート構造物の施工

図 1-70 かぶり

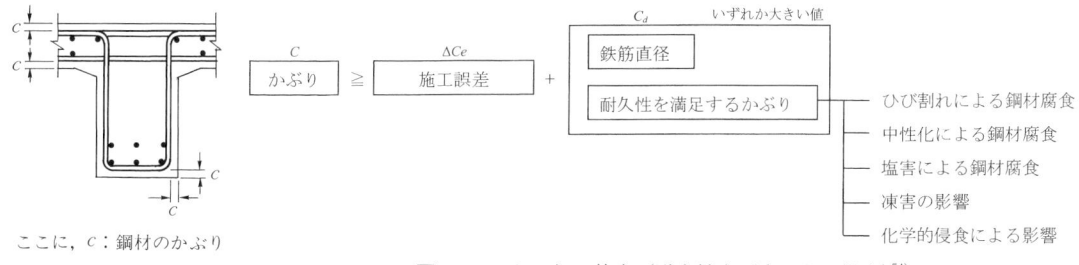

図 1-71 かぶりの算定（耐火性を要求しない場合）[54]

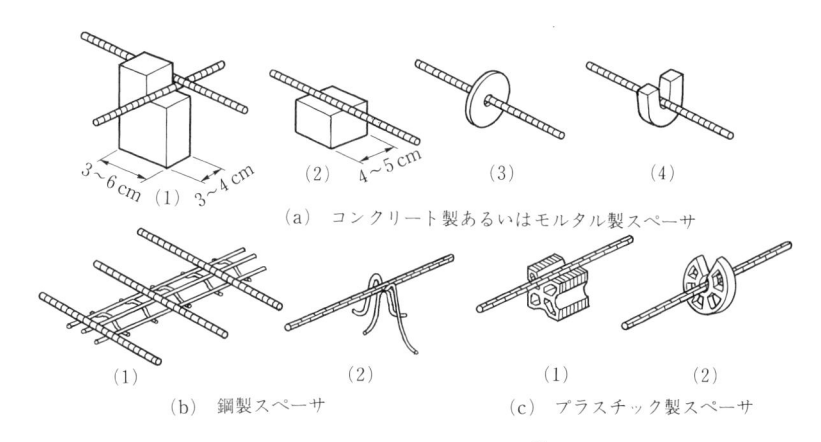

図 1-72 スペーサの一例[55]

表 1-29 鉄筋のあきに対する規定[56]

規　　定	解　説　図
① 梁における軸方向鉄筋の水平のあきは、2cm以上、粗骨材の最大寸法の4/3倍以上、鉄筋直径以上とし、また内部振動機を差し込むためのあきを確保しなければならない。 　2段以上に軸方向鉄筋を配置する場合には、一般にその鉛直のあきは2cm以上、鉄筋直径以上とする。 ② 柱における軸方向鉄筋のあきは、4cm以上、粗骨材の最大寸法の4/3倍以上、鉄筋直径の1.5倍以上としなければならない。	c：かぶり a：あき

（3） 鉄筋の曲げ形状

鉄筋の曲げ形状を表 1-30、図 1-73 に示す。

（4） 鉄筋の定着

鉄筋端部は、①コンクリート中に十分埋め込んで、鉄筋とコンクリートとの付着力によって定着する、②フックをつけて定着する、③機械的に定着する、④普通丸鋼は必ず半円形フックを設けて定着する必要がある。スラブまたは梁の例を図 1-74 に示す。

また、①、②および④によって定着する鉄筋の端部は、規定の定着位置（図 1-75 参照）において次式に定める定着長をとって定着する。

① 鉄筋の定着長 l_0 は、基本定着長 l_d 以上でなければならない。

この場合に、配置される鉄筋量 A_s が、計算上必要な鉄筋量 A_{sc} よりも大きい場合、次式によって定着長 l_0 を低減してよい。

$$l_0 = l_d(A_{sc}/A_s) \tag{1.16}$$

ただし、$l_0 \geq l_d/3$, $l_0 \geq 10\phi$

ここに、ϕ：鉄筋直径

② 引張鉄筋の基本定着長 l_d は、次式により求めてよい。ただし、20ϕ 以上とする。

表 1-30　鉄筋端部の標準フック形状 [57)に加筆]

折曲げ角度	図	種類	曲げ内半径 (r)	
			軸方向筋のフック	スターラップおよび帯鉄筋
180°	半円形フック（普通丸鋼および異形鉄筋） 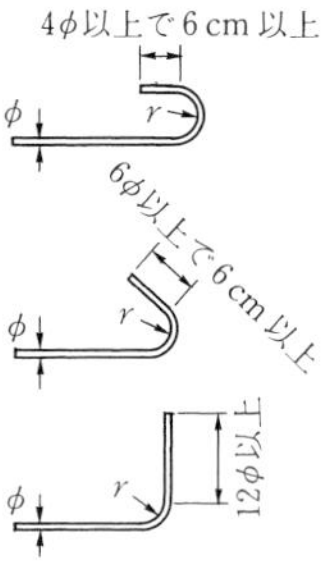	普通丸鋼 SR235 SR295	2.0ϕ 2.5ϕ	1.0ϕ 2.0ϕ
135°	鋭角フック（異形鉄筋）	異形棒鋼 SD295A、B SD345 SD390 SD490	2.5ϕ 2.5ϕ 3.0ϕ 3.5ϕ	2.0ϕ 2.0ϕ 2.5ϕ 3.0ϕ
90°	直角フック（異形鉄筋）			

ここに、ϕ：鉄筋直径、r：鉄筋の曲げ内半径（ただし、$\phi \leq 10$mm のスターラップは 1.5ϕ でよい）

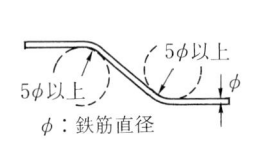

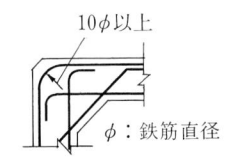

（a）折曲げ鉄筋の曲げ内半径
（b）ラーメン構造のぐう角部の外側に沿う鉄筋の曲げ内半径
（c）ハンチ，ラーメンのぐう角部等の内側に沿う鉄筋の曲げ内半径

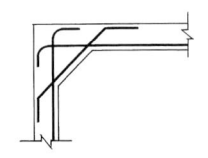

図 1-73　その他の折曲鉄筋の曲げ内半径 [58)]

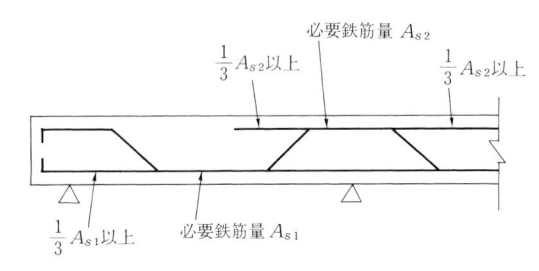

① 正鉄筋の少なくとも 1/3 は、これを曲げ上げないで、支点を超えて定着。
② 負鉄筋の少なくとも 1/3 は、反曲点を超えて延長し、圧縮側で定着または次の負鉄筋と連続させる。

図 1-74　スラブまたは梁の鉄筋の定着の例

$$l_d = \alpha \frac{f_{yd}}{4f_{bod}} \phi \tag{1.17}$$

ここに、ϕ：主鉄筋の直径

f_{yd}：鉄筋の設計引張降伏強度

f_{bod}：コンクリートの設計付着強度で、γ_c を 1.3 として、下記の f_{bod} より求めてよい。ただし、$f_{bod} = 3.2$N/mm^2

$\alpha = 1.0$　（　　$< k_c \leq 1.0$ の場合）
$\alpha = 0.9$　（$1.0 < k_c \leq 1.5$ の場合）
$\alpha = 0.8$　（$1.5 < k_c \leq 2.0$ の場合）
$\alpha = 0.7$　（$2.0 < k_c \leq 2.5$ の場合）
$\alpha = 0.6$　（$2.5 < k_c \leq$　　の場合）

ここに、
$$k_c = \frac{c}{\phi} + \frac{15 A_t}{s \phi} \tag{1.18}$$

ただし、c：主鉄筋の下側のかぶりの値と定着する鉄筋のあきの半分の値のうち小さい方

A_s：仮定される割裂破壊断面に垂直な横方向鉄筋の断面積

s：横方向鉄筋の中心間隔

ここに、JIS G 3112 の規定を満足する異形鉄筋について、

$$f_{bod} = 0.28 f_{ck}'^{\,2/3}/\gamma_c \tag{1.19}$$

ただし、f_{ck}'：コンクリートの設計基準強度
γ_c：コンクリートの材料係数

なお、普通丸鋼の場合は、異形鉄筋の場合の 40％ とする。ただし、鉄筋端部には半円形フックを設けるものとする。

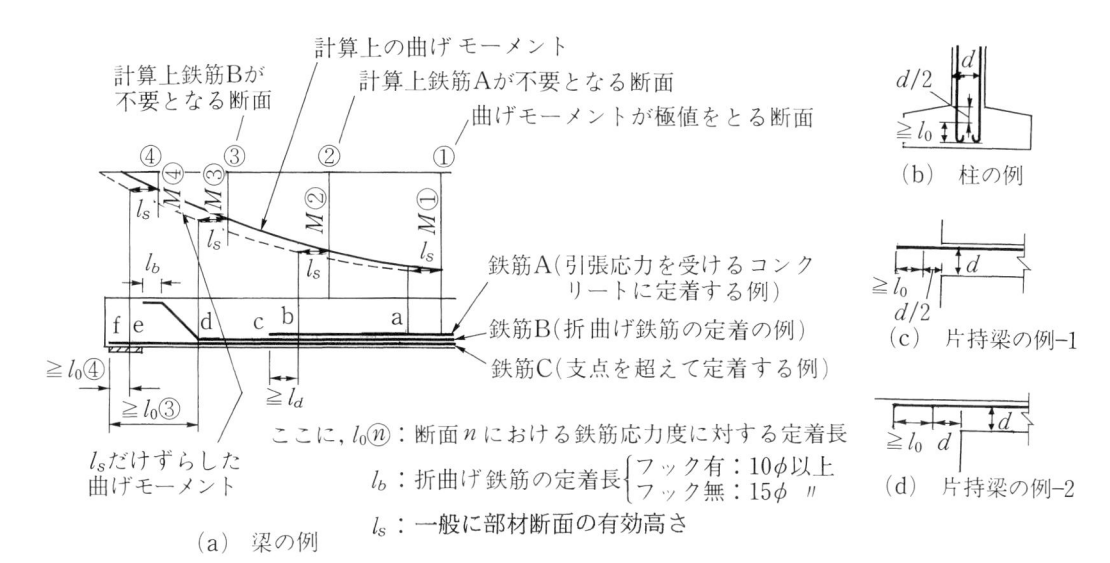

図1-75 鉄筋の定着長算定位置の例題[59]に加筆

（5）鉄筋の継手

鉄筋の継手は、鉄筋の種類、直径、応力状態、継手位置等に応じて適切なものを選定する。鉄筋の継手位置は、できるだけ応力の大きい断面を避け、同一断面に集中させない。継手位置を交互にずらす距離は、継手長さに鉄筋直径の25倍を加えた長さ以上とする。

継手の種類を図1-76、コンクリート標準示方書（設計編、2007年、土木学会）による重ね継手の規定を表1-31に示すが、重ね継手以外の継手方法を使用する場合は、鉄筋定着・継手指針（2007年版、土木学会）に従う。

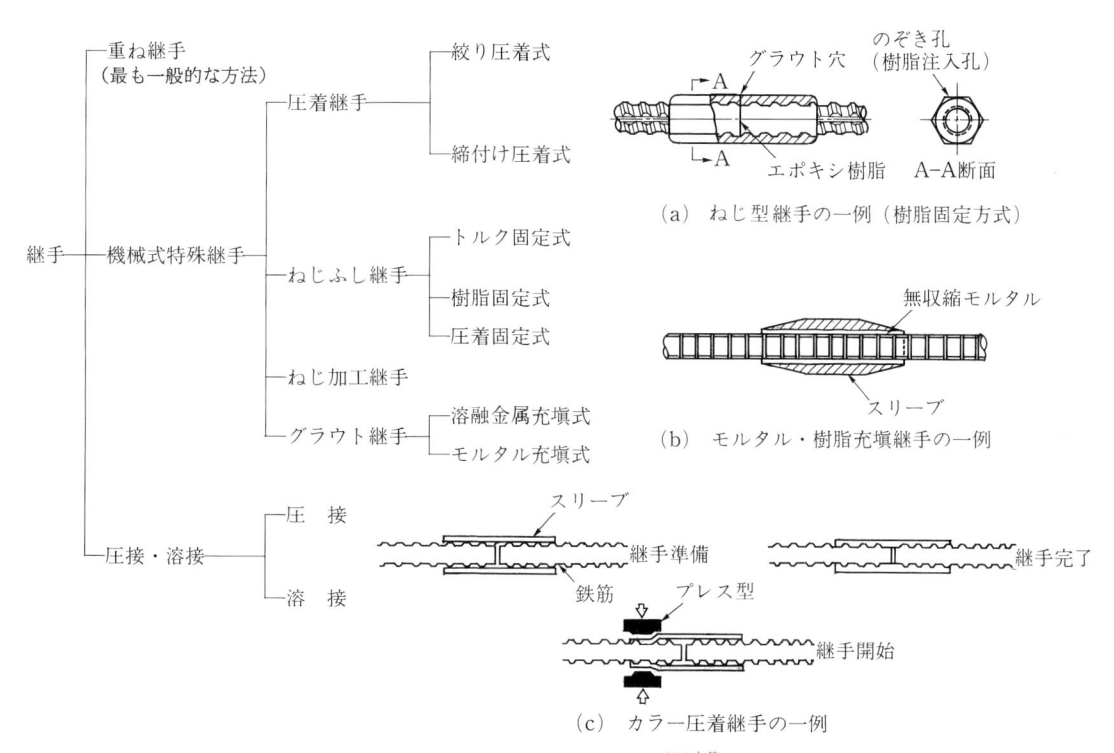

図1-76 鉄筋の継手の種類[60]に加筆

表 1-31　鉄筋の重ね継手

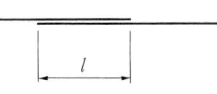

区分		規定内容	ラップ長
軸方向鉄筋	①	$\dfrac{配置鉄筋量}{必要鉄筋量} \geqq 2$ かつ 同一断面での継手割合＜1/2	l_d 以上
	②	$\dfrac{配置鉄筋量}{必要鉄筋量} \geqq 2$ または 同一断面での継手割合＜1/2	$1.3l_d$ 以上 かつ 横方向筋で補強
	③	①の条件が両方とも不満足	$1.7l_d$ 以上 かつ 横方向筋で補強
	④	低サイクル疲労を受ける部材	$1.7l_d$ 以上とし フックを付ける かつ 継手部を補強
	⑤	水中コンクリート	40ϕ 以上
	⑥	一般の部材	20ϕ 以上
スターラップ			$2l_d$ 以上

ここに、l：ラップ長、l_d：基本定着長、ϕ：鉄筋の直径

(6) PC鋼材の配置

PC鋼材に導入された緊張力は、コンクリートに円滑に伝達されなければならないので、その適切な配置位置に留意して施工することが重要である。その主な留意点は下記のとおりである。

① PC鋼材は、摩擦による損失が少なくなるように配置し、部材全長にわたってPC鋼材断面積に急激な増減がないように配置する。

② PC鋼材は、定着具の支圧面から所定の区間を直線状に配置する。

③ PC鋼材を曲線状に配置する場合の鋼材の曲げ半径は、次の値以上とする。
　・シースを用いる場合：
　　　シースの直径の100倍
　・シースを用いない場合：
　　　PC鋼材の直径の40倍

④ 荷重の組合せにより曲げモーメントの符号が異なる断面付近においては、PC鋼材を断面の図心位置に集中させずに、部材断面の上下縁部近くに分散させて配置するのが望ましい。

⑤ 桁の端支点においては、PC鋼材の一部は下面に沿って延ばし、端部縁近くに定着するのが望ましい。

⑥ 緊張材の型枠内における許容される配置誤差は、部材寸法や緊張材の配置の仕方によって、その程度は変わってくる。一般に配置誤差は部材寸法が1m未満の場合は5mmを超えないように、また、1m以上の場合には部材寸法の1/200以下で10mmを超えないこととする。

1.8.2　型枠・支保工

型枠・支保工は、コンクリート構造物を造る鋳型の役割を果たすものであり、所定の強度を有し十分な剛性が必要である。したがって、これらの施工では構造物本体の重量、作業荷重等のほかに、労働安全衛生法による安全衛生規則に従った強度を有す必要がある。特に、型枠および支保工の組立・解体では、原則として構造計算を行い、設計図を作成して実施する。

型枠・支保工に作用する一般的な荷重として、鉛直方向では、型枠、支保工、コンクリート、鉄筋、作業員、施工機械器具、仮設備等の重量および衝撃を考える。また、横方向では、作業時の振動、衝撃、施工誤差等に起因するもののほか、必要に応じて風圧、流水圧、地震等を考慮する。

(1) 型枠・支保工の設計

型枠の設計では、フレッシュコンクリートの側圧を考慮する（図1-77）。側圧は使用材料、配合、打込み速度、打込み高さ、締固め方法、打込み時の温度によって異なるほか、使用する混和剤の種類、部材断面寸法、鉄筋量等によって影響を受ける。コンクリート標準示方書によると、普通ポルトランドセメントを使用し、単位容積重量2.40tf/m^3、スランプ10cm以下のコンクリートを内部振動機を用いて打ち込む場合の型枠設計の側圧は図1-78のように示されている。

支保工の設計では、コンクリート自重による構造物のたわみ支保工の予想される沈下量等を考慮して、上げ越し量を算定しておく必要がある。また、鉛直方向荷重に対しては支柱等が十分な強度を持ち座屈に対して安全であることを確認する必要がある。

(2) 型枠・支保工の材料

一般的なコンクリート工事の型枠に必要とされる性質を以下に示す。

① 施工中のフレッシュコンクリートの重量や側圧、場合によっては作業荷重等に耐える強度と剛性を持っている。

② 耐久性に富み転用性が良い。

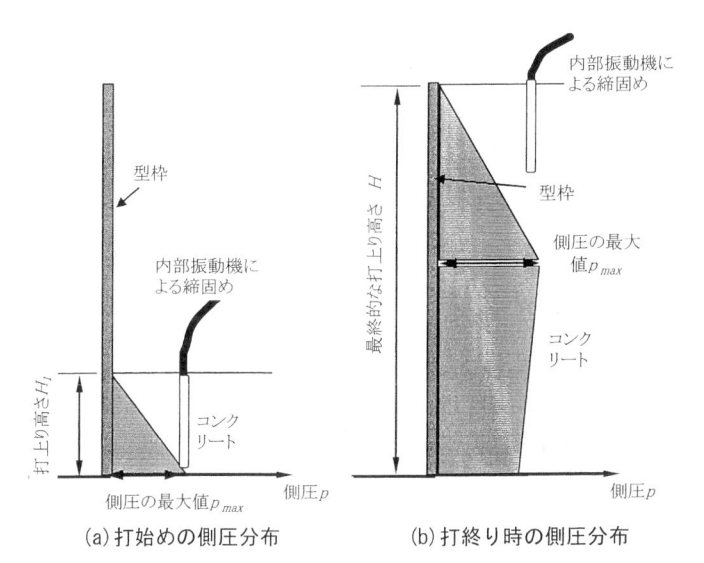

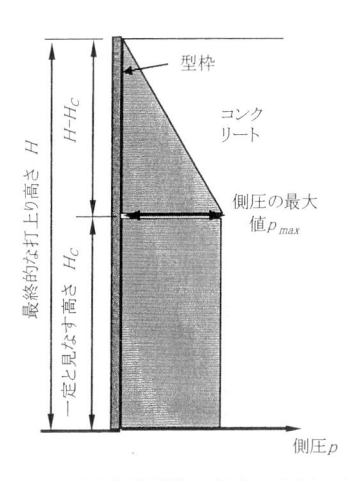

(a) 打始めの側圧分布　　(b) 打終り時の側圧分布　　(c) 設計計算で仮定した側圧分布

図 1-77　スランプが 10cm 程度以下のコンクリートの側圧分布 [61]

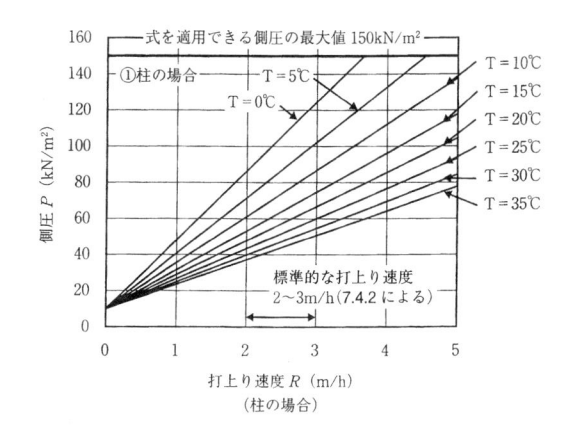

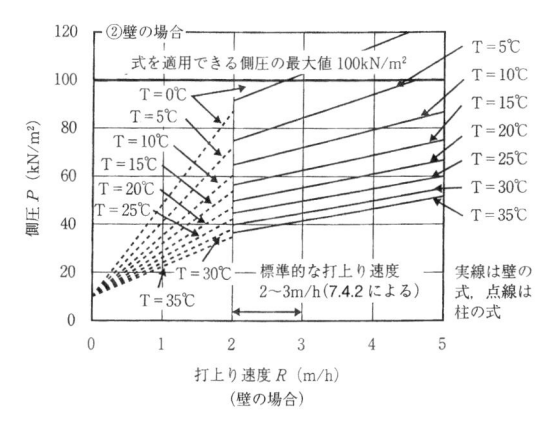

図 1-78　スランプが 10cm 程度以下のコンクリートの側圧 [コンクリート標準示方書] [62]

③ 加工がしやすく、組立解体等の作業性が容易である（軽量化が図れる）。
④ セメントペーストが漏出せず、仕上がり面がきれいなこと。
⑤ 適度の吸水性と保温性が良いこと。
⑥ 経済的であること。

型枠に用いられる主な材料を**表 1-32** に示す。このほかにも硬質繊維や特殊硬質紙、ゴム等があり、最近注目されているが、これらの材料を組み合わせた透水性型枠工法である（**図 1-79**）。

これは硬化コンクリートの強度が、一般的にフレッシュコンクリートの水セメント比に比例し、その比が小さいほど強度発現が大きいことに着目したものである。すなわち、型枠表面付近の余剰水を硬化前に早急に排出することで、表層部の硬化組織を密実にし、構造物の耐久性を高めると同時に、気泡やブリーディング水に伴う水みち等の欠点を解消し表面の仕上がりも向上する。

特殊な型枠として、構造物の密閉部内側や土中構造物の土に接する面、中空ホロー桁の内型枠等取り外しのできない場合、埋設型枠が使用される。この型枠は使い捨てのため、一般的には費用の安い木材や硬質紙、薄板鉄板等が使用される場合が多い。

支保工材としては**第 3 章**に示したもののほかに、梁式支保工、組立式鋼柱支保工等がある。近年熟練工の不足や労務費の高騰等から、機械化・省力化のため型枠と支保工を兼ねた移動支保工を兼ねた移動式支保工、架設車あるいはジャンピング工法等が盛んに使用され効果を上げている。

表 1-32　型枠材料とその特徴[63]

名　称	長　所	短　所	標準的な転用回数
木製型枠	加工が容易 保温性・吸水性が高い	強度・剛性が小さく耐久性にやや劣る セメントペーストが漏出しやすい	1～4回
合板型枠	加工性が容易 コンクリート面の仕上がりが美しい 保温性がよい	鋼性型枠より転用回数が少ない	2～8回
鋼性型枠 (メタルフォーム)	転用回数が多い 組立・解体が容易 強度が大きい	加工が困難（サイズが定形） 保温性が低い さびが出やすい	20～50回
アルミ合金 型枠	鋼性型枠より軽量 転用回数が多い さびが出ない	比較的高価 鋼性型枠より剛性が低い コンクリートが付着しやすい	50～100回
ステンレス 型枠	転用回数が多い さびが出ない（海岸構造物に適用） コンクリートが付着しにくく、仕上がりがきれい	高価である 重たい	50～100回
プラスチック 型枠	軽量で作業性がよい 複雑な形状に加工が容易 （透明なものも製作可能）	衝撃に弱い 高価である 熱や日光に対して材質が不安定	15～30回

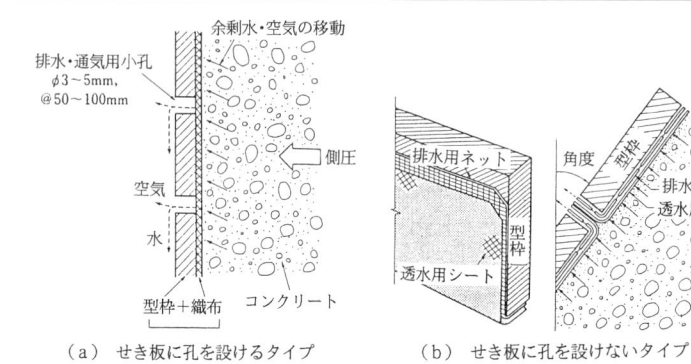

（a）せき板に孔を設けるタイプ　　（b）せき板に孔を設けないタイプ

図 1-79　透水性型枠工法の一例

写真 1-2　支保工（架設車）[64]

写真 1-4　鉄筋配置組立[64]

写真 1-3　型枠組立[64]

写真 1-5　場内運搬打込み[64]

写真 1-6 締固め[64]

写真 1-7 仕上げ[64]

1.8.3 フレッシュコンクリートの製造

　現在、工事現場で施工されるフレッシュコンクリートのほとんどがレディーミクストコンクリート（生コン）である。生コンを用いるうえで大切なことは、所用の品質のコンクリートが円滑に納品されることであり、そのためには製造工場の選定が重要である。またコンクリートの品質および受入れ方法を適正に定め、施工管理を確実に実施することが大切である。

　工場選定にあたっての留意点を以下に示す。
① 　原則としてJISマーク表示許可工場である。
② 　工場に、コンクリート主任技士またはコンクリート技士あるいはこれらと同等の技術者が常駐している。
③ 　所定の時間限度内に、運搬・荷卸しができる。
④ 　1日当り、あるいは時間当りの打込み量より、コンクリートの供給が円滑に行える製造・運搬能力がある。

　生コンを購入する場合には、原則としてJIS A 5308に基づき**表1-33**に示すコンクリートの種類、呼び強度、スランプまたはスランプフローの組合せを指定し、購入者は、次の事項について生産者と協議のうえ指定する。

① 　セメントの種類
② 　骨材の種類
③ 　粗骨材の最大寸法
④ 　骨材のアルカリ反応性による区分。区分Bの骨材を使用する場合は、アルカリ骨材反応の抑制方法
⑤ 　混和材料の種類
⑥ 　規定に定める塩化物含有量の上限値と異なる場合、その上限値
⑦ 　呼び強度を保証する材齢
⑧ 　**表1-36**に定める空気量と異なる場合は、その値
⑨ 　軽量コンクリートの場合は、コンクリートの単位容積質量
⑩ 　コンクリートの最高または最低の温度
⑪ 　水セメント比の上限値
⑫ 　単位水量の上限値
⑬ 　単位セメント量の下限値または上限値
⑭ 　流動化コンクリートのベースコンクリートの場合は、スランプの増大量
⑮ 　その他必要な事項

表 1-33　レディーミクストコンクリートの種類（JIS A 5308）

コンクリートの種類	粗骨材の最大寸法 mm	スランプ又はスランプフロー[a] cm	呼び強度													
			18	21	24	27	30	33	36	40	42	45	50	55	60	曲げ4.5
普通コンクリート	20、25	8、10、12、15、18	○	○	○	○	○	○	○	○	○	○	−	−	−	−
		21	−	○	○	○	○	○	○	○	○	○	−	−	−	−
	40	5、8、10、12、15、18	○	○	○	○	○	○	−	−	−	−	−	−	−	−
軽量コンクリート	15	8、10、12、15、18、21	○	○	○	○	○	○	○	○	−	−	−	−	−	−
舗装コンクリート	20、25、40	2.5、6.5	−	−	−	−	−	−	−	−	−	−	−	−	−	○
高強度コンクリート	20、25	10、15、18	−	−	−	−	−	−	−	−	−	−	○	○	−	−
		50、60	−	−	−	−	−	−	−	−	−	−	−	○	○	−

注a) 　荷卸しでの値であり、50cm及び60cmはスランプフローの値である。

レディーミクストコンクリートの呼び方は、下記に示すように、コンクリートの種類による記号、呼び強度、スランプまたはスランプフロー、粗骨材の最大寸法およびセメントの種類による記号の順に表示される。

　表示例：　普通　24　12　20　N
ここに、普通：コンクリートの種類による記号
　　　　　　　（普通、軽量、舗装、高強度）
　　　　24：呼び強度
　　　　12：スランプまたはスランプフロー
　　　　20：粗骨材の最大寸法
　　　　N：セメントの種類
　　　　　　N：普通ポルトランドセメント
　　　　　　H：早強ポルトランドセメント
　　　　　　BB：高炉セメントB種

表に該当なく、上記指定事項以外の事項を指定するコンクリートあるいは品質規準が異なるコンクリートは別注文とし、購入者は、スランプの組合せを指示するとともに、必要な事項については生産者と協議のうえ指定することができる。なお、スランプ、スランプフロー、空気量の許容差を表1-34～1-36に示す。

表1-34　スランプの許容差（JIS A 5308）
単位：cm

スランプ	スランプの許容差
2.5	±1
5及び6.5	±1.5
8以上18以下	±2.5
21	±1.5 [a]

注a) 呼び強度27以上で、高性能AE減水剤を使用する場合は、±2とする。

表1-35　スランプフローの許容差（JIS A 5308）
単位：cm

スランプフロー	スランプフローの許容差
50	±7.5
60	±10

表1-36　空気量の許容差（JIS A 5308）
単位：％

コンクリートの種類	空気量	空気量の許容差
普通コンクリート	4.5	±1.5
軽量コンクリート	5	
舗装コンクリート	4.5	
高強度コンクリート	4.5	

1.8.4　運　搬

フレッシュコンクリートの運搬は、生コン工場（プラント）から工事現場までと、現場内の打込み箇所までの運搬に大別される（図1-69参照）。このいずれの場合も、フレッシュコンクリートの品質の変化をできるだけ少なくするよう、計画・管理を実施するのが原則である。

運搬中に生じる品質変化とは、主として材料の分離・ワーカビリティーの低下である。ワーカビリティーの低下は、スランプ、空気量、セメントの凝結等の変化によって生じる。これは運搬方法、時間、気温、コンクリート温度等の要因が作用する。

フレッシュコンクリートの一般的な運搬方法を表1-37に、運搬時間の規定を表1-38に示す。

1.8.5　打込み

現場に到着したコンクリートは速やかに打ち込み、前の層に打ち込んだ層の締固めが十分行われないうちに次の層は打たない。打ち上がり速度があまり速いと型枠に及ぼす圧力が大きく、型枠の変形を生じる原因となり、また、速度が速いとコンクリートの沈下収縮が大きくなる。一般に打上がり速度は30分につき1.0～1.5m程度とする。

フレッシュコンクリートの施工で常に要求されるものは、構造物に要求される強度・耐久性・水密性等の品質を満足し、かつ均質なコンクリートを確実に経済的に施工することである。打込み手順の概要を図1-80に示す。

フレッシュコンクリートは密度や大きさが異なり、しかもいろいろな粒子の材料と水との混合物のため分離しやすい性質を有している。したがって、材料分離が生じないよういかに均等に打ち込むかが重要である（表1-39）。

1.8.6　締固め

フレッシュコンクリートの締固めは、有害なエントラップトエア（作業の際、コンクリートに含まれる大きな空気泡）を排除し内部の空隙をできるだけなくすとともに、鉄筋・埋設物等によく密着させ、型枠の隅々までゆきわたらせ、均一で密実なコンクリートとするための作業である（図1-81、図1-82参照）。したがって、締固めには内部振動機を用いるのを原則とし、薄い壁など内部振動機の使用が困難な場所には型枠振動機を使用してもよい。使用する振動機は工事に適したものでなければならない（表1-40参照）。

表 1-37　コンクリートの運搬方法[65)に加筆]

分類	運搬機械		運搬方向	運搬時間 運搬距離	運搬量 (m³)	動力	適用範囲	備考
主として プラント から現場 までの運搬	運搬車	トラックアジテータ	水平	10〜90分	1.0〜6.0/台	機関	遠方	一般の長距離運搬に適する。
		ダンプトラック ホッパ積載トラック						やむを得ない場合の中距離運搬。
主として 現場内運搬	コンクリートバケット		水平 垂直	10〜50m	0.5〜9.0/回	クレーン	一般的	分離が少なく場内運搬に適する。
	手押し車		水平	10〜60m	0.05〜0.2/台	人力	小規模工事 特殊工事	振動しないカート道が必要。
	コンクリートポンプ		水平 垂直	500m 120m	30〜90/h	機関	高所 長距離	使用機種を選び、打設速度に注意すれば硬練りにも使用できる。
	ベルトコンベヤ		ほぼ水平	5〜100m	10〜50/h	電動	硬練り用	やや分離が生ずる。
	シュート		斜め下方 垂直	5〜30m	10〜50/h	重力	地下構造物 補助手段	軟練りによいが分離を生じやすい。

表 1-38　運搬時間の限度[66)に加筆]

区分	JIS A 5308 (2009)	コンクリート標準示方書 (2007)	
限定	練混ぜから 荷卸しまで	練混ぜから 打終るまで	
限度(分)	90(注)	25℃を超える	90
		25℃以下	120

注)　購入者と協議のうえ運搬時間の限度を変更（短縮または延長）することができるとしている。一般に暑い季節にはその限度を短くするのがよい。JISではダンプトラックでコンクリートを運搬する場合の運搬時間の限度を60分以内としている。

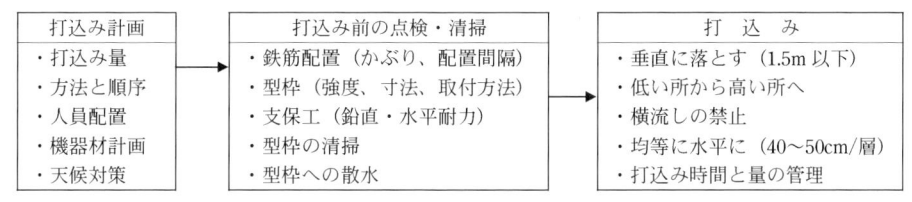

```
┌─────────┐    ┌──────────────┐    ┌──────────────────┐
│ 打込み計画│    │打込み前の点検・清掃│    │    打込み        │
│・打込み量 │ →  │・鉄筋配置(かぶり、配置間隔)│ → │・垂直に落とす(1.5m以下)│
│・方法と順序│   │・型枠(強度、寸法、取付方法)│   │・低い所から高い所へ│
│・人員配置 │   │・支保工(鉛直・水平耐力)│   │・横流しの禁止    │
│・機器材計画│   │・型枠の清掃        │   │・均等に水平に(40〜50cm/層)│
│・天候対策 │   │・型枠への散水      │   │・打込み時間と量の管理│
└─────────┘    └──────────────┘    └──────────────────┘
```

図 1-80　打込み手順

表 1-39　ポンプ圧送で注意を要する諸条件[67)に加筆]

(a)	水平換算距離が300mを超す場合
(b)	垂直圧送高さが、軽量コンクリートで60m、普通コンクリートで70mを超す場合
(c)	軽量コンクリートの圧送前のスランプが20cm以下の場合
(d)	普通コンクリートのスランプが10cm以下の場合
(e)	軽量コンクリートの単位セメント量が300kg/m³未満の場合
(f)	下向き配管、または下り勾配の場合で、圧送速度が自然落下速度より小さい場合
(g)	人工軽量骨材を使用する場合で、骨材のプレウェッチングが不十分な場合

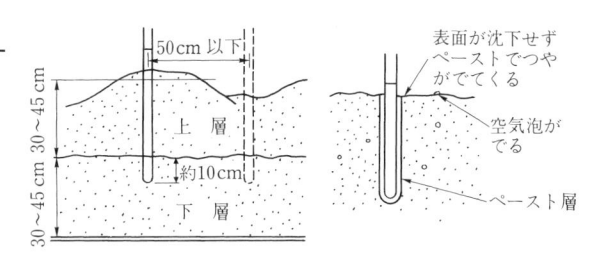

図 1-81　内部振動機の正しい使用例[68)に加筆]

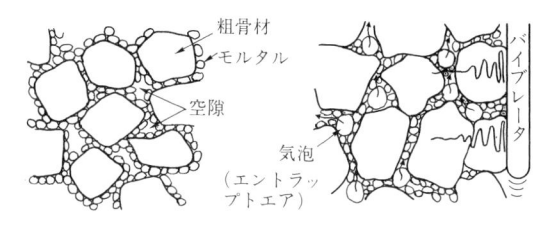

図 1-82　振動機による締固めの効果[69)]

表 1-40　各締固め方法の効果の比較[70]

方法	主たる効果	適用範囲
挿入型バイブレータ	振動によってコンクリートを液状化させ、脱泡・締固め・型枠とのなじみを良くすることのすべての面に効果がある。	硬練り、軟練りを問わずすべてのコンクリートの締固めに威力を発揮できる。
型枠バイブレータ	振動を型枠に伝達させることによって、内部コンクリートを加振させる。しかしその影響範囲は、表面部に限られ、内部コンクリートを大量に締め固めることはできない。	主として表面から見えるジャンカ・豆板の減少に役立つ。挿入型バイブレータが使用できない壁の締固めには有効。
つき	コンクリートを液状化させることができないので、締固めよりはスページング効果のほうが主になる。	軟練りコンクリートにしか適用できない。バイブレータを挿入できない箇所に使うことはある。
たたき	型枠とコンクリートとのなじみをよくする効果が主である。型枠面の水みちをつぶすのには役立つ。音によりコンクリートが詰まっているかどうかが判断できる。	打放しコンクリートには有効。

1.8.7　仕上げ

表面仕上げの目的は、所定の平坦性や美観を得るとともに、レイタンス（コンクリート打込み後、ブリーディングに伴い内部の微細な粒子が浮上し、コンクリート表面に形成するぜい弱な物質の薄層）等を除去し押さえ効果によって表面を密にすることである。また、表面水の蒸発に伴う収縮ひびわれ（プラスチックひびわれ）（図 1-83）や、コンクリートの沈下を鉄筋が拘束することによって生じるひび割れ（図 1-84）等は、タンピング等の再仕上げによって十分防ぐことができる。

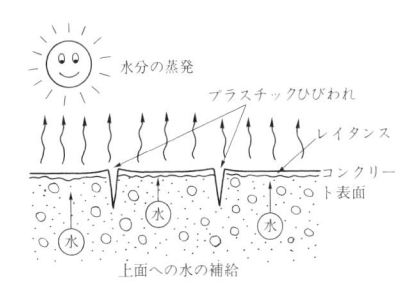

したがって、入念な表面仕上げはコンクリート構造物の耐久性・水密性を高める重要な作業である。

1.8.8　養　生

養生方法の分類を図 1-85 に、代表的な養生方法の具体的な目的と意義を表 1-41 に示す。
一般的な養生の目的は以下のとおりである。

① 設計基準強度を満足するように安定した強度の伸びを確保する。
② ひびわれの発生を防止する（乾燥収縮をできるだけ小さくする）。
③ コンクリートの初期凍害を防止する。
④ 促進養生によりコンクリートの早期強度を高める。
⑤ クーリング等によりコンクリートの水和に伴う内部温度の上昇を抑制する。
⑥ 十分な強度発現までコンクリートを保護

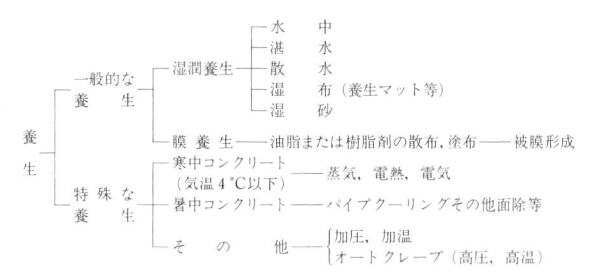

図 1-83　表面水の蒸発による収縮ひび割れ[31]

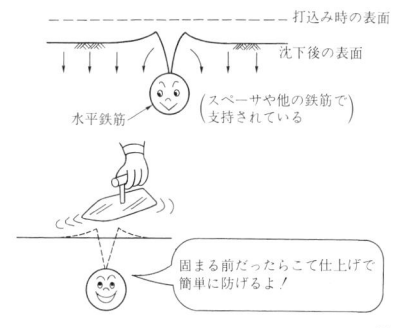

図 1-84　鉄筋拘束による沈下ひび割れ[31]

図 1-85　養生方法の種類[60]に加筆

表 1-41　養生方法の目的と意義

養生方法	目的と意義
湿潤養生	打込み後硬化するまで、日光の直射、風等による水分の逸散を防ぐ。コンクリート表面からの水分の蒸発は、表面付近の急激な乾燥と内面水の不足をもたらす。急速な乾燥はひびわれの原因となり、水分の不足は強度発現のための水和反応を阻害する。コンクリートを湿潤状態に保てば長期にわたって強度が増進する。
促進養生	コンクリートの硬化の促進を目的とする。コンクリートが初期凍害を受けるおそれがある場合には、必要に応じて保温、加熱養生を行う。また、コンクリート温度が高いほど早期の強度発現が大きいことから、蒸気養生、オートクレーブ養生等が行われている。長時間高温に保つことや、急激な温度上昇および下降は有害であるため、十分な温度管理が必要である。
温度制御養生	十分な硬化が進むまで硬化に必要な温度条件を制御する。水和反応によって生じる水和熱は、コンクリート内部ではかなり高温となり表面との温度差が大きくなり有害なひびわれの原因となる。このため、マスコンクリートではコンクリート内に配置したパイプに水を循環させ内部温度の抑制を図る養生法が用いられる（パイプクーリング）。
有害作用に対する保護	養生期間中に予想される振動、衝撃、荷重等の有害な作用からの保護。初期材齢において振動、衝撃、載荷等を受けた場合は、強度低下やひびわれの原因となるほか、鉄筋の付着強度や打継強度にも悪影響を及ぼす場合がある。

する。

　各種養生方法における強度比を図1-86に示す。硬化コンクリートの強度、耐久性、水密性等の最終的な品質は、初期の水和過程での養生条件によって大きく左右されるため、打込み後の一定期間を硬化に必要な温度および湿度に保ち、有害な影響を受けないようにする必要がある。

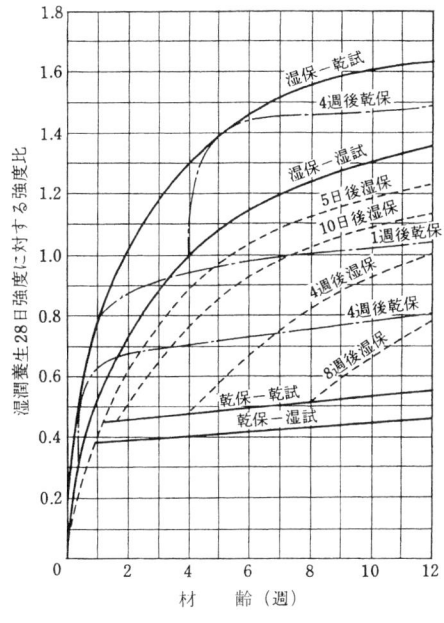

図1-86　湿潤養生28日強度に対する各種養生方法の場合の強度比（H. J. Gilkeyの実験結果）[71]

1.8.9　脱型（型枠支保工の取外し）

　型枠および支保工はコンクリートが外気の影響や損傷に耐え、自重やその後作用する荷重を受けるのに必要な強度に達するまで、これを取り外してはならない。その時期および順序については、セメントの性質、コンクリートの配合、構造物の種類とその重要度、部材の種類および大きさ、部材の受ける荷重、気温、天候、風通し等を考慮して定めることが大切である。また施工の方法によっては設計を上回る荷重が一時的に作用する場合や、施工時と完成時では構造系が異なる場合があり、支保工の撤去にあたっては十分な注意が必要である。

　コンクリート標準示方書（施工編、2007年、土木学会）では、型枠取外し時期における構造物のコンクリート圧縮強度の標準値を、表1-42のように示している。現場の事情で圧縮強度試験ができない場合、型枠取外しのおよその目安として表1-43に示す値を参考にしてよい。

　型枠を繰返し使用する場合には、損傷、変形、腐食に注意し、表面を十分清掃し、かつ剥離剤を塗布する必要がある。剥離剤はコンクリート表面に着色や変色・硬化不良等の影響を及ぼすおそれのないものを使用する（表1-44）。

表1-42　型枠を取り外してよい時期のコンクリートの圧縮強度の参考値[72]

部材面の種類	例	コンクリートの圧縮強度 (N/mm^2)
厚い部材の鉛直または鉛直に近い面、傾いた上面、小さいアーチの外面	フーチングの側面	3.5
薄い部材の鉛直または鉛直に近い面、45°より急な傾きの下面、小さいアーチの内面	柱、壁、梁の側面	5.0
橋、建物等のスラブおよび梁、45°よりゆるい傾きの下面	スラブ、梁の底面、アーチの内面	14.0

表1-43　型枠の取り外し時期の目安（標準気温：20℃程度）[73]

	部材側面の型枠	部材底面の型枠	スパンが6m未満のアーチセントル	スパンが6m以上のアーチセントル
普通ポルトランドセメント	3～4日	7日	10～15日	14～21日
早強ポルトランドセメント	1～2日	2～4日	7～10日	8～14日

表1-44　型枠剥離剤の種類[74]

種類	タイプ	用途	摘要
パラフィン系	エマルジョン溶剤	木製・鋼製用	毎回塗布する必要がある。エマルジョンタイプのものは、化粧打放し仕上げ用には不適当。溶剤タイプのものは、モルタル塗り仕上げの場合に付着性に問題がある。化粧打放し仕上げ用である。
鉱物油系	エマルジョン	木製・鋼製用	毎回塗布する必要がある。鋼製用のものには、化粧打放し仕上げに適するものが多い。寒冷時には塗布しにくい。
植物油系	エマルジョン	木製・鋼製用	毎回塗布する必要がある。木製用は化粧打放し仕上げには不適当。鉱・植物油系のものがある。
動物油系	エマルジョン	木製・鋼製用	毎回塗布する必要がある。木製用は化粧打放し仕上げには不適当。
合成樹脂系	溶剤	木製・アルミ合金製用	一度の塗布で数回の転用ができる。モルタル塗り仕上げには使用しない方がよい。
合成樹脂系	焼付け塗料	木製用	合成樹脂の焼付け塗料で工場以外の現場では塗れない。化粧打放し仕上げ用。高価格である。

1.8.10　打継目

コンクリートの施工中に工事が中断して時間が経つと、先に入れたコンクリートが固まる。そこに新しいコンクリートを流し込んでできる打継目がコールドジョイントである。この部分は通常よりも強度が落ち、空気中の二酸化炭素と反応したり、水が内部に染み込んだりして、劣化しやすくなるため、その施工に十分気をつけなければならない。

打継目は、打込み中にやむなく生じる場合と、硬化コンクリートに計画的に打ち継ぐ場合がある。施工途中の打継目は、構造物の強度、耐久性および外観を害さないように、その位置、方向および施工方法を考慮する。

打継目は、できるだけせん断力の小さい位置に設け、打継面を部材の圧縮力の作用する方向と直角にする。やむを得ず、せん断力の大きい位置に打継目を設ける場合には、打継目に「ほぞ」または「溝」をつくるか、適切な鋼材を配置して補強する。また、打継目の計画では、温度変化、乾燥収縮等によるひび割れの発生についても考慮する。

打継目に十分な強度や耐久性、水密性を持たせるためには、先に打ち込まれたコンクリートの上部にたまったレイタンス（ブリーディングと一緒にコンクリート上面に浮いてくる不純物が体積したもの）や、品質の劣るコンクリート、緩んだ骨材粒などを取り除いてから打ち継ぐことが大切である。

床組と一体となった柱や壁などを連続して打ち継ぐ場合の施工方法を図 1-87 に、新・旧コンクリートの打継目の処理方法の例を図 1-88 に示す。

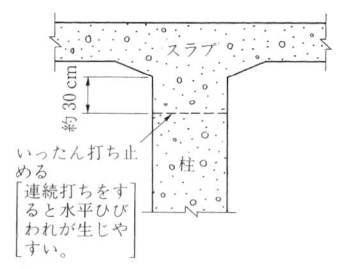

連続打ちをすると水平ひびわれが生じやすい。

① ハンチ下でいったん打ち止める。
② 柱部のコンクリートを十分沈下させる（1～2時間程度）
③ 柱部コンクリートにブリーディング水がある場合には取り除く。
④ 内部振動機を柱部コンクリートに約 10 cm 程度挿入し十分に締固めを行い一体化する。

図 1-87　床組と一体となった柱部材等の施工例

レイタンス処理の主なものとしては、次のような方法が行われている。

① ジェット水
　　数kg/cm²の圧力水を吹きつけて表層を削り取る。
　　レイタンス層の下のコンクリートがジェット水により影響を受けない強度になる材齢 1～3 日に施工。

② ワイヤブラシ
　　材齢は 12～24 時間後にワイヤブラシで粗骨材の頭が出る程度まで削り取り水洗いする。

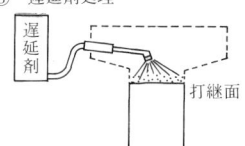

③ 遅延剤処理
　　コンクリート打設後に遅延剤を散布して表層のコンクリートの凝結を遅らせ、12～24 時間後に水洗いにより表層を流し取る。

このほか、打継面のコンクリートが硬化している場合は、サンドブラストやチッピングにより目荒しを行うこともある。

また、新コンクリートを打設する前には、旧コンクリートの面を散水により湿潤状態にし、水セメント比がコンクリートより小さいモルタルを 15 mm 程度敷く必要がある。

図 1-88　新・旧の打継面の処理方法の例[31]

1.9 コンクリートの配合設計

1.9.1 配合設計の基本的な考え方

一般に使用されるコンクリートは、セメント、水、細骨材、粗骨材および混和剤の各材料を適当な割合で十分に練り混ぜつくられる。それらの材料の割合または使用量のことを配合といい、適切な割合を定めることが配合設計である。また、品質の良いコンクリートをつくるためには、所要の強度、耐久性、水密性および作業に適するワーカビリティーをもったコンクリートが経済的に得られるように、各材料の割合を定めることが重要である。

1.9.2 配合設計

図1-89にコンクリートの配合設計の方法を示す。

配合の選定には次の条件を満足する必要がある。

① 作業が可能な範囲で単位水量をできるだけ少なくする。
② 打込みに支障のない範囲で、粗骨材はできるだけ最大寸法の大きいものを用いる。
③ 気象作用、化学的作用に対して十分な耐凍害性、耐久性を有すること。
④ 所要の強度、水密性を有すること。

(1) 配合設計例

気象条件の厳しい地方において鉄筋コンクリートT形桁に用いるコンクリートの配合を設計する。

(a) 設計条件

設計基準強度[注1] $f_{ck}=24\mathrm{N/mm^2}$（圧縮強度）、スランプ[注2]の範囲 $10\pm2.5\mathrm{cm}$、空気量 $4.5\pm1.5\%$、使用材料とその物理的性質は次のとおりである。

① セメント：普通ポルトランドセメント、密度 $3.16\mathrm{g/cm^3}$
② 細骨材：表乾密度 $2.62\mathrm{g/cm^3}$、吸水率 1.90%、FM[注3] $=2.96$ 川砂
③ 粗骨材：表乾密度 $2.66\mathrm{g/cm^3}$、吸水率 2.7%、最大寸法 $20\mathrm{mm}$[注4]、硬質砂岩砕石
④ AE減水剤：標準使用量はセメント量の 0.3%

注1 設計基準強度：設計において基準とする強度で、コンクリートの強度の特性値。一般に材齢28日における圧縮強度（記号：f_{ck}）を基準とする。

注2 スランプの選定：コンクリートのスランプは、運搬、打込み、締固め等作業に適する範囲内でできるだけ小さく定め、打込み時のスランプは表1-45の値を標準とする。

注3 FM＝粗粒率（Finess Modulas）は、ふるい 0.15、0.3、0.6、1.2、2.5、5、10、20、40、80にとどまるものの重量百分率の累計を100で割った値。一般に細骨材の FM は細骨材の平均粒径に近い値となる（細砂：2.0以下、標準：2.8、粗砂：3.0以上）。

注4 粗骨材の最大寸法は、部材最小寸法の1/5および鉄筋の最小あきの3/4を超えてはならない。粗骨材の最大寸法は、表1-46の値を標準とする。

(b) 配合計算

① 配合強度[注5]

予想される変動係数を 15% とすると、図1-90から割増係数[注6] $\alpha=1.326$ となる。

したがって、配合強度は、

$$f_{cr}=\alpha f_{ck}=1.326\times24\fallingdotseq31.8\mathrm{N/mm^2}$$

② 水セメント比[注7]の推定

水セメント比は、コンクリートの所要の強度および耐久性を考えて定める。水密であることを必要とする構造物では、さらにコンクリートの水密性についても考える。

注5 配合強度：コンクリートの配合を定める場合に目標とする強度。一般に材齢28日における圧縮強度（記号：f_{ck}）を基準とする。

注6 割増係数：配合強度を定める際に、品質のばらつきを考慮し、設計基準強度を割り増すために乗じる係数。$\alpha=1/(1-1.64/100\times15)=1.326$

注7 水セメント比：練りたてのコンクリートまたはモルタルにおいて、骨材が表面乾燥飽和状態であるとしたときのセメントペースト部分における水とセメントとの重量比。一般に重量百分率で表示する（記号：W/C）。

(i) コンクリートの圧縮強度をもととして定める場合

圧縮強度と水セメント比との関係を試験によって求める。すなわち、適当と思われる範囲内で3種類以上の異なったセメント水比（水セメント比の逆数（C/W）を用いたコンクリートについて試験し、C/W-f_c 線を作る。配合強度 f_{cr} に対応する C/W の逆数から水セメント比（W/C）を求める。

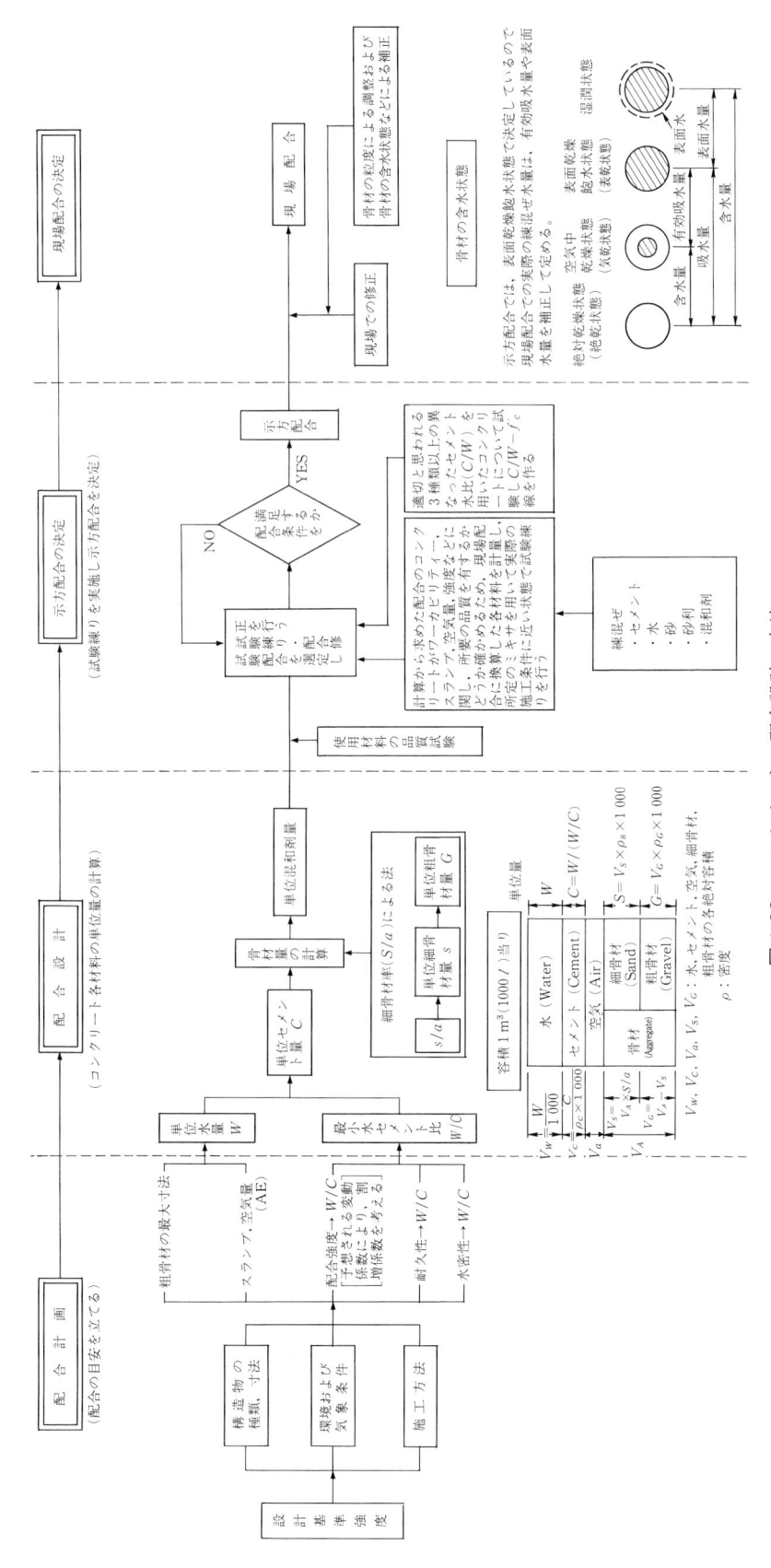

図 1-89 コンクリートの配合設計の方法

表 1-45 スランプの標準値[75]

種類		スランプ（cm）	
		通常のコンクリート	高性能AE減水剤を用いたコンクリート
鉄筋コンクリート	一般の場合	5〜12	12〜18
	断面の大きい場合	3〜10	8〜15
無筋コンクリート	一般の場合	5〜12	—
	断面の大きい場合	3〜8	—

表 1-46 粗骨材の最大寸法の標準値[76]

構造物の種類	粗骨材の最大寸法（mm）
鉄筋コンクリート[*1]	一般の場合　20または25
	断面の大きい場合[*2]　40
	部材最小寸法の1/5、鉄筋の最小あきの3/4およびかぶりの3/4を超えてはならない。（工場製品では、40mm以下で、最小厚さの2/5以下でかつ鋼材の最小あきの4/5を超えない）
無筋コンクリート	40mm以下を標準、部材最小寸法の1/4を超えてはならない。
舗装コンクリート	40mm以下
ダムコンクリート	有スランプのコンクリートの場合一般に150mm程度以下、RCD用の場合一般に80mmが多い。

*1 コンクリート標準示方書（2007年制定）より
*2 最小断面寸法が1000mm以上、かつ、鋼材の最小あきおよびかぶりの3/4＞40mmの場合

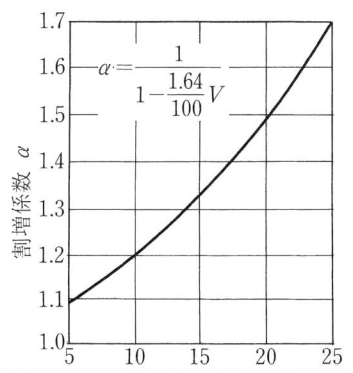

$$\alpha = \cfrac{1}{1-\cfrac{1.64}{100}V}$$

割増係数は、現場において予想されるコンクリートの圧縮強度の変動係数に応じて、コンクリートの圧縮の試験値が設計基準強度を下回る確率が5%以下となるよう定めた。

図 1-90 一般の場合の割増係数[77]

(ii) コンクリートの凍結融解抵抗性をもととして定める場合

水セメント比は表 1-47 の値以下とする。海洋コンクリートでは、耐久性から定まる水セメント比の最大値は、表 1-48 の値を標準とする。

(iii) コンクリートの化学作用に関する耐久性をもととして定める場合

SO_4^{2-} として 0.2% 以上の硫酸塩を含む土や水に接するコンクリートに対しては、表 1-48 の (c) に示す値以下とする。

(iv) コンクリートの水密性をもととして定める場合

水セメント比は、55%以下を標準とする。海洋構造物に用いる鉄筋コンクリートの場合は表 1-48 による。

表 1-47 コンクリートの耐凍害性・耐久性をもととして水セメント比を定める場合におけるAEコンクリートの最大の水セメント比（%）[78]

構造物の露出状態 \ 気象条件 断面	気象作用が激しい場合または凍結融解がしばしば繰り返される場合		気象作用が激しくない場合、氷点下の気温となることがまれな場合	
	薄い場合[*2]	一般の場合	薄い場合[*2]	一般の場合
(1) 連続してあるいはしばしば水で飽和される部分[*1]	55	60	55	65
(2) 普通の露出状態にあり、(1) に属さない場合	60	65	60	65

注：*1 水路、水槽、橋台、橋脚、擁壁、トンネル覆工等で水面に近く水で飽和される部分および、これらの構造物のほか、桁、床版等で水面から離れてはいるが融雪、流水、水しぶき等のため、水で飽和される部分。
*2 断面の厚さが20cm程度以下の構造物の部分。

表 1-48 海洋コンクリートを対象とした場合の耐久性から定まる AE コンクリートの最大の水セメント比（%）[79]

環境区分 \ 施工条件	一般の現場施工の場合	工場製品の場合、または材料の選定および施工において、工場製品と同等以上の品質が保証される場合
(a) 海上大気中	45	50
(b) 飛沫帯	45	45
(c) 海中	50	50

注：実績、研究成果等により確かめられたものについては、耐久性から定まる最大の水セメント比を、表 1-48 の値に 5〜10 を加えた値としてよい。

これまでの実験で、AEコンクリートの圧縮強度 f_c とセメント水比（C/W）との関係が例えば次のように得られているとした場合、これを参考にして大体の W/C の値を推定する。

$$f_c = -15 + 20\,C/W$$

$f_c = 31.8\,\text{N/mm}^2$ に対して $C/W = 2.34$、したがって $W/C = 0.43$ を得る。

コンクリートの耐久性をもととすると最大水セメント比は表 1-47 から気象作用が激しく断面は一般の場合でしばしば水で飽和される部分では 60% となる。

よって、両者を比較して小さい方の圧縮強度から定まる水セメント比を用いる。

③ 単位水量、細骨材率[注8]

粗骨材の最大寸法20mmに対して表 1-49、表 1-50 を参考にして、W および s/a を表 1-51 のように定める。

注8 細骨材率：骨材のうち、5mmふるいを通る部分を細骨材、5mmふるいにとどまる部分を粗骨材として算出した、細骨材と骨材全量との絶対容積を百分率で表したもの（記号：s/a）。

表1-49 土木学会コンクリート標準示方書によるコンクリートの単位粗骨材容積、細骨材率および単位水量の概略値[80]

粗骨材の最大寸法(mm)	単位粗骨材容積(%)	空気量(%)	AEコンクリート			
			AE剤を用いる場合		AE減水剤を用いる場合	
			細骨材率 s/a (%)	単位水量 W (kg)	細骨材率 s/a (%)	単位水量 W (kg)
15	58	7.0	47	180	48	170
20	62	6.0	44	175	45	165
25	67	5.0	42	170	43	160
40	72	4.5	39	165	40	155

注）*1 この表の示す値は、全国の生コンクリート工業組合の標準配合などを参考にして決定した平均的な値で、骨材として普通の粒度の砂（粗粒率2.80程度）および砕石を用い、水セメント比0.55程度、スランプ約8cmのコンクリートに対するものである。
　　*2 使用材料またはコンクリートの品質が*1の条件と相違する場合には、上記の表の値を表1-50により補正する。

④ 単位セメント量、単位細骨材量、単位AE減水剤量

・単位セメント量：

$$\frac{W}{W/C} = \frac{176}{0.43} = 409\text{kg}$$

・骨材の絶対容積：

$$1,000 - \left(\text{単位水量} + \frac{\text{単位セメント量}}{\text{セメントの密度}} + \text{空気量} \times 10\right)$$

注：単位水量(kg/m^3)、単位セメント量(kg/m^3)、空気量(%)

$$= 1,000 - \left(176 + \frac{409}{3.16} + 4.5 \times 10\right)$$
$$= 1,000 - 350 = 650 \text{ (L)}$$

・単位細骨材量：

$$S = \frac{\text{細骨材の}}{\text{表乾密度}} \times \frac{\text{骨材の}}{\text{絶対容積}} \times \text{細骨材率}(s/a)$$

$$= 2.62 \times 650 \times 0.449 = 765\text{kg}$$

・単位粗骨材量：

$$G = \frac{\text{粗骨材の}}{\text{表乾密度}} \times \frac{\text{骨材の}}{\text{絶対容積}} \times (1 - s/a)$$

$$= 2.66 \times 650 \times (1 - 0.449) = 953\text{kg}$$

・単位AE減水剤量：

単位セメント量 × AE減水剤使用率

$$Ad = 409 \times 0.003 = 1.227\text{kg}$$

⑤ 試験バッチに用いる材料の単位量[注9]（表1-52）

表1-50 使用材料あるいはコンクリートの品質の違いに対する細骨材率および単位水量の補正の目安[80]

区分	s/aの補正(%)	Wの補正
砂の粗粒率が0.1だけ大きい(小さい)ごとに	0.5だけ大きく(小さく)する	補正しない
スランプが1cmだけ大きい(小さい)ごとに	補正しない	1.2%だけ大きく(小さく)する
空気量が1%だけ大きい(小さい)ごとに	0.5～1だけ小さく(大きく)する	3%だけ小さく(大きく)する
水セメント比が0.05だけ大きい(小さい)ごとに	1だけ大きく(小さく)する	補正しない
s/aが1%だけ大きい(小さい)ごとに	—	1.5kgだけ大きく(小さく)する
川砂利を用いる場合	3～5だけ小さくする	9～15kgだけ小さくする

注）なお、単位粗骨材容積による場合は、砂の粗粒率が0.1だけ大きい(小さい)ごとに単位粗骨材容積を1%だけ小さく(大きく)する。

表1-51 細骨材率および単位水量の補正計算例

	参考条件(表1-49)	配合条件	s/a=45%	W=165kg
			s/aの補正値	Wの補正値
砂のFM	2.8	2.96	(2.96-2.80)/0.10×0.5 =0.80%	補正しない
スランプ(cm)	8.0	10.0	補正しない	(10.0-8.0)/1.0×1.2 =2.4
空気量(%)	6.0	4.5	(4.5-6.0)/1.0×(-1.0) =1.5%	(4.5-6.0)/1.0×(-3.0) =4.5
W/C(%)	55	43	(0.43-0.55)/0.05×1 =-2.4%	補正しない
砕石	砕石	砕石	補正しない	補正しない
調整値			s/a=45+0.80+1.5-2.4 =44.9%	W=165×(1+0.024+0.045) =176.3≒176kg

表1-52 試験バッチに用いるコンクリートの配合表

粗骨材の最大寸法(mm)	スランプの範囲(cm)	空気量の範囲(%)	水セメント比 W/C (%)	細骨材率 s/a (%)	単位量(kg/m^3)					
					水 W	セメント C	混和材 F	細骨材 S	粗骨材 G	混和剤(AE減水剤) Ad
20	10±2.5	4.5±1.5	43	44.9	176	409	—	765	953	1.227

注9 単位量：コンクリートまたはモルタル$1m^3$をつくるときに用いる材料の量。

⑥ 試験練り

・第1バッチ：バッチ30lの試験練りをする。細骨材・粗骨材ともに表乾状態であり、細骨材は5mmふるいをすべて通過し、粗骨材は5mmふるいにすべてとどまるものを用いる。

　試験練りの結果、スランプは18cm、空気量は6.5％となり設計条件を満足していない。スランプを10cmにするためには(10-18)/1.0×1.2＝-9.6％の水量を減少させる必要がある。空気量を4.5％にするためには、AE減水剤を比例調整して単位セメント量に対して0.3×4.5/6.5＝0.208％とし、(6.5-

4.5)/1×3＝6％の水量を増加する。したがって、単位水量を計−3.6％減少させる。

よって、$W = 176 \times (1 - 0.036) = 170$ kg となる。

- 第2バッチ：表 1-52 の配合でさらに1バッチ30 l を練る。その結果、スランプ、空気量とも配合条件を満足し、ワーカビリティーも良好であった。

もし、設計条件を満足しないときは、さらに試験練りを繰り返すことになる。

⑦ 水セメント比の決定

W/C ＝ 45、50、55％について試験し、C/W-f_c 線を得る。その結果、$f_c = -16.0 + 21.5 C/W$ が得られた（図 1-91）。$f'_{cr} = 31.8 \text{N/mm}^2$ に対する C/W 値は 2.22、W/C 値は 0.45 となり、示方配合の W/C を決定する。

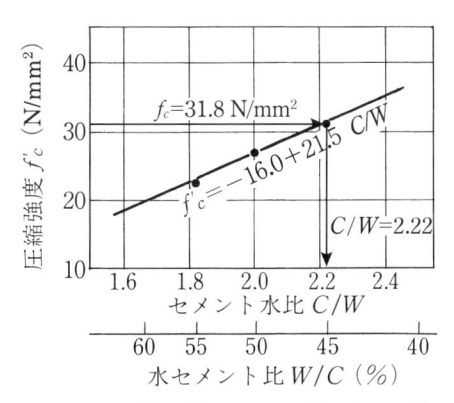

図 1-91 圧縮強度とセメント水比との関係

⑧ 示方配合[注10]

水セメント比を 45％ とすると、W/C ＝ 43％ に対して s/a ＝ 44.9％ であったので、s/a の補正値は $(0.449 - 0.43)/0.05 \times 1.0 = 0.4$％ だけ増加して 45.3 となる（表 1-53 参照）。

注10 示方配合：示方書または責任技術者により指示される配合で、骨材は表面乾燥飽水状態であり、細骨材は5mmふるいを全部通るもの、粗骨材は5mmふるいに全部とどまるものを用いた場合の配合。

表 1-53 示方配合の配合条件

W/C (％)	C/W	s/a (％)	W (kg)	C (kg)
45	2.22	45.3	170	378

- 単位セメント量：

$$\frac{W}{W/C} = \frac{170}{0.45} = 378 \text{ kg}$$

- 骨材の絶対容積：

$$1,000 - (170 + \frac{378}{3.16} + 4.5 \times 10)$$
$$= 1,000 - 335 = 665 \text{ (L)}$$

- 単位細骨材量：

$S = 2.62 \times 0.665 \times 0.453 \times 1,000 = 789$ kg

- 単位粗骨材量：

$G = 2.66 \times 0.665 \times (1 - 0.453) \times 1,000 = 968$ kg

- 単位 AE 減水剤量：

$\text{Ad} = 378 \times 0.00208 = 0.786$ kg

以上の結果、示方配合は表 1-54 のとおりである。

表 1-54 示方配合表

粗骨材の最大寸法 (mm)	スランプの範囲 (cm)	空気量の範囲 (％)	水セメント比 W/C (％)	細骨材率 s/a (％)	単位量(kg/m³)					混和剤 (AE減水剤) Ad
					水 W	セメント C	混和材 F	細骨材 S	粗骨材 G	
20	10±2.5	4.5±1.5	45	45.3	170	378	−	789	968	0.786

⑨ 現場配合[注11]

現場の細骨材は5mmふるいにとどまる量を1.5％含み、粗骨材は5mmふるいを通る量を2％含んでいるとすると、粒度の調整を行わねばならない。

注11 現場配合：示方配合のコンクリートとなるように、現場における材料の状態および計量方法に応じて定めた配合。

［骨材粒度に対する補正］

示方配合の単位細骨材量を S、単位粗骨材量を G とするとき、実際計量する1m³ 当り細骨材 S' および粗骨材量 G' は次のとおりである。

$S + G = S' + G' = 1,757$ kg
$0.015 \times S' + 0.98 \times G' = G = 968$
$S' = 781$ kg、$G' = 976$ kg

さらに、表面水率は細骨材が 0.6％、粗骨材が 0.4％ とすれば含水状態における補正を行う。

［表面水に対する補正］

細骨材の表面水： $781 \times 0.006 = 4.7$ kg
粗骨材の表面水： $976 \times 0.004 = 3.9$ kg

求めた、表面水量から実際計量する $1m^3$ 当り細骨材 S'' 粗骨材量 G'' および単位水量 W'' は次のとおりである。

$S'' = 781 + 4.7 = 786 kg$

$G'' = 976 + 3.9 = 980 kg$

$W'' = 170 - 4.7 - 3.9 = 161 kg$

以上の結果、現場で計量する単位量は表 1-55 のとおりである。

表 1-55　現場配合表

粗骨材の最大寸法(mm)	スランプの範囲(cm)	空気量の範囲(%)	水セメント比 W/C (%)	細骨材率 s/a (%)	単位量(kg/m³)					混和剤(AE減水剤) Ad
					水 W	セメント C	混和材 F	細骨材 S	粗骨材 G	
20	10 ± 2.5	4.5 ± 1.5	45	45.3	161	378	―	786	980	0.786

1.10　コンクリートの品質管理と検査

1.10.1　品質管理と検査の基本的な考え方

コンクリートの品質管理とは、コンクリート構造物にとって経済的にかつ品質の良いコンクリートをつくるために、品質の変動の要因を極力減じるとともに、異常を速やかに発見し、ただちに適切な処置を講じて、コンクリートの品質を初期の範囲内に収めることをいう。品質を管理するための試験は、必要な試験を必要な回数だけ実施すればよい。

コンクリート構造物は、構築後は一般的に取り壊すのは無理であるので、設備管理・資材管理・製造工程管理・養生が最も大切である。

表 1-56 にコンクリートの品質の変動に影響する要因を示す。

表 1-56　コンクリートの品質の変動に影響する要因[81]

コンクリートの本質的な品質変動の要因	試験の技術によって生ずる見掛けのばらつきの要因
水セメント比の変動 　使用水量のばらつき、計量の誤差 　骨材表面水量のばらつき 骨材の粒度の変動 　骨材の粒度が均一でない 使用する各材料の品質の変動 　骨　材 　セメント 　混和材料（ポゾランその他） 温度および練混ぜ方法	供試体 　試料採取の方法 　締固めの程度 　試料の取扱い 　固まっていない供試体の持ち運び 養　生 　温度変化 　湿度の変化 試験誤差 　供試体のキャッピングの適否 　圧縮試験

1.10.2　品質管理と検査

図 1-92 にレディーミクストコンクリートの場合の主要なコンクリートの品質項目と品質のばらつき程度を認知するための試験や検査回数を示す。

(1)　品質管理におけるばらつきの意味

品質のばらつきには、偶然のばらつきと異常な変化によるばらつきがある。

① 偶然のばらつき：避けられないばらつきである。そのため構造物の重要性に応じ精度の良い機械・設備とし、良いコンクリート技術者を配置する等して、それに応じたばらつきの範囲をあらかじめ予定する。

② 異常な変化によるばらつき：異常な変化によるばらつきを発見した場合には、その原因をつきとめて除去し、予定したばらつきの範囲内にあるように管理する。

(2)　設備管理

設備管理の管理項目、試験方法等について表 1-57 に示す。

(3)　資材管理

資材管理でセメント、骨材および混和材料における注意点は次のとおりである。

(a)　セメント

① セメントの新鮮度は、目・手で触れ確認し、異物・固形分の有無、セメントの湿度と温度も確認する。

② 塩化物量およびアルカリ量（ポルトランドセメントのみ）については、試験成績表で確認する。

(b)　骨　材

① 外観・異物は目視により入荷ごと全車について石質、粒形、木片等の異物混入のないことを確認する。

② 天然骨材を使用しない場合には、入荷ごと JIS 工場で作られた製品であることを確認する。

③ 要求される品質管理項目としてはほかに、洗い試験で失われる量、すりへり減量、安定性等がある。

④ 骨材のアルカリシリカ反応性試験は、骨材採取場所が変わるごとに行い管理する。

⑤ アルカリ骨材反応の抑制対策は、JIS A 5308 附属書 1 の区分 B の材料でコンクリート中のアルカリ総量 $3.0 kg/m^3$ 以下であることを確認する。

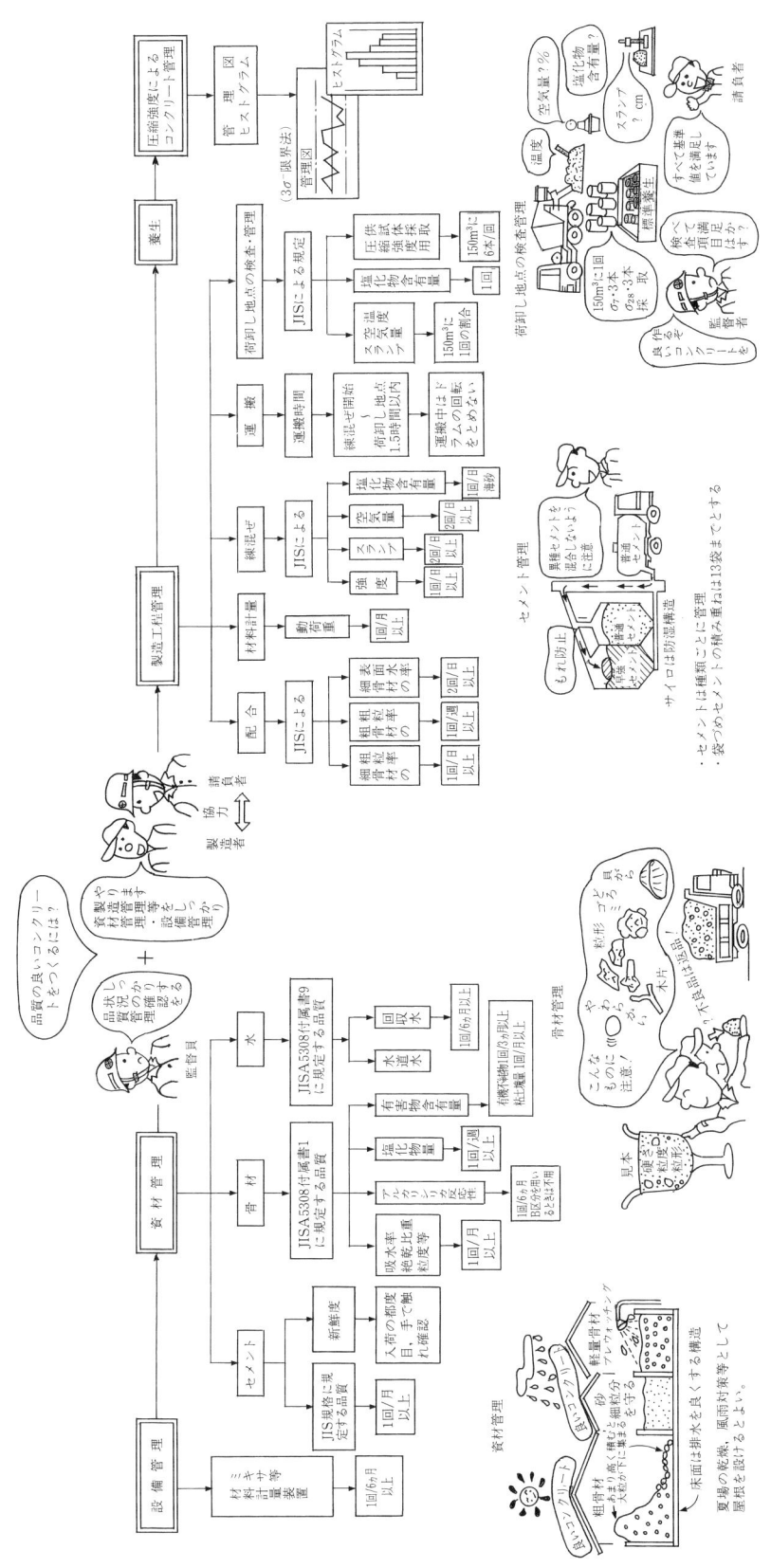

第1章 コンクリート構造物とその材料　　59

図1-92　コンクリートの品質管理

表1-57 コンクリート製造設備の管理項目および試験方法

設　備	管理項目	試験方法	試験回数	備　考
材料計量装置	計量装置精度	静荷重試験	1回/6カ月以上	
ミキサ	練混ぜ性能	JIS A 1119	1回/6カ月以上	
運搬車	アジテータの性能	JIS A 5308	1回/6カ月以上	
圧縮試験機	試験機精度	スタンダードダイジングボックスによる検査	1回/年	
塩分含有量測定器	測定精度			購入時に確認

⑥ 塩化物含有量は、荷卸し地点で塩化物イオン（Cl⁻）量として、0.30kg/m³以下であることを確認する。また、資材置場で資材採取するときは、採取位置を同じ所でなく変えること。

(c) 混和材料

① 銘柄（種類を含む）を入荷ごと確認する。
② 品質は、1回/月以上、試験成績表等で確認する。

(4) 製造工程管理

(a) 配合

骨材の粗粒率、含水状態はコンクリートの品質に特に影響があるので、特に注意して管理する。

(b) 材料計量

材料計量は全バッチについて、0点、設定針、表示針の確認をする。

(c) 練混ぜ

① 全バッチについて、外観、ワーカビリティー、容量等を目視により確認する。
② 海砂および塩化物量の多い砂ならびに海砂利を使用している場合は、1回/日以上測定し、塩化物含有量が規定値以下であるように管理する。

(d) 荷卸し地点の検査・管理

① 強度は、150m³当り1回（σ_7=3本、σ_{28}=3本）採取し、1本の試験結果は呼び強度の値の85%以上、3本の試験結果は、呼び強度の値以上となるよう管理する。
② 塩化物含有量試験は、購入者との協議により工場出荷時に変え、荷卸し点では省略できる。

(5) コンクリートの品質管理の考え方

(a) 平均値、標準偏差、正規分布、変動係数

ある特性値についてN個のデータがあるとき個々の値をx_i ($i=1, 2, 3, \cdots, N$)とすると、

$$m = \frac{1}{N}\Sigma x_i = \frac{x_1+x_2+x_3+\cdots\cdots+x_N}{N} \quad (1.20)$$

$$\sigma = \sqrt{\frac{1}{N}\Sigma_{i=1}^{N}(m-x_i)^2}$$

$$= \sqrt{\frac{(m-x_1)^2+(m-x_2)^2+\cdots+(m-x_N)^2}{N}} \quad (1.21)$$

で計算され、mを平均値〔式(1.18)〕、σを標準偏差〔式(1.19)〕という。標準偏差は、x_iの変動の程度を表す量であり、x_iの変動が全く偶然の原因による場合、x_iの度数分布曲線は次式で表される曲線で近似できる。

$$P(x) = \frac{1}{\sigma\sqrt{2\pi}} e^{-\frac{1}{2}\left(\frac{x-m}{\sigma}\right)^2} \quad (1.22)$$

式(1.20)で表される分布を正規分布といい、図1-93のように左右対称の釣鐘形の形状となる。

度数分布は正規分布で近似できる場合が極めて多く、コンクリートのスランプや圧縮強度なども、使用材料、配合、施工法等が一定であれば、正規分布をなすと考えてよい。

正規分布の性質として重要な事項は、$(m+k\sigma)$以上〔または$(m-k\sigma)$以下、kは定数〕の資料が得られる確率であり、図1-93のように斜線部分の面積の全面積に対する割合で正規分布表として示され、その一部を表1-58に示す。

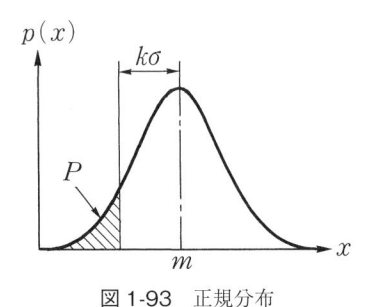

図1-93 正規分布

表1-58 正規分布表

k	P
0.0	0.500
0.5	0.3085
0.6745	0.2500
1.0	0.1587
1.282	0.1000
1.5	0.0668
1.645	0.0500
2.0	0.0228
2.5	0.0062
2.576	0.0050
3.0	0.0013

度数分布が平均値 m、標準偏差 σ の正規分布となるとき、$N(m, \sigma^2)$ をなすと書く〔N は正規分布（Normal distribution）の頭文字〕。また、V を変動係数といい、次式で計算される。

$$V = \frac{\sigma}{m} \times 100 \ (\%) \tag{1.23}$$

(b) 標本平均

通常の場合、サンプルを抽出して資料を得、これのみによって母集団（基となる全体の値や性質）を推定することになるが、この場合に用いられる理論のいくつかを以下に述べる。

① $N(m, \sigma^2)$ をなす母集団より n 個の資料を抽出し、その平均値 x（標本平均という）を求めることを繰り返すと、x は $N(m, \sigma^2/n)$ の分布をなし、標本平均の平均値は母集団の平均値に一致し、標本平均の標準偏差は母集団の標準偏差の $1/\sqrt{n}$ となる。

② n 個の資料について

$$u^2 = \frac{1}{n-1} \Sigma (x_i - x)^2 \tag{1.24}$$

式 (1.22) で計算される u^2 を不偏分散という。$N(m, \sigma^2)$ をなす母集団より n 個の資料を抽出して u（不偏分散の平方根）を求めることを繰り返した場合、n が十分に大きければ、u の分布は $N(\sigma, \sigma^2/2n)$ で近似でき、不偏分散の平方根の平均値は、資料の数が多ければ母集団の標準偏差に近くなる。

③ 資料のうち最大値と最小値の差を標本範囲 R といい、$N(m, \sigma^2)$ をなす母集団から n 個の資料を抽出して標本範囲 R を求めることを繰り返した場合、R は、

平均値 $= R = d_2 \sigma$ \hspace{1em} (1.25)

標準偏差 $= d_3 \sigma$ \hspace{1em} (1.26)

の分布をなし、d_2, d_3 は n によって変わる定数である。

(6) 管理図

品質管理をする場合、品質の変動状況を速やかに判断する方法として、管理図が一般的に使用されている。

品質が安定した状況にあるか、品質を安定した状態に保持するために図 1-94 のような管理図を用い、品質の中心を表す中心線（CL）と上下に品質が許容される定常的なばらつきの幅、上方管理限界線（UCL）、下方管理限界線（LCL）で表される。

試験値が管理限界線の外へ出たときは、見のがせない原因により異常が発生したと判定し、その原因を調査し必然的な原因であれば取り除く処置をする。管理図においては管理限界線をいかに引くかが重要となる。

(a) 管理限界

確率の考え方による統計的判断は、図 1-95 のように、第 1 種の誤り：あわてものの誤り（仮に X_0 が正しいのに X_0 を捨てる誤り）と、第 2 種の誤り：ぼんやりものの誤り（仮に Y_0 が正しくないとき、Y_0 を捨てない誤り）とが避けられない。管理図では、第 1 種、第 2 種の誤りをよく判断し、それぞれの誤りの確率を適当に定めて、それぞれに応じた試料の数 n の大きさと管理限界線を決めるべきである。

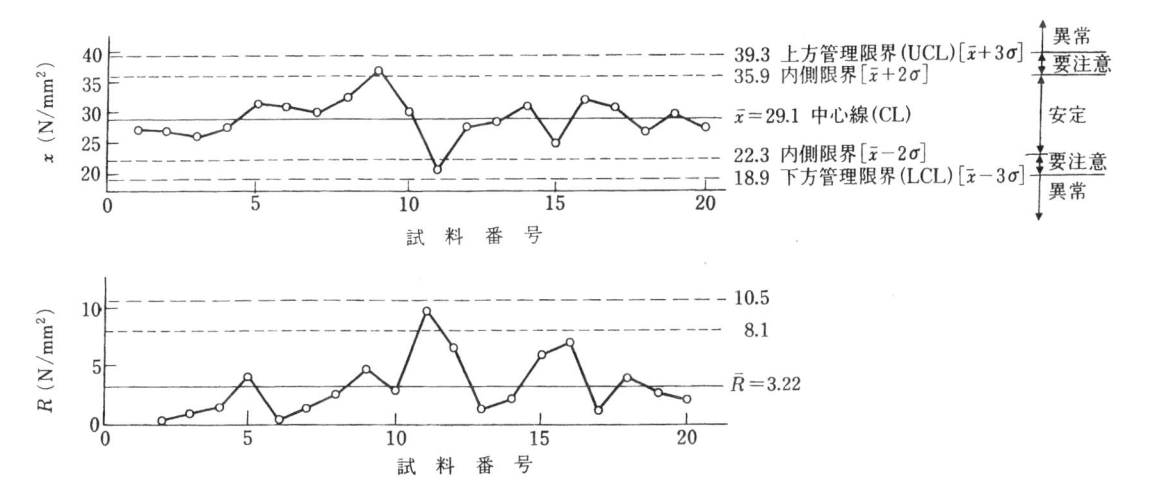

図 1-94 圧縮強度の管理図の一例[82]

しかし、この考え方により管理限界線を決定するのは難しいので一般的に3σ（シグマ）限界が多く用いられている。3σ限界とはm（平均値）±3σ（標準偏差）を上下の管理限界としたものである。

（5）項の(a)で述べたように試験値が正規分布している場合、図1-96に示すように、3σ限界の外に打点される確率は0.26%（0.0013×2＝0.0026）である。

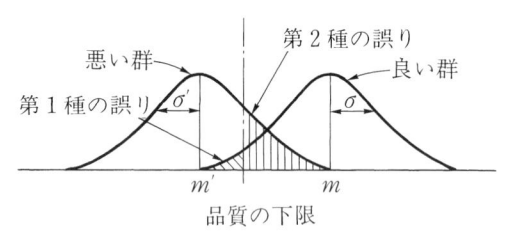

図1-95　第1種の誤りおよび第2種の誤り

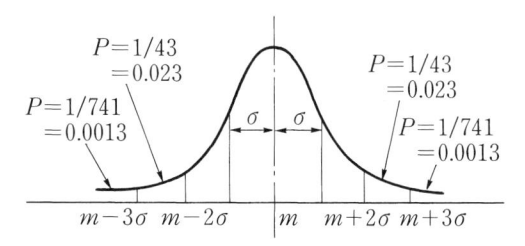

図1-96　限界外の品質が生じる確率

このように、試験値が偶然の原因で変動している場合（管理状態にある場合）、3σ限界の外に打点される確率は小さいので、この限界外に打点された場合は、偶然でない原因で変動した（何らかの異常を生じた）と考えるべきである。通常は、2σ限界線4.6%（0.023×2＝0.046）を描き、2σ限界線と3σ限界線の間に打点された場合は要注意として管理することも行われている（図1-94参照）。

上記の方法はレディーミクストコンクリートのように、品質の平均値（m）および標準偏差（σ）が過去の実績から判明している場合に適用できる。

しかし、現場練りコンクリートの場合は、平均値や標準偏差は未知であり、工事開始後に早く20～30個の試験値をとり、（5）項の(b)①に述べたところより、品質の平均値は試験値の平均値 $m = \bar{x} - (1/n)\Sigma x_i$ によって推定できる。標準偏差は、通常、（5）項の(b)③に述べたところにより、R/d_2（R：標本範囲の平均値、d_2：定数）によって推定する。工事がさらに進んだときに平均値や標準偏差を推定しなおし、管理限界を改訂する。

(b)　管理図の種類

管理図には、種々の形式のものがあるが、コンクリート関係でよく用いられるのは、x-R_s-R_m 管理図および x-R 管理図などである。

(c)　管理状態の判定

① 特性値が中心線を中心にして、2σ線内にランダムに勾配している場合には管理状態にあると判断してよい。

② 特性値が中心線の上下に交互にランダムに分布せず、中心線の同じ側に点が連続して現れたり、点が上または下に移動していくような場合には注意を要する。

③ 管理図は、工程が安定した状態にあっても、今後の工程に異常が生ずる可能性が全然ないことを保証するものではないことに注意する必要がある。

（7）管理図を使用した管理例（コンクリート圧縮強度管理）

コンクリートの品質を管理する場合、得られた試験結果が正常な状態であるか、異常な値を示しているのかを速やかに判断するには、管理図の使用が有効である。

管理図には種々のものがあるが、ここではコンクリートの強度管理によく使われている x-R_s-R_m 管理図で管理限界線を用いる方法を例として説明する。

また、試験結果を速やかに配合にフィードバックさせるために、早期材齢における圧縮強度により管理した方がよい。そのときは、早期材齢とコンクリート構造物の強度品質である28日強度の関係を作成しておき管理する。

管理図の作成方法を以下に示す。

管理限界線は、日常的な比較的小さなばらつきと異常原因によると考えられる大きなばらつきを識別するための線で、平均的に相当する中心線の両側に、通常は±3σの限界線を引くものである。

管理限界線は次式により求める。

X の上方管理限界 (UCL) $= \bar{X} + E_2 R_s$　　(1.27)

X の下方管理限界 (LCL) $= \bar{X} - E_2 R_s$　　(1.28)

R_s の上方管理限界 (UCL) $= D_4 R_s$　　(1.29)

R_m の上方管理限界 (UCL) $= D_4 R_m$　　(1.30)

（E_2、D_4 は定められた数値であり、数値表に記載されている）

ここに、X：1回の強度試験値（3個の供試体の平均）

R_s：連続する2回の試験値の差（1回のばらつきの管理）

R_m：1回の試験値の範囲（3個の供試体の範囲）（1個当りのばらつきの管理）

図 1-97 に x-R_s-R_m 管理図の例、表 1-59 に管理図データシートを示す。

1.11 コンクリート構造物の耐久性

近年、コンクリート構造物にとって熟練作業員および良質の天然骨材の不足など様々な問題が顕著化しているが、設計・施工技術の開発や品質管理、施工管理を確実に行うことで、コンクリート構造物の耐久性を向上させることは可能である。土木学会のコンクリート標準示方書（維持管理編）に維持管理の重要さ、方法、対策が示されている。

コンクリート構造物の耐久性は、主としてコンクリートの使用材料や配合、かぶり厚さや締固めの程度などの設計条件や施工条件および使用環境の条件によって定まるが、以下に主な使用環境における材料性能の低下による耐久性低下の原因を示す。

① 凍結融解作用
② 凍結融解以外の気象作用
③ 海水の作用
④ 化学薬品の作用

これらの作用に対しては一般的に、水セメント比を小さくすることによって対処している。

また、①に対しては、適当量の空気を連行させたAEコンクリートとすること、③および④に対しては、C_3A（$3CaO \cdot Al_2O_3$）の少ないセメントを用いること。フライアッシュ、高炉スラグなどを混和することなども対策として挙げられる。

また塩分の影響が大きい環境下では、これらの対策に加え、コンクリート表面の塗装、防錆材の使用などによる塩化物イオンの遮断あるいは影響力の低減、エポキシ樹脂塗装鉄筋などの防錆鉄筋の使用、設計時におけるかぶりの増大、鉄筋応力の制限などによって対処する。

以前、コンクリート構造物は、「メンテナンスフリー」といわれ、材料、配合、設計、施工が適切であれば耐久性は良好であり通常の環境下であれば半永久的な使用に耐えるとされてきた。しかし、1980年ごろから沿岸部で橋などの鉄筋コンクリートやプレストレスコンクリートの構造物に、さび汁を伴う著しいひび割れが散見されるようになった。また、各地のコンクリート構造物に原因不明の著しいひび割れも見られるようになった。これが、いわゆる「コンクリートクライシス」である。その後の大規模な調査や研究によって、前者は塩害で、後者はアルカリ骨材反応と呼ばれる現象であることが判明した。

近年では、種々の外力作用による構造性能低下、材料性能の低下による耐久性低下が顕在化しコンクリート構造物の維持管理システムの構築が必要となってきている。

1.11.1 コンクリート構造物の劣化に対する要因

コンクリート構造物の耐久性低下を及ぼす劣化の種類やそのメカニズムについて以下に示す。

(1) 中性化

コンクリートの内部にはセメントから供給された水酸化カルシウムが多量に存在し、pH12以上という高いアルカリ性に保たれている。この高いアルカリ性の中では、鉄筋の表面に不導態皮膜と呼ばれる薄い酸化物の層ができ、それ以上の酸化が妨げられる。しかし、コンクリートの表面の水酸化カルシウムは、空気中の二酸化炭素と反応し、炭酸カルシウムを生成する。同時にpHが低下していく。これが中性化である。

pHの低下はコンクリートの表面から進行し、これが鉄筋の位置まで達すると鉄筋がさび始める。さびた鉄筋は膨張してコンクリートにひび割れを生じさせ、さらに水分や空気が侵入し鉄筋が錆びやすい環境となり、鉄筋のさびが加速される。これが中性化による劣化である。

土木構造物は建築構造物に比べて鉄筋のかぶりが大きく、コンクリートも水セメント比が小さく密実であることから、中性化の問題は少ないと言われていた。しかし、最近ではかぶりが十分にとれていない構造物が増えたほか、非常に長い寿命を期待する場合には中性化が問題になることから、再認識されている（図 1-98 参照）。

表 1-59 X-R_s-R_m 管理データシートの例

主任監督員	監督員	監督員

$X-R_s-R_m$管理データシート

名称		コンクリート	工事名	道路改良工事	期間	自 平成 年 月 日
品質特性		圧縮強度σ28	出張所名	出張所		至 平成 年 月 日
測定単位		N／mm²	目標準量	21m³／日	請負者	
規格	上限値		試料 大きさ	1回3試料	現場代理人	
限界	下限値	15.3	試料 間隔	1日1回	測定者	
設計基準値		18	作業機械名	圧縮試験機	測定者	

月日	試験番号	測定値 a	b	c	d	計 Σ	代表値 X	移動範囲 R_s	測定値内の範囲 R_m
4.12	1	18.3	18.8	18.3		55.4	18.5		0.5
13	2	21.1	20.5	21.1		62.7	20.9	2.4	0.6
14	3	21.7	21.7	21.1		64.5	21.5	0.6	0.6
15	4	18.3	18.3	19.4		56.0	18.7	2.8	1.1
16	5	20.5	20.0	20.0		60.5	20.2	1.5	0.5
	小計						99.8	7.3	3.3
19	6	17.7	18.8	18.3		54.8	18.3	1.9	1.1
20	7	22.2	21.2	20.5		63.9	21.3	3.0	1.7
22	8	17.7	18.8	19.4		55.9	18.6	2.7	1.7
	小計						58.2	7.6	4.5
23	9	21.7	21.1	21.1		63.9	21.3	2.7	0.6
24	10	18.8	18.3	17.7		54.8	18.3	3.0	1.1
26	11	20.0	20.5	20.5		61.0	20.3	2.0	0.5
27	12	18.3	20.0	18.8		57.1	19.0	1.3	1.7
28	13	18.3	18.8	18.9		56.0	18.7	0.3	0.6
	小計						97.6	9.3	4.5
29	14	22.2	22.8	21.1		66.1	22.0	3.3	1.7
30	15	19.4	19.4	18.3		57.1	19.0	3.0	1.1
5.3	16	21.1	21.7	21.7		64.5	21.5	2.5	0.6
4	17	18.3	18.8	20.0		57.1	19.0	2.5	1.7
5	18	20.0	21.1	21.1		62.2	20.7	1.7	1.1
6	19	17.7	18.8	18.8		55.3	18.4	2.3	1.1
7	20	22.2	21.7	21.1		65.0	21.7	3.3	1.1
	小計						142.3	18.6	8.4
記事									

$\overline{X} \pm E_2\overline{R}_s = 19.96 \pm 2.66 \times 1.83 \fallingdotseq 24.83 \sim 15.09$
$D_4\overline{R}_s = 3.27 \times 1.83 = 5.98$
$D_4\overline{R}_m = 2.58 \times 0.66 = 1.70$

	X	R_s	R_m
平均	$\overline{X} = 19.96$	$\overline{R}_s = 1.83$	$\overline{R}_m = 0.66$
累計	99.8	7.3	3.3
小計	99.8	7.3	3.3

$\overline{X} \pm E_2\overline{R}_s = 19.75 \pm 5.67 = 14.08 \sim 25.42$
$D_4\overline{R}_s = 6.97$　$D_4\overline{R}_m = 2.53$

	X	R_s	R_m
平均	$\overline{X} = 19.75$	$\overline{R}_s = 2.13$	$R_m = 0.98$
累計	158.0	14.9	7.8
小計	58.2	7.6	4.5

$\overline{X} \pm E_2\overline{R}_s = 19.66 \pm 5.37 = 14.29 \sim 25.03$
$D_4\overline{R}_s = 6.61$　$D_4\overline{R}_m = 2.45$

	X	R_s	R_m
平均	$\overline{X} = 19.66$	$\overline{R}_s = 2.02$	$\overline{R}_m = 0.95$
累計	255.6	24.2	12.3
小計	97.6	9.3	4.5

$\overline{X} \pm E_2\overline{R}_s = 19.90 \pm 5.99 = 13.91 \sim 25.89$
$D_4\overline{R}_s = 7.36$
$D_4\overline{R}_m = 2.68$

	X	R_s	R_m
平均	$\overline{X} = 19.90$	$\overline{R}_s = 2.25$	$\overline{R}_m = 1.04$
累計	397.9	42.8	20.7
小計	142.3	18.6	8.4

n	d_2	D_4	E_2
2	1.13	3.27	2.66
3	1.69	2.58	1.77
4	2.06	2.28	1.46
5	2.33	2.12	1.29

生コン使用の場合は作業機械の欄は空白でよい。

設計基準値	18	工事名		道路改良工事	出張所名		
名称	コンクリート	日標準量		21m³	期間	自	平成 年 月 日
品質特性	圧縮強度	規格限界	上限値			至	平成 年 月 日
測定単位	N／mm²		下限値	15.3	請負者		
測定方法	径15cm供試体	試料	大きさ	1回3試料	現場代理人		
作業機械名	全自動生コンプラント		間隔	1日1回	測定者名		

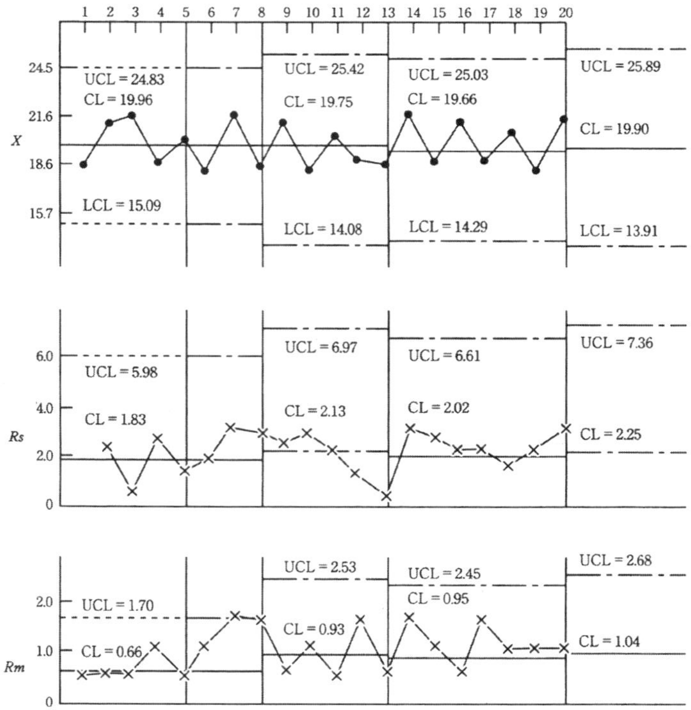

X
24.5
21.6
18.6
15.7
UCL = 24.83
CL = 19.96
LCL = 15.09
UCL = 25.42
CL = 19.75
LCL = 14.08
UCL = 25.03
CL = 19.66
LCL = 14.29
UCL = 25.89
CL = 19.90
LCL = 13.91
Rs
6.0
4.0
2.0
0
UCL = 5.98
CL = 1.83
UCL = 6.97
CL = 2.13
UCL = 6.61
CL = 2.02
UCL = 7.36
CL = 2.25
Rm
2.0
1.0
0
UCL = 1.70
CL = 0.66
UCL = 2.53
CL = 0.93
UCL = 2.45
CL = 0.95
UCL = 2.68
CL = 1.04

図 1-97 X-R_s-R_m 管理図

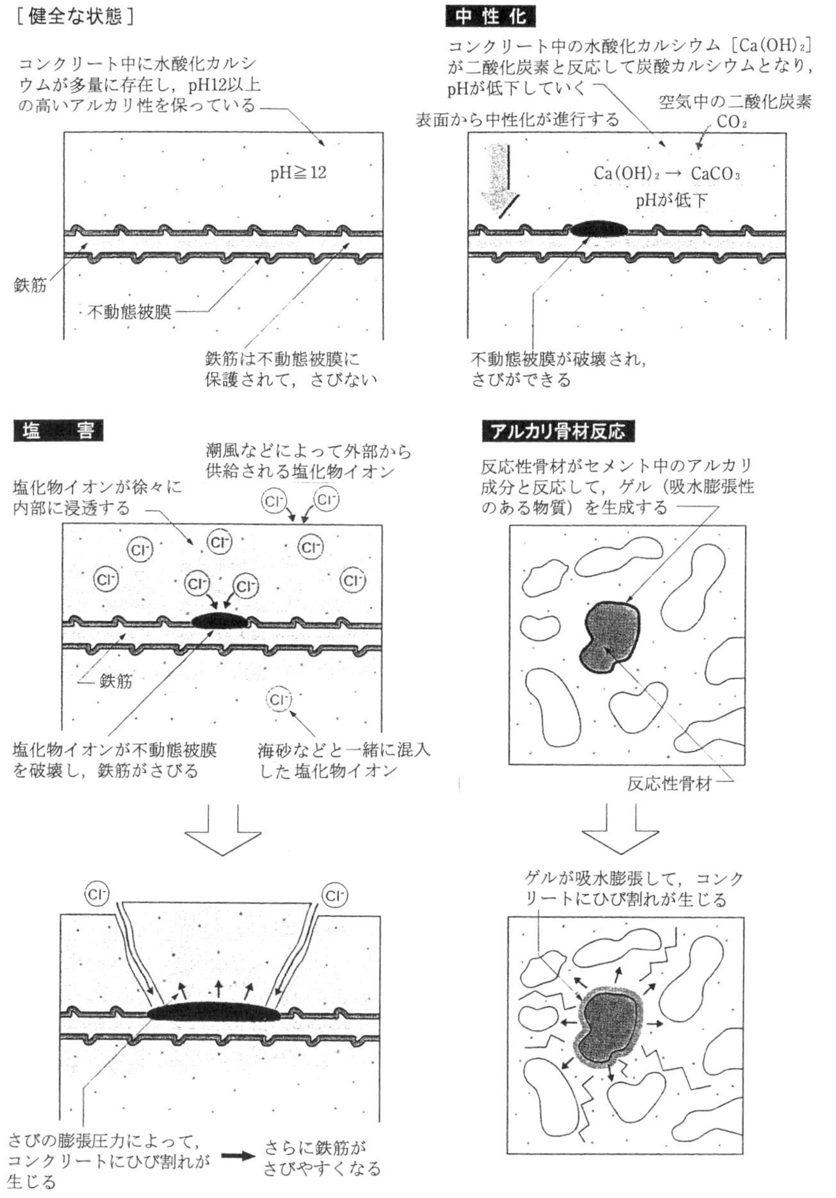

図 1-98　コンクリート劣化メカニズム

(2) 塩害

塩害は、次のようなメカニズムで発生する。

コンクリート中の鉄筋は不動態皮膜で保護されている。ところが、この皮膜は塩化物イオンがコンクリート中に存在すると破壊され、さびが始まる。さびが生じるとコンクリートにひび割れが生じ、さらに鉄筋のさびが加速する（図 1-98 参照）。

この塩化物イオンの原因には、「初期塩分」と「外来塩分」がある。前者は、かつてセメントの硬化促進剤として用いられた塩化カルシウムや、海砂の不純物として混ざったものである。後者は、コンクリートクライシスで新たに注目されたもので、コンクリートの硬化後に潮風などから供給され、コンクリートの表面から浸透したものである。

外来塩が問題となるのは、時間が長くなるにつれて塩化物イオンの供給量が増え、コンクリート中の濃度が非常に高くなるためである。塩化物イ

オンがある量を超えなければ、鉄筋は腐食を開始しない。この量のことを「発錆限界量」と呼ぶ。コンクリートの種類やかぶりの大きさ、環境条件によって異なるが、鉄筋の表面でコンクリート1m³当り1.2～2.5kg程度といわれている。

以下に鉄筋の腐食メカニズムについて示す。

鉄筋の腐食は、鉄筋を形成する金属鉄が鉄イオンとなり、$Fe(OH)_2$（水酸化第一鉄）、$Fe(OH)_3$（水酸化第二鉄）、Fe_3O_4（酸化鉄）等のいわゆるさびを形成する反応を指す。この反応は電子の移動と、化学反応を含む電気化学的反応である。

コンクリート中の鉄筋表面は、ミクロに見ると不均一である。その理由としては、ミルスケールの不均一性、鉄筋表面の凹凸等の鉄筋の性質に関するものと、pH、溶存酸素、ブリーディング等のコンクリートの性質に関するものが挙げられる。これらの要因から、アノード（陽極）部とカソード（陰極）部が生じる。すなわち、腐食電池反応が生じる。

コンクリート中の鉄筋に生じる腐食電池反応の概要は図1-99に示すとおりである。

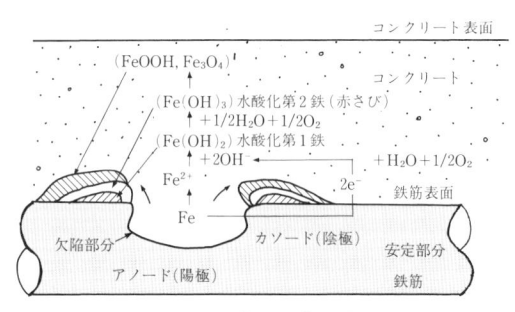

図1-99　鉄筋の腐食電池反応

鉄筋は、アノード部において鉄イオンとなり溶解する。

$$Fe \rightarrow Fe^{2+} + 2e^- \quad (1.31)$$

このときに生じた電子はカソード部へ移動し、水と酸素から水酸化イオンを形成する。

（3）アルカリ骨材反応

アルカリ骨材反応とは、コンクリートの骨材に完全に結晶化していないけい酸（SiO_2）鉱物を含んだ砕砂や砕石などを用いると、結晶度の低い鉱物は熱化学的に不安定であるため、ある条件のもとでセメント中のアルカリ（ナトリウム、カリウム）分と反応し、吸水膨張性のある物質（シリカゲル）ができることがある。この物質ができること、またはこの物質が吸水・膨張して、コンクリートに著しいひび割れが生じることをアルカリ骨材反応という（写真1-8、図1-100、図1-101参照）。

アルカリ骨材反応は、反応性骨材の排除、低アルカリセメントの使用、高炉スラグ微粉末、フライアッシュなどの混和などによって対処される。

写真1-8　コンクリート構造物の亀甲状のひび割れ[84]

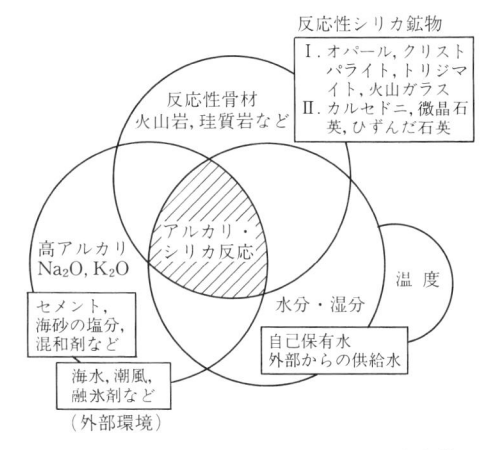

図1-100　アルカリ・シリカ反応の発生条件

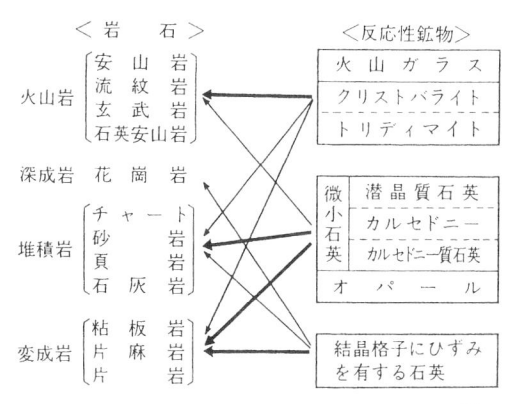

図1-101　ASRを起こす岩石と鉱物との関係[85]

（4） 凍　害

凍害はコンクリート中の水分が引き起こす劣化である。構成材料として水を大量に含むコンクリートは、硬化後もかなりの水分を含む。さらに外部から水分が供給されると、コンクリート中に存在するかなりの量の微細な空隙にも水が満たされることになる。これらの水分も0℃を少し下回った温度で凍結を始め、それによって体積が膨張する。水の凍結による体積膨張はコンクリート内部に引張力を生じさせ、引張強度の低いコンクリート構造物には表面の剥離、内部骨材周りのセメントペーストの緩み、ひび割れなどが生じる。緩んだ部分にはさらに水が供給されやすくなり、凍結と融解が繰り返されることによって、コンクリートが表面から劣化していくことになる。対策は、AE剤によりコンクリートに適度な空気量を混入させることが挙げられる。

（5） 化学劣化

化学的侵食は外部からの物質によって化学反応を引き起こすことで生じる劣化現象である。化学的劣化を引き起こす物質には、酸類、アルカリ類、塩類、油脂類、腐食性ガスなどがある。

化学的侵食は、

① コンクリートが水と長期にわたって接することで、コンクリート中の成分が溶出し組織が分解する（溶脱）。
② コンクリートと化学反応によって、セメント硬化体が可溶性物質に変化することで組織が分解する（分解）。
③ セメント硬化体との化学反応によって、膨張性の物質が生成し、組織を破壊する（膨張破壊）。

ことに分類される。

①の例としては、ダム、浄水施設、土中構造物など、硬度の低い軟水と接する構造物における劣化があげられる。②の例としては、塩酸、硫酸などの酸や腐食性ガスによるものが挙げられる。硫酸による劣化は、下水道施設内で生じる代表的なコンクリートの劣化である（図1-102）。③の例としては、海水中に存在する硫酸マグネシウムなどの硫酸塩によるものが挙げられる。

硫酸や硫酸塩は、セメントのアルミネート相と反応してエトリンガイト（$3CaO \cdot Al_2O_3 \cdot 32H_2O$）を生成して著しい膨張を引き起こす。そのため、下水道施設や温泉近くの構造物の対策としてはア

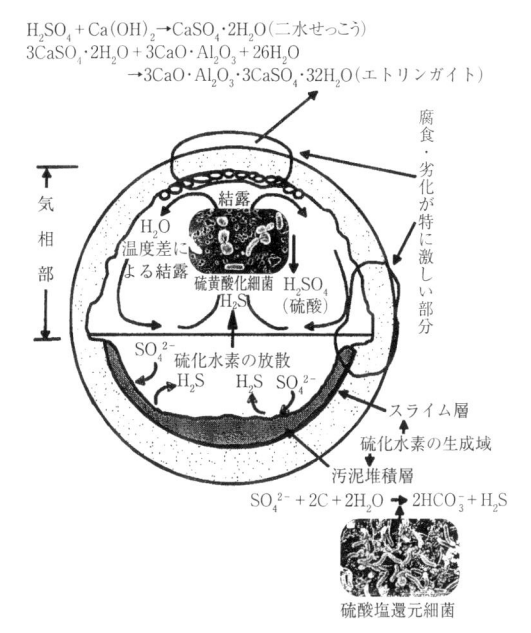

図1-102　下水道内における硫酸の発生[86]

ルミネート相の少ないセメント（耐硫酸塩ポルトランドセメントなど）が使用されるが、コンクリートの抵抗性のみで化学的侵食に関する性能を確保することは一般に難しく、コンクリート表面被覆などの対策を施すことが多い。

$$3CaO \cdot Al_2O_3 + 3Ca(OH)_2 + 3SO_4^{2-} \rightarrow$$
$$3CaO \cdot Al_2O_3 \cdot 3CaSO_4 \cdot 32H_2O + 6OH^- \quad (1.32)$$

（6） 複合劣化

単に凍結融解を受けるより、凍結防止剤（塩）の散布が重なると、凍害による劣化が激しくなるというものである。また、中性化がコンクリート表面から内部へ進行していくと、中性化した先端部分に塩化物イオンが集中し、結果として内部の鉄筋の発錆が早まるという報告もある。

昨今は、図1-103に示すようにライフサイクルコストの削減や資源の有効利用、さらには建設

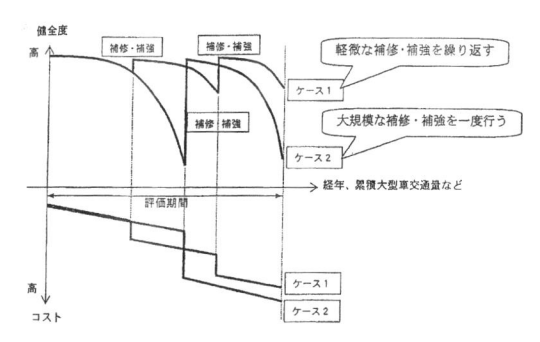

図1-103　構造物のライフサイクルのイメージ[87]

事業の環境への影響への低減といった背景から、コンクリート構造物の大幅な長寿命化が要求されている。

1つの構造物で複数の劣化が見つかったときや、1つの路線で複数の構造物が劣化していて補修の優先順位を決めるような場合にも、劣化原因を特定し、劣化速度を推定し、補修のコストや効果、効果の持続性などを把握しておくことが重要となる。

橋桁などのかぶりの薄い構造物で塩害が生じやすいうえ、こうした構造物では鋼材の破断が直接、構造物の崩壊につながる。

ひとたび塩害を受けた構造物を長くもたせるためには、電気防食という方法によって鉄筋のさびを防ぐか、外ケーブルによる補強に頼るしかないのが現状である。

アルカリ骨材反応では劣化を生じた構造物がすぐに壊れることはまれである。鉄筋コンクリート構造物では、鉄筋さえしっかりしていれば、アルカリ骨材反応によってコンクリートの強度や弾性係数が低下しても、構造物としての耐力はそれほど落ちないことが多い。むしろ心配なのは、アルカリ骨材反応によって生じた幅の大きなひび割れであり、ここから鉄筋がさびることが考えられる。このため、アルカリ骨材反応による劣化の補修では、反応の進行と鉄筋のさびの防止を兼ねて、水分を遮断するか外へ出すような塗装が主体となっている。

1.11.2 コンクリート構造物の点検・調査と診断

最近は、コンクリート片の落下によって第三者被害を引き起こす可能性のある損傷事例も報告されている。こうした被害を未然に防ぐために、剥離箇所の周辺をハンマーなどで打ち、その音色から剥離範囲を把握する方法が採用されている。この打音点検の結果、剥落の可能性がある損傷は、できるだけ点検時にたたき落としておく。

（1）劣化要因で変わる調査項目

点検の結果、必要と判断された損傷に対しては調査を行う。その目的は、損傷の発生原因を究明し、進行性の有無を診断して、補修・補強の要否や範囲などを決定することだ。調査にあたる技術者は、必要な調査項目を選定しなくてはならない。

まずは、対象としている損傷の状況や発生位置などによって、損傷が「耐久性能に影響する損傷」か、「耐荷性能に影響する損傷」かを診断する。損傷が構造的に問題となる位置に生じているかどうかを考え、さらに損傷の種類や程度、進行性の有無によって判断する。損傷自体は大きくても、構造的にはなんら問題がないケースも多い。

耐荷性能に影響すると診断された場合は、載荷試験などの応力測定を行う。一方、耐久性能に影響する損傷と診断した場合には、外観の損傷状況や環境から損傷の発生原因を推定し、それに応じた調査項目を選ぶ。推定された損傷原因を特定し、耐久性能を診断するのに必要な調査項目を示す（**表 1-60** 参照）。

表 1-60　推定された損傷形態に基づく詳細試験調査の項目

詳細試験の項目 \ 推定損傷形態	塩害	中性化	アルカリ骨材反応	凍害	その他
詳細な目視調査	◎	◎	◎	◎	◎
はつり調査	◎	◎	◎	◎	◎
中性化深さの測定	◎	◎	◎	－	○
鉄筋腐食状況の調査	◎	◎	◎	◎	◎
かぶり・鉄筋位置の測定	◎	◎	○	○	○
シュミットハンマーによる反発硬度試験	○	○	○	○	○
超音波伝播速度の測定	○	－	○	○	○
塩化物イオン含有量の測定	◎	○	○	○	○
圧縮強度・静弾性係数試験	○	○	◎	◎	○
硬化コンクリートの配合推定	△	△	△	△	－
アルカリ骨材反応関連試験	－	－	◎	－	－
凍害関連試験	－	－	－	◎	－

◎：極力、実施することが望ましい試験項目
○：実施することによって有用な情報が得られる試験項目
△：実施することが望ましいが、試験方法の精度に限界があるため省略してもよい試験項目
－：省略してもよい試験項目

損傷原因を塩害と推定した場合は、鋼材付近の塩化物イオン含有量を測定して、損傷原因が塩害であるか否かを特定する。判断基準の例を**表 1-61**、**表 1-62** に示す。

表 1-61　塩化物イオン含有量による判断

塩化イオン含有量	損傷形態
2.5kg/m³以上	塩害による損傷である
1.5〜2.5kg/m³	塩害による損傷である可能性が高い
1.5kg/m³以下	塩害による損傷である可能性が低い

表 1-62　損傷度の評価基準

損傷度	損傷の程度
A	調査を実施した時点で、構造物の耐久性能が著しく低下していて、耐荷性能の低下が心配される段階
B	調査を実施した時点で、構造物の耐久性能が低下していると考えられる段階
C	調査を実施した時点では、構造物の耐久性能が低下しているとは判断しづらいが、その兆候は認められる段階
D	調査を実施した時点では、構造物に損傷はないと考えられる段階

原因が塩害と特定できたら、次にコンクリート中の鋼材腐食状況の把握に重点を置いて構造物の耐久性能を診断する。

必要な情報は下記の4項目である。
① 外観上の損傷度
② はつり調査による鋼材の腐食度
③ 自然電位の測定による鋼材の腐食度
④ 鋼材位置での塩化物イオン含有量

まず、①で構造物全体の外観の損傷を、②と④で局部的な鋼材の腐食状況とその位置の塩化物イオン含有量を把握する。さらに、③の自然電位測定で鋼材の腐食の分布状況を捉え、①②④に関連付けることによって構造物全体の鋼材の腐食状況を把握できる。これらの調査結果に基づく損傷度の診断例を**表1-63**に示す。

表1-63 損傷形態が塩害の場合の判断基準

各試験項目と評価		損傷度 A	B	C	D
外観損傷度	I［コンクリートの断面欠損が認められ、内部の鋼材の露出や破断が認められる場合］	◎			
	II［ひび割れ、さび汁、剥離、または剥落が連続的に認められる場合］		◎		
	III［ひび割れ、さび汁、剥離、または剥落が部分的に認められる場合］		○	○	
	IV［ごく軽微なひび割れやさび汁が認められる場合］			○	
	無し［損傷が認められない場合］				○
鉄筋腐食度（はつり調査による）	①［断面欠損が著しい腐食］	◎			
	②［浅い孔食など断面欠損の軽微な腐食］		○		
	③［ごく表面的な腐食］			○	
	④［腐食なし］				○
自然電位値（mV：CSE）	$E \leq -350$		○		
	$-350 < E \leq -200$		○	○	
	$-200 < E$				○
鉄筋位置での塩化物イオン含有量（kg/m³）	2.5以上		◎		
	1.5～2.5		○	○	
	1.5以下			○	○

注）各試験項目ごとに該当する評価を選び、それに対応する損傷度をみる。次に各損傷度別に○の個数を数え、最も個数の多い損傷度をその構造物の損傷度とみなす。ただし、一つでも◎が該当するものがあれば、その損傷度とする。例えば鉄筋腐食度が①の場合、構造物の損傷度はAとなる。○の個数が同じ場合は最も厳しい損傷度とする。損傷度の内容は**表1-62**の表を参照。自然電位値のCSEは測定に使う照合電極の種類

（2）耐久性診断のカギとなる鉄筋の腐食

損傷原因が中性化と推定される場合には、フェノールフタレイン溶液などを用いて、中性化が鉄材位置まで進行しているか否かを調べる。原因が中性化と特定できれば、塩害の場合と同様に内部の鋼材の腐食状況を調べ、耐久性能を診断する。アルカリ骨材反応の場合はコンクリートコアを採取し、使用されている骨材の岩種の判定、アルカリ含有量や膨張量の測定、シリカゲルの確認などの結果から原因を特定する。

アルカリ骨材反応による膨張によってコンクリートの強度や弾性係数の低下がみられるが、そのために耐荷性能が低下することは少ない。むしろ、他の劣化要因に比べてひび割れの幅が大きくなる傾向があるので、内部鋼材の腐食による耐久性能の低下が心配される。そのため、アルカリ骨材反応による損傷の場合も、内部鋼材の腐食状況を調べて、その結果から耐久性能を診断する。いずれの場合も、耐久性能を診断するのに最も重要なのは、内部の鉄筋やPC鋼材の腐食状況を把握することである。これをいかに的確に把握し、評価するかが診断のポイントとなる。

（3）非破壊検査の活用法

コンクリート構造物の調査に不可欠な存在になりつつあるのが非破壊検査である。構造物を壊さずに広範囲に調査ができる。反面、精度にムラがあることが欠点として挙げられる。複数の非破壊検査を組み合わせたり、コア試験などの破壊検査と併用するなど、特徴や限界を理解して、上手に活用するとよい。

塩害や中性化などによってコンクリート構造物に発生する損傷は、鋼材の腐食やかぶりコンクリートの剥離など、直接目視できないコンクリート内部で発生し、進行していくものが多い。構造物の健全度を適切に診断するためには、このような内部の損傷状況を正確に把握することが重要となる。構造物を診断するうえでは、鉄筋の位置や間隔、径といった基本的な情報も欠かせない。さらに、コンクリート強度などの品質を正確に把握しておくことも忘れてはならない。これらを把握するのに有効な方法の1つが、「非破壊試験」と呼ばれる手法である。ここでは検査対象を、①コンクリート構造物の内部鋼材の腐食状況、②剥離などの内部欠陥、③鋼材の位置、④コンクリート強度、の4つに分けて、代表的な非破壊検査方法を示す（**表1-64**）。

表1-64　代表的な非破壊検査の手法

目的	名称	概要	注意点など
コンクリート構造物内の鋼材の腐食状況を調べる	自然電位法	鋼材の自然電位を測定する	かぶりコンクリートの含水量などによって値がばらつきやすい
剥離や空洞などの欠陥を調べる	赤外線法	赤外線カメラでコンクリート表面を撮影して、温度分布を示す画像から剥離箇所を調べる	温度が上がらない箇所では温度差が生じにくく、精度が下がる
	超音波法	超音波を伝達させて速度を測定する（*1）	鉄筋があると精度が下がる（*4）
	衝撃弾性波法	打撃によって弾性波を発生させ、伝達速度を測定する	コンクリートの品質によって伝達速度が変化する
	電磁波レーダー法	電磁波を放射して欠陥箇所から反射してきた時間を測定し、画像処理によって表示する（*2）	水分があると探査精度が下がる
	放射線透過法	コンクリート表面からX線やγ線を使って放射線透過写真を撮影する（*3）	放射線を強くすると被曝の危険性が高くなるので、部材の厚さは50cmが限度（*5）
内部の鋼材の位置を調べる	電磁波レーダー法	*2に同じ	鉄筋の間隔が密だと検知精度が下がる
	放射線透過法	*3に同じ	*5に同じ
	電磁誘導法	センサーから磁場を発生させ、鉄筋によって誘導される起電力を感知する	鉄筋の間隔が密だったり、かぶり厚さが大きかったりすると検知精度が下がる
コンクリートの強度を調べる	反発度法	コンクリート表面を打撃して反発硬度を測定する	推定される強度のばらつきが大きい
	超音波法	*1に同じ	*4に同じ

① 自然電位法

非破壊試験のなかでもニーズの高いのが、コンクリート構造物内部の鋼材の腐食状況を検知する方法である。代表的な手法としては、取扱いが簡単で様々な構造物に使われている自然電位法がある。自然電位とは、金属がその存在する環境で維持している電位のことを指し、鋼材の腐食状況に応じて電位の分布は変わる。この性質に着目したのが自然電位法である。コンクリートの表面に設置した照合電極と鋼材との電位差を測ることによって、照合電極直下の鋼材の腐食状況を把握する。コンクリート中の鋼材を1カ所はつり出し、電位差計とコードを結び、もう一方のコードは照合電極と結んで電位値を測る。得られた自然電位値から鋼材の腐食状況を判断する基準としては、ASTM（米国材料試験学会）の規格が一般である。この基準では腐食の度合いを3段階で判断している。

② 赤外線法

既設コンクリート構造物の剥離や空洞といった内部欠陥を調べる方法には、赤外線法、超音波法、衝撃弾性波法、電磁波レーダー法、放射線透過法などがある。この中で、高架橋などからのコンクリート片の落下事故が相次いだことを受け、コンクリートの浮きや剥離個所を見つけるための点検に利用されつつあるのが、赤外線法である。一般的に、剥離や空洞などがある部分では、コンクリート表面の温度が欠陥のない箇所と微妙に差が出る。赤外線法は赤外線カメラでコンクリートの表面を撮影し、表面温度の差を捉えることによって内部欠陥を探査する方法である。表面から1cm程度までの浅い位置にある欠陥を調べるのに適している。この方法は足場を用いなくても、遠くから広範囲に面的に内部欠陥を把握できる利点がある。

1.12　特殊コンクリート

1.3「コンクリート構造物の長所と短所」で述べたように、コンクリート構造物は多くの長所を有しているが、避けられない以下の性質がある。

① 乾燥収縮、水和熱などによってひび割れが生じやすい。
② 現場で施工するため、品質がばらつきやすい。

このほかにも、熟練労働者の不足、高齢化などの社会的環境から、省力化、機械化が叫ばれているなか、多様化する構造物、また目的に対して特殊な施工方法およびコンクリートの開発が進められている。

以下に主な特殊コンクリートについて示す。

1.12.1　環境負荷低減コンクリート

環境負荷低減型コンクリートは、図1-104のとおり「ライフサイクルにおいて環境負荷の低減に配慮したコンクリート」である。この種のコンクリートとしては多種多様な場合が考えられるが、大きく5つに分けられる。

① セメントコンクリートの材料の製造過程で環境調和に配慮したもの（材料の環境調和）。
② 構造物の計画、施工、廃棄などの過程で環境調和に配慮したもの（構造物の環境調和）。
③ コンクリートの機能・性能向上による設計、維持管理過程での環境調和に配慮したもの（フロンティア性の向上）。
④ 生活環境の快適性の向上に配慮したもの（アメニティー性の向上）。
⑤ 積極的にコンクリートによる環境負荷低減、環境改善、望ましい環境の創出をめざしたもの（積極的な環境創出）。

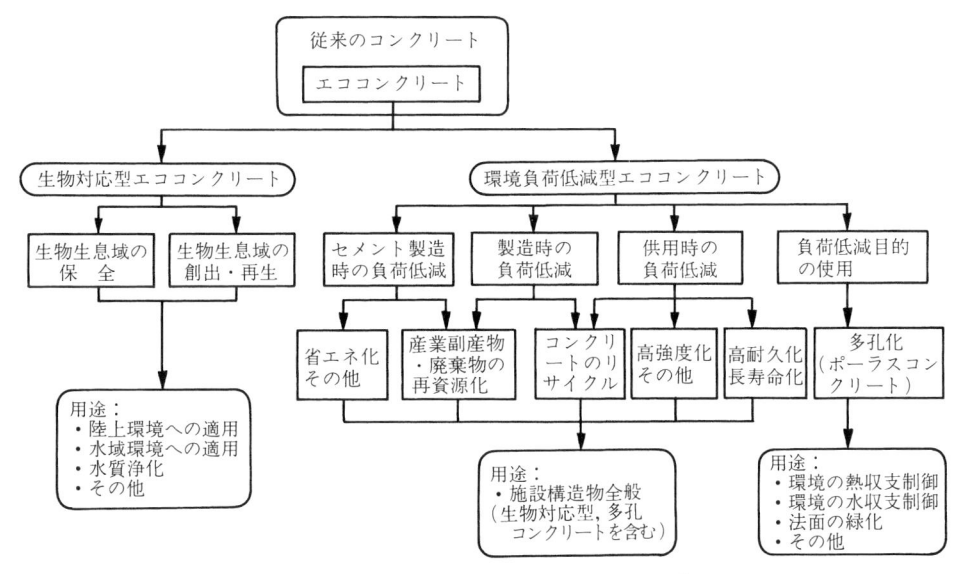

図 1-104 エココンクリートの分類と用途[88]

特に、材料面では循環型社会の形成のために、「再生品等の供給面の取組」に加え、「需要面からの取組が重要である」という観点から、2001年に「国等による環境物品等の調達の推進等に関する法律」（グリーン購入法）が施行、公共工事に用いられる特定調達品目（環境負荷低減に資する製品等）が指定され（表 1-65）、国や都道府県などの公的機関が率先して環境負荷低減に考慮された材料および製品を公共工事に使用することが行われるようになってきている。

表 1-65 グリーン購入法に定める特定調達品目（抜粋）

種 別	製 品 名
コンクリート用スラグ骨材	高炉スラグ骨材
	フェロニッケルスラグ骨材
	銅スラグ骨材
	電気炉酸化スラグ骨材
混合セメント	高炉セメント
	フライアッシュセメント
セメント	エコセメント
コンクリートおよびコンクリート製品	透水性コンクリート
吹付けコンクリート	フライアッシュを用いた吹付けコンクリート
コンクリート用型枠	再生材料を使用した型枠

1.12.2 マスコンクリート

マスコンクリートとは、大量のコンクリートを打設する場合をいい、セメントの水和熱によって生じる温度応力によるひび割れが発生する可能性、耐久性向上のため設計において配慮する必要のあるコンクリートのことを指す。

図 1-105 に示すように、部材内が不均一な温度分布となったことによる内部拘束応力、および温度降下時の熱収縮が既設コンクリートや岩盤によって拘束されることによる外部拘束応力がひび割れ発生の原因となる。

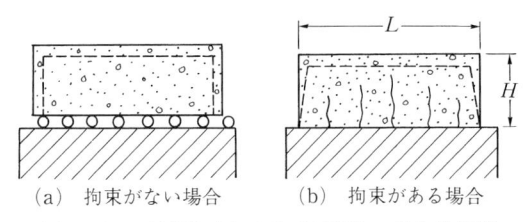

(a) 拘束がない場合　　(b) 拘束がある場合

図 1-105 外部拘束によるひび割れの発生機構[89]

かつては、温度応力によるひび割れはコンクリートダムまたは材料寸法の特別大きいコンクリート構造物に特有のものと考えられていたが、使用材料、施工条件によっては比較的小型の構造物でも、有害なひび割れが生じる事例が少なくない。マスコンクリートとして取り扱うべき構造物の部材寸法は、構造形式、使用材料、施工条件によりそれぞれ異なるため厳密な定義は困難ではあるが、おおよそ部材最小寸法が厚さ 80〜100cm 以上の構造物か、下端が拘束された壁では厚さ 50cm 以上と考えてよい。

コンクリート構造物の大型化および施工方法の進歩発展による大量急速施工の増加に伴いセメ

ントの水和熱による構造物の温度変化に伴って生じる温度応力が、構造物にひび割れを発生させたり、あるいは耐久性向上のため設計において無視できない事例が認められている。これまで、マスコンクリートのひび割れ制御を行うために、単位セメント量を抑えたり、中庸熱ポルトランドセメントを用いるといった対策が取られてきたが、さらに発熱量を抑えた低熱ポルトランドセメント（ビーライトセメント）が開発された。

マスコンクリートを製造および施工する際の対策としては以下のことが挙げられる。

① コンクリートの温度上昇を小さくする。
② 急激な温度変化を避ける。
③ ひび割れを集中あるいは分散させる。

このための具体的な方法としては以下に示すものがあり、材料・配合の選定、施工のほか設計の基本方針に関係するものが含まれる。

(a) 発熱量の低減
① 低発熱性セメントの使用
② セメント量の低減
　・良質の混和剤(材)を使用する
　・スランプを小さくする
　・骨材寸法を大きくする
　・良質な骨材を用いる
③ 強度判定の材齢を延長させる
④ パイプクーリングを行う
⑤ リフト高(厚)さを低減する
⑥ 材料をプレクーリングする

(b) ひび割れ制御
① 可能な部材は、目地を設ける
② 鉄筋で、ひび割れを分散させる
③ 保温（シート・断熱材）・加熱養生する
④ 別途、防水補強する

1.12.3　高流動コンクリート

高流動コンクリートとは、フレッシュ時の材料分離抵抗性を損なうことなくコンクリート打込み時に振動締固め作業を行わなくても、型枠の隅々まで充てんされるコンクリートである。

最近では建設工事に携わる労働力が質的にも量的にも不足し、高いレベルでの施工品質を確保することが極めて難しいことから、施工品質の良否がコンクリート構造物の最終品質に及ぼす影響をできるだけ少なくすることが必要となってきた。このような社会的要求を背景として、スランプロス低減型の高性能減水剤が開発されたことも相まって、振動締固めを行わなくても十分充てんする自己充てん性を有するコンクリートが開発された。

高流動コンクリートを用いることにより、以下のような効用が期待できる。

① 施工の良否の影響を受けないので、コンクリートの信頼性が向上する。
② 非常に充てん性が良いという材料特性を活かして、施工システムの合理化が図れる。
③ バイブレータが不要なので、現場の省力化が図れる。
④ バイブレータが不要なので、打込み、締固め作業に伴う騒音を小さくできる。

自己充てん性を得る、高い流動性（変形性）と優れた材料分離抵抗性を同時に満足させる必要がある。一般に流動性が大きいと材料分離抵抗性は小さくなる。

ここでいう材料分離抵抗性とは、流動途上にあるコンクリート中の粗骨材とモルタルとの分離し難さの程度を表し、これが小さいと、鉄筋などの障害物周辺で粗骨材が分離し、充てん性を低下させることになる。

硬化コンクリートの特性に悪い影響を与えることなく自己充てん性を確保するためには、高性能減水剤を用いて流動性を付与させるとともに、セメントの他に多量の粉体や増粘剤（分離低減剤）を使用することによって粘性を高め、材料分離抵抗性を確保する方法が採られている。

粉体の種類としては、単に、セメント量を増加する方法も考えられるが、水和熱の増大等によりひび割れが発生しやすくなることから、できるだけ化学的な反応活性の少ない粉末の利用が望ましく、フライアッシュ、高炉スラグ微粉末、石灰石微粉末等が用いられている。また、増粘剤としては、セルロース系、アクリル系、バイオポリマーなどが使用されている。

高流動コンクリートは自己充てん性を有することが大きな特徴であるが、コンクリートが打ち込まれる条件（打込み方法、配筋、型枠の形状など）によって充てん性は異なり、鉄筋量の多い部材や複雑な形状の部材では、より高い充てん性が要求される。コンクリート標準示方書（施工編、

土木学会、2007年）では、下記に示す自己充てん性のレベルに応じて、使用材料および配合を定めなければならないように規定している。

① ランク1：鋼材の最小あきが35～60mm程度で、複雑な断面形状、断面寸法の小さい部材または箇所で自己充てん性を有する性能。
② ランク2：鋼材の最小あきが60～200mm程度の鉄筋コンクリート構造または部材において自己充てん性を有する性能。
③ ランク3：鋼材の最小あきが200mm以上で断面寸法が大きく配筋量の少ない部材または箇所、無筋の構造において、自己充てん性を有する性能。

1.12.4 高強度コンクリート

コンクリート標準示方書（施工編、土木学会、2007年）では設計基準強度 $f_{ck}'=60\sim100\text{N/mm}^2$ 程度を高強度コンクリートとして扱っており、その性能の照査および検査の方法を示している。日本建築学会のJASS5では、設計基準強度 $f_{ck}'=36\text{N/mm}^2$ を超えるコンクリートとして規定されており、36N/mm²超え60N/mm²以下の範囲を念頭において記述されている。建築基準法第37条一号では、コンクリートはJISに適合するものとしており、JIS A 5308の範囲外となる呼び強度60N/mm²を超えるコンクリートについては、国土交通大臣の認定を受ける必要がある。

最近では100N/mm²を超す高強度コンクリートの施工例も見られ、これらを超高強度コンクリートと呼び、区別することがある。また、コンクリートの高強度に伴い鉄筋の高強度化の開発も進められている。

最近のコンクリート技術の進歩から、100N/mm²レベルのコンクリートを現場でポンプ打ちすることもそう難しいことではなくなった。このような技術は、1972年に始まった北海の石油掘削のためのコンクリートプラットホームの建設に関連して開発されたものである。

わが国でもPC橋梁には一部で75～80N/mm²の圧縮強度のものが用いられており、PC斜張橋の主塔や高層建築物では60N/mm²レベルの高強度コンクリートも大量に使用されるようになってきた。コンクリートは、セメント・骨材・水よりなる複合材料であり、セメントペーストと骨材（細骨材・粗骨材）に大別される。したがって、コンクリートの強度を高めるには、セメントペーストの強度改善、良質な骨材の利用、骨材とセメントペーストとの付着性の改善が考えられる。

このうちセメントペーストの強度を大きくすることが一番重要である。強度はペースト中に存在する空隙をできるだけ少なくすることにより大きくなり、それには以下の四つの方法が考えられる。

① 水セメント比の減少（余剰水を減少し、ペースト濃度を高める）
② セメント水和反応の促進（高性能AE減水剤の利用、養生方法）
③ 機械的な圧密（振動・加圧・遠心力利用締固め）
④ 空隙を高強度の充てん材や無機質の微粉末で埋める方法（高分子系樹脂の含浸、シリカフューム・高炉スラグ微粉末の利用）

以上の内、水セメント比を減少させる方法については、1960年代に減水能力の特に大きい高性能減水剤が開発され普及するようになると、単位セメント量を増加させずに単位水量を減少させる方向に向かった。

しかし、コンクリートの水セメント比を小さくする方法があるが、単位水量を少なくしすぎるとコンクリートのワーカビリティーが著しく悪くなるため現場での施工性が確保できなくなる。セメント量を多くして高強度を得ることを考えた場合には、コンクリートが硬化する際の水和発熱による温度上昇が高くなり、温度ひびわれの考慮が必要になる。また、ブリーディングがほとんどなく、コンクリート表面に乾燥収縮ひびわれが生じやすくなり、硬化後の自己収縮やクリープ等も大きくなるなどの欠点が生じる。そこで、セメントの水和発熱の抑制については、中庸熱ポルトランドセメントが使用されてきたが、最近ではさらに水和発熱を抑制させることができる低発熱セメントも高強度コンクリートに使用され始めている。

現状では、現場打ちで $f_{ck}'=60\text{N/mm}^2$ 程度までの高強度コンクリートは水セメント比の減少（35～25％）と高性能AE減水剤などの混和剤の組合せで達成できるが、さらに、高強度を得るためには、低水セメント比とした場合でもまだコンクリート内に残る空隙を減らすことが必要であり、

そのためにはセメント粒子より小さいの超微細粒子であるシリカフュームを用い、セメント等の粒子間の空隙を埋めることが行われている。

シリカフュームは、セメント量の10～20％混入して使用することで、コンクリートの強度が10～35％程度増加する（図1-106）。

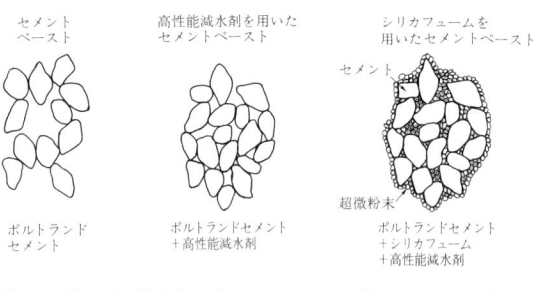

図1-106　まだ固まらないコンクリート中のペースト構造[90]

現在、高層建築に使用されるコンクリートでは$150N/mm^2$レベルの高強度コンクリートの実績が増えつつある。しかし、強度が高くなると一軸圧縮強度の応力・ひずみの関係曲線は、高強度化するほど圧縮応力のピークまでの挙動は弾性的になり、ピーク後の破壊が脆性的となる。そのため、柱部材に使用した場合、地震国である日本では柱部材の復元力特性の改善、また、はり構造部材のスレンダー化に伴うたわみの増大などの課題もある

1.12.5　収縮補償コンクリート

一般的なコンクリートは乾燥収縮によるひび割れの発生が、高強度コンクリートのように低水セメント比のコンクリートは、乾燥させなくても、凝結終結直後より、大きな収縮（自己収縮）によるひび割れの発生が懸念される。ひび割れが発生するとその箇所から水や大気中の酸素が浸入し易くなり、コンクリート内部の鉄筋の腐食を促進し、コンクリート構造物の耐久性の低下の原因や美観なども著しく損ねることになる。

乾燥収縮や自己収縮を低減させひび割れ発生を抑制させたコンクリートを収縮補償コンクリートと呼ぶ。乾燥収縮や自己収縮を低減し、ひび割れの抑制、制御する方法としては膨張材を添加する方法、収縮低減剤を添加する方法、また、その両方を添加する方法がある。

膨張材を添加したコンクリートを「膨張コンクリート」、収縮低減剤を添加したコンクリートを「収縮低減コンクリート」として以下に解説をする。

（1）膨張コンクリート

膨張コンクリートは、セメントおよび水とともに練り混ぜた後、水和反応によって、エトリンガイト、水酸化カルシウムといった水和物を生成させる混和材（膨張材）を混和して、それらの水和物の成長あるいは生成量の増大によりコンクリートを膨張させたコンクリートである。膨張コンクリートは、さらに「収縮補償コンクリート」と「ケミカルプレストレストコンクリート」に分類される。乾燥収縮や自己収縮を低減させコンクリートのひび割れの抑制、制御を目的としたものを「収縮補償コンクリート」、膨張材を多量に混和してコンクリートに生じる膨張力をコンクリート内部鉄筋で拘束し、圧縮応力（ケミカルプレストレス）導入し、曲げひび割れ発生荷重を増大させたコンクリートを「ケミカルプレストレストコンクリート」という。

膨張材には、膨張力を発生させる生成物の違いにより、エトリンガイト（$3CaO \cdot Al_2O_3 \cdot 3CaSO_4 \cdot 32H_2O$）を積極的に生成させるエトリンガイト系、水酸化カルシウム（$Ca(OH)_2$）を生成させる石灰系、両者を複合させたエトリンガイト・石灰複合型に分類される。膨張材の水和反応過程で生成されるエトリンガイトや水酸化カルシウムには、十分な水分補給が必要であり、膨張コンクリートの初期養生には特に湿潤養生が重要である。

（2）収縮低減コンクリート

収縮低減コンクリートに使用される収縮低減剤は、1970年代に開発され、1980年代になると、毛細管張力説を乾燥収縮のメカニズムとする考えに基づいた収縮低減剤の開発が進められた。その結果、非イオン系界面活性剤であるアルキレンオキサイド重合物を主成分とする有機系の収縮低減剤がセメントの水和反応に悪影響を及ぼすことなく乾燥収縮を低減させることが明らかとなり、多岐にわたる収縮低減剤が製造されている。

収縮低減剤を使用した場合、その使用量が多くなると収縮低減効果は大きくなるが、凝結遅延が起こり、圧縮強度は初期材齢の強度が低くなる傾向がある。また、凍結融解に対する抵抗性も低下するので、事前確認が必要である。

1.12.6 軽量コンクリート

軽量コンクリートは、コンクリート標準示方書では、軽量骨材コンクリート1種の場合、気乾単位容積質量が $1.6～2.1×10^3 kg/m^3$、2種の場合、$1.2～1.7×10^3 kg/m^3$ のコンクリートであり、使用される軽量骨材は、主に人工軽量骨材である。人工軽量骨材は、天然骨材と比較して吸水率が高いため、ポンプによるを行う場合は、骨材の圧力吸水によるスランプ低下や輸送配管内での閉塞が生じる恐れがあるので、骨材のプレウェッティング（事前吸水）を十分に行う必要がある。また、人工軽量骨材中の水分が原因で凍結融解抵抗性が劣る場合があるため、その骨材を使用したコンクリートの過去の実績に基づいて事前確認をする必要がある。

1.12.7 水中コンクリート

水中コンクリートとは、海中の橋梁基礎や場所打ち杭、連続地中壁のように淡水中あるいは海水中で施工するコンクリートを指す。水中のコンクリート作業においては、以下のことに留意する必要がある。

① 水が混入し分離しやすい。
② 打込み箇所の細かな移動や締固めが困難である。

このため気中コンクリートよりも粘性に富み、かつ流動性のよいコンクリートを分離させずに打ち込むことが重要である。

水中に打設するコンクリートで以下のことに留意する必要がある。

① 一般に水中コンクリートは、水が混入し、分離しやすく、その品質の均一性、打継目の信頼性、鉄筋との付着等について、これを確認する適当な方法がないので施工に対して十分な注意が必要である。
② 打込み箇所の細かな移動や締固めが困難である。このため粘性に富み、かつ流動性のよいコンクリートを落下させずに連続して打設する。
③ 水中でコンクリートを施工する場合には、空気中で施工するよりも高い配合強度のものにするか、もしくは設計基準強度を小さくする等の配慮をすることが望ましい。
④ 水中で施工されるコンクリートの品質は、特に施工の良否に左右されるので、適切な施工方法の選定が重要である。

水中コンクリートの施工方法には以下の工法が挙げられる。

・箱（袋）詰めコンクリート工法
・底開き箱（袋）コンクリート工法
・コンクリートマット工法
・コンクリートポンプ工法
・トレミー工法（図1-107参照）

場所打ち杭および地下連続壁は、本体構造物や地下掘削の土留め壁などの構造物に用いられるので、確実な施工を行うために、精度の管理、泥水管理、コンクリートの品質管理などの高度の施工管理が必要である。

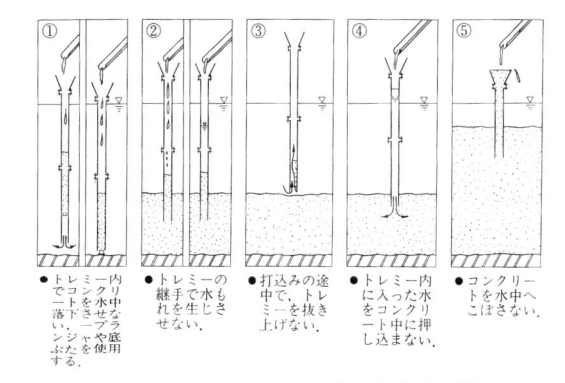

図1-107 トレミーの状態と注意事項[91]

1.12.8 プレパックドコンクリート

プレパックドコンクリートとは、図1-108に示すように、特定の粒度を持つ粗骨材を型枠に詰め、その空隙に特殊なモルタルを適当な圧力で注入するコンクリートのことであり、プレパックドコンクリート工法は、1953年に米国から技術導入されて以来、わが国では港湾工事、防波堤工事、ダムの洗掘改良工事など多岐にわたる河海工事に利用されてきた。

特殊なモルタルというのは流動性が大きく、材料の分離が少なく、かつ適度の膨張性を有する注入モルタルのことである。

大量かつ急速に施工する大規模水中プレパックドコンクリートは、1957年に完成をみた米国のヒューロン湖とミシガン湖の間に架橋されたマ

キナ橋の下部工に約30万m³施工され、わが国でも1989(平成元)年に開通した本四連絡橋児島・坂出ルートの下部工に約50万m³の打設実績によって集大成された。また、高強度でしかも特殊な流動性状を有する高性能減水剤を用いた注入モルタルによる高強度のプレパックドコンクリートが開発されて実用化されている。

プレパックドコンクリートは水中で施工される場合が多いが、空気中で施工される場合もある。また、プレパックドコンクリートが応用される構造物は、その種類、重要度、規模の大きさ等多岐にわたっている。また、水中施工のプレパックドコンクリートは、普通コンクリートに比較してコンクリートの品質が施工の条件に影響されやすく、普通コンクリートのような方法で配合を定めることができにくい場合もある。このため、プレパックドコンクリートの施工にあたっては、既往の工事の実績を十分考慮して、所要の品質のコンクリートが確実に得られるようにモルタルの配合を定め、安全な施工方法を採用することが特に大切である。

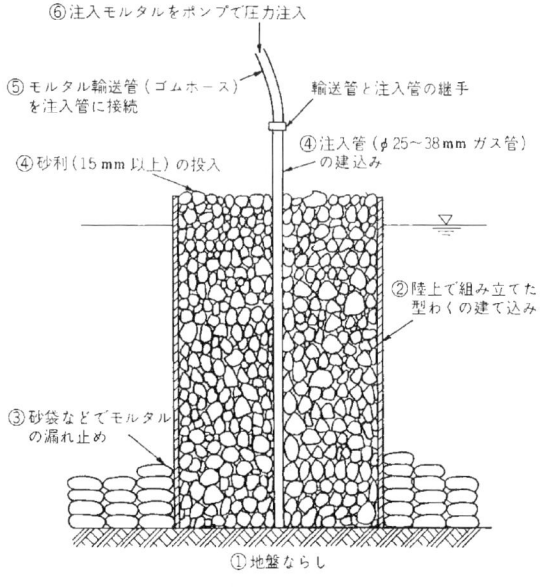

図1-108 プレパックドコンクリートの一般的施工法[92]

1.12.9 水中不分離性コンクリート

海峡部に建設される吊橋や斜張橋の場合、その基礎が海中に施工される場合も少なくない。水中コンクリートの一般的な工法として、トレミー工法やプレパックドコンクリート工法等があった。コンクリートは、水中に自由落下させると著しく分離して大幅な品質低下をもたらすことから、新しく打ち込まれるコンクリートは直接水にさらされないようトレミー管の先端等を常にコンクリート中に突っ込んだ状態で施工されている。しかし、施工管理が難しくまた施工状況の品質へ及ぼす影響が大きいことなどから品質的にはあまり高い信頼をおけないのが実状である。

したがって、トレミー工法は、海峡部に建設される長大橋の主塔基礎となるケーソン内に打設する海中コンクリートのように多量なコンクリートを水中に連続打設するには適していない。

このような課題を解決するため、水中不分離性コンクリートは1970年代前半に西ドイツで開発され、混和剤によりコンクリートに高い粘性を与えることで、水中で落下させても分離しないような性質を付与したものであり、コンクリートに新しい機能を与えた典型的な例といえる。

このコンクリートは、1979(昭和54)年に日本に技術導入されて以来、各建設会社で技術開発、実用化が進められ1991(平成3)年には土木学会で水中不分離性コンクリートの設計施工指針(案)が制定された。

この十余年で多くの施工実績があり、施工されたコンクリート量は約100万m³に達している。大規模工事としては関西新空港連絡橋の基礎14万m³および本州四国連絡橋明石海峡大橋橋脚約50万m³がある。

フレッシュコンクリートの性状は、普通コンクリートと著しく異なっている。その主な性質は次のとおりである。

① 水の洗い作用に対する分離抵抗性が大きく、ブリーディングがほとんど生じない。
② 流動性が高く、充てん性やセルフレベリング性に優れている。
③ 凝結時間がかなり遅延する傾向にある。

これらの性質は、水中不分離性混和剤の種類および添加量によって異なってくるが、一般に添加量が増加するに従ってこれらの特徴が顕著になる。

水中不分離性混和剤を添加すると、コンクリートの粘性が増加するために施工性が低下する。所要の施工性を確保するためには、単位水量を増加させる必要があり、単位水量をある限度以下にし

て高性能減水剤（流動化剤）を使用するのが一般的である。

これまでの実績では、その特性を活かして、次のような利用例が多い。
① 流動性を主眼とした間隙充てん
② 材料分離防止を特に配慮した高品質の水中コンクリート
③ 水中での鉄筋コンクリート構造物
④ 工事現場周囲の水質汚濁防止に特に配慮した施工
⑤ 鋼管杭や鋼矢板の補修および防食ライニング
⑥ 張石固結や捨石マウンドの固結
⑦ 災害復旧、コンクリート構造物の補修・補強

1.12.10 海洋コンクリート

海水に接するコンクリートおよび波浪、海水飛沫あるいは潮風の作用を受けるコンクリートをコンクリート標準示方書では、海洋コンクリートとしてその施工方法が示されている。海水による劣化現象は、海水中の塩化物イオンの浸透によるコンクリート内部の鉄筋の腐食、海水成分の化学作用によるセメント硬化体組織の劣化、波浪・凍結融解作用によるコンクリート表面の劣化が挙げられる。

特に、海水成分の化学作用によるセメント硬化体組織の劣化を引起す有害な成分は、硫酸マグネシウム（$MgSO_4$）と塩化マグネシウム（$MgCl_2$）である。硫酸マグネシウムは、セメント水和物である水酸化カルシウムと反応して、せっこうと水酸化マグネシウムを生成する。さらに、生成したせっこうとセメント中のアルミネート相（$3CaO \cdot Al_2O_3$）と反応しエトリンガイト（$3CaO \cdot Al_2O_3 \cdot 3CaSO_4 \cdot 32H_2O$）を生成する。これらの生成は、体積膨張を伴うため、その体積圧によってコンクリートにひび割れが発生する。塩化マグネシウムはセメント中の水酸カルシウムと反応し、塩化カルシウムを形成することで、セメント硬化体組織からカルシウム溶脱し組織をポーラスにする。

以上のような劣化要因を考慮に入れた耐久的なコンクリートを製造するためには以下の様な対策が考えられる。
① 耐硫酸塩に対しては、アルミネート相（C_3A）の少ない中庸熱ポルトランドセメントや低熱ポルトランドセメントの使用。ただし、C_3A の少ないセメントは、耐硫酸塩性が向上しても、塩化物イオンの浸透抑制効果が低下し、鋼材の腐食防止の観点からは逆効果になる場合もあるので注意が必要である。
② 塩化物イオンに対しては、その浸透抑制効果が大きく水酸化カルシウムの生成量が少ない高炉セメントやフライアッシュセメントの使用。
③ 水セメント比を一般コンクリートより小さい45％以下にする。

1.12.11 転圧コンクリート

転圧コンクリートは、単水量が少ない超硬練りコンクリートをダンプトラックで運搬し、振動ローラで締固めを行うコンクリートである。重力式コンクリートダムの構築に使用される RCD（Roller Compacted Concrete Dam）工法は、ブルドーザーでまき出し、振動ローラで転圧して締め固める工法である。道路舗装として使用される転圧コンクリート舗装 RCCP（Roller Compacted Concrete Pavement）工法は、図1-109 に示すように、アスファルトコンクリート舗装と同様にアスファルトフィニッシャで敷き均し、振動ローラとタイヤローラによって締め固めをして強度の高いコンクリート舗装版を施工するものである。

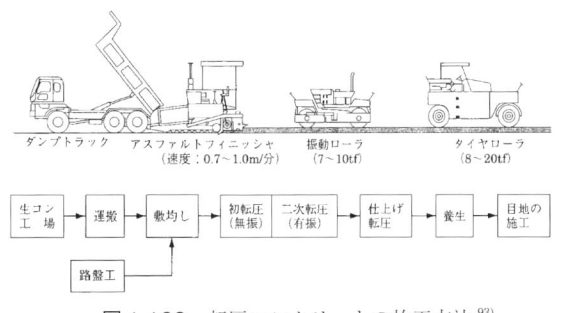

図1-109 転圧コンクリートの施工方法[93]

超硬練りコンクリートの転圧施工は、ダムおよび舗装のいずれの場合も、ローラなどの汎用性の高い施工機械によって機械化施工を行い、省力化や施工の急速化などの合理化を目的としたものである。

RCD 工法の特徴は、コンクリートの運搬手段が可動式ケーブルクレーンなどの空中輸送方式に

限定されず、工事場所の地形等に応じて比較的自由に選択できること、ならびに堤体全体をリフト差を設けずに平面的に施工する全面層打設方式であるため、広い作業空間を利用した効率的な機械化施工が可能で、かつ、作業中の死角がないため安全性が向上することなどである。

転圧舗装用コンクリートの特徴は、①アスファルト舗装用の施工機械を使用し、施工方法も類似であるため、従来のコンクリート舗装に比較して施工速度が早い　②初期の耐荷力が大きいため早期に供用が可能　③乗り心地を阻害する横目地間隔を延長もしくは省略可能　④型枠を使用しないで任意の版厚のコンクリート版の施工が可能などである。

1.12.12　ポーラスコンクリート

近年、多様化する目的の中に　環境問題への対応が重要な社会的要請として取り上げられるようになり、材料の分野においても環境調和が重要なテーマとなっている。

こうした目的に適合するコンクリートとして、現在はポーラスコンクリートが考えられており、動物の生息や植栽など生態系に適合するものや、舗装コンクリートとして用いることにより透水性や保水性を持たせヒートアイランド現象の低減効果に期待されている。

特に、前者の植物生育用コンクリートは、**写真1-9～1-11**に示すように、これまで用いられていたコンクリート護岸の性能に加え、生態系の保全、警官、親水性の機能を併せ持った多機能護岸となり、積極的に用いられている。

写真 1-10　3カ月後（平成11年4月）の状況[94]

写真 1-11　1年9カ月後（平成12年10月）の状況[94]

植物生育用コンクリートとして要求される性能は、まず根の伸長を容易にし、根の呼吸を可能にするために十分な連続空隙を設けて透水性を確保する必要がある。また、水や養分の吸収を可能にするために土壌中に固定・確保できる養分を確保する必要がある。さらに土壌中の塩分濃度が高いと浸透圧の関係で植物の根は水分を吸収できなくなるので適正化しなければならない。これらのためには低アルカリセメントの使用、中和、緩衝物質の添加、吸着物質の添加、樹脂コーティングなどが必要になる。

製造方法としては、いわゆる「まぶしコンクリート」の方法である。すなわち、通常のコンクリートの配合に対してセメントと細骨材を少なくし、コンクリート組織の構造としては、粗骨材の一部分をモルタルで結合した状態であるため、強度や凍結融解の繰り返し作用に対する耐久性は著しく低くなっており、圧縮強度は $10N/mm^2$ 程度以下である。構造用コンクリートの性質からは大きく離れており、風化した岩石あるいは硬い土に

写真 1-9　ポーラスコンクリート

近い性質となっている。当然のことであるが、生物への対応としては優れた特性を持っている。

ポーラスコンクリートのその他の使用目的としては、①透水性・保水性舗装、②水収支の制御、③水質の浄化、④防音吸音制御、⑤生物生育環境の創出（ビオトープ、漁礁）などがある。

1.12.13　吹付けコンクリート

吹付けコンクリートは、圧縮空気によって打込み箇所に吹き付けて施工するコンクリートで、型枠を使用することなく広い面積に比較的薄いコンクリート層を施工する工法である。吹付けコンクリートは、トンネルの一次覆工用コンクリートやのり面の風化、浸食防止等の役割を果たす。コンクリート構造物の断面の修復や補強として吹付けコンクリートは、耐久性、美観、景観等の不具合の回復もしくは向上に使用されている。建築分野では、鋼材の耐火被覆材（モルタル）、構造物の補修時における断面修復材としても利用されている。

図1-110に示すように、吹付けコンクリートの吹付け方法は、湿式吹付け方式と乾式吹付け方式に大別される。湿式はミキサで練混ぜたフレッシュコンクリートを吹き付け機に投入し、コンプレッサからの圧縮空気またはポンプで搬送し、噴射ノズル手前で急結剤を添加し、噴射ノズルから吹付ける方法である。湿式は、乾式と比較して粉じんやリバウンドが少なく作業環境への影響の観点から施工の大半を占めるようになっている。

乾式はセメント、細骨材、粗骨材をミキサでドライミックスし、吹付け機に投入し、圧縮空気によって噴射ノズルまで搬送し、ノズル手前で水を加え吹付ける方法である。この場合の急結剤は粉体の場合はドライミックス時、液体の場合は水と一緒に添加することになる。急結剤は、トンネル覆工用に使用されるがのり面用では使用されない場合が多い。吹付けコンクリートの品質は、施工条件の影響を受けやすく、ばらつきが大きくなることから、コンクリート配合は、吹付け方法に応じて信頼できる資料や施工実績を参考にして定めるのが一般的である。

湿式方式のコンクリートのスランプは、コンクリートの圧送時に閉塞が発生しないように12～14cmを目安にする場合が多い。一般に湿式吹付け方式の場合の水セメント比は、50～65％程度、乾式吹付け方式の場合は45～55％程度である。一般に設計基準強度は18N/mm^{2}であり、その場合の単位セメント量は両方式とも360kg/m^{3}として設定している場合が多い。

最近、(独)鉄道建設・運輸施設整備支援機構では、NATM工法用の吹付けコンクリートのリバウンド量の低減と高強度化を目的とした混和材にシリカフュームと石灰石微粉末を規格化し、高品質吹付けコンクリートとして、東北新幹線および九州新幹線のトンネル工事で成果を上げている。

1.12.14　短繊維補強コンクリート

繊維補強コンクリート（FRC：Fiber Reinforced Concrete）は、不連続の短繊維をコンクリートに中に均一に分散混入させることで、ひび割れ抵抗性、じん性、引張強度、せん断強度ならびに耐衝撃性などを向上させたコンクリート系複合材料である。最近では、トンネル覆工や鉄道高架橋において、コンクリート剥落防止の観点から短繊維補強コンクリートとする場合が増加している。

使用する繊維の種類は、以前は鋼あるいはガラスがほとんどであったが、最近では炭素繊維、アラミド繊維やビニロン繊維などの有機繊維が用いられている繊維素材の概要を以下に示す。

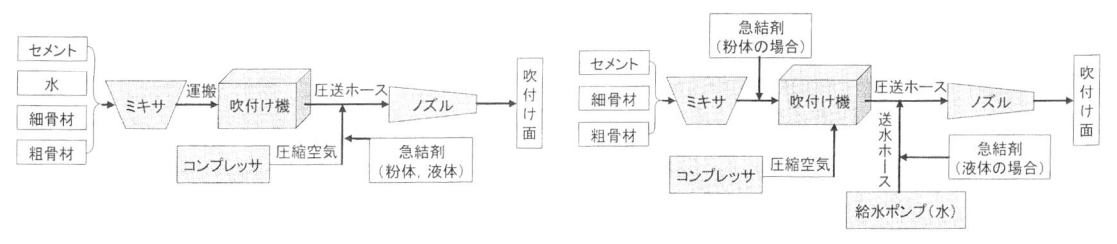

湿式吹付け方式系統図の例　　　　　　乾式吹付け方式系統図の例

図1-110　吹付け方式系統図の一例[95]

(a) 鋼繊維

繊維状に極細に加工された鋼で、太さ 0.2 ～ 0.6mm、長さ 20 ～ 60mm でアスペクト比（繊維長さと繊維径との比）が 60 ～ 80 ある。製造方法によって切断ファイバー（カットワイヤー）、せん断ファイバー、切削ファイバー、メルトエクストラクションファイバーの 4 種に大別される。

(b) 炭素繊維

使用する炭素繊維の種類により PAN 系とピッチ系に分かれる。導電性を有する。スキーの板や釣竿、自動車部品、航空機、人工衛星、宇宙船などに CFRP として使用されている。

(c) ガラス繊維

使用する繊維により耐熱アルカリガラスと E ガラスに分かれる。作成形状の自由度から自動車部品、サーフボード・航空機の内装などに GFRP として使用されている。色は透明である。

(d) アラミド繊維

芳香族ポリアミド繊維ナイロンに属する。分子構造を説明すると、ナイロンの分子を芳香環（炭素 C と水素 H の組み合わせでできた六角形分子構造）により鎖状に結合された分子構造を持っている。有機繊維のなかでも、高度な難燃性能をもっていて、有毒ガスや煙の発生が少ないのが特徴である。

(e) ビニロン繊維

ポリビニルアルコールをアセタール化して得られる合成繊維であり、合成繊維中、唯一親水性で吸湿性であるという特徴を持っており、綿に似た風合いの繊維である。レインコート、ロープ、漁網に使用されている。

コンクリートに、繊維を混入することにより、優れた変形特性などのエネルギー吸収性能が向上し、衝撃強度、耐疲労特性、ひび割れ進展抑制性能、コンクリートの引張軟化特性が大幅に向上できる点である。

今までの利用分野としては鋼繊維ではコンクリート舗装やトンネル・法面の吹付け等、ガラスやカーボン等の繊維ではカーテンウォール等、ビニロン繊維では、高強度コンクリートの火災時における爆裂防止用として適用されている。いずれも構造的には無筋として取り扱われていた部分のひび割れ拘束効果をねらった使用法が比較的多かった。最近では、引張応力下でひずみ硬化を示し、ひびわれ幅が微細に抑えられ、大きな引張変形と靭性を有する従来のセメントコンクリートには見られないユニークな性能を持っている複数微細ひびわれ型繊維補強セメント複合材料が開発されている。今後は構造物の高層化や巨大化から部材には高靭性の求められることが多くなるため、粘りのある構造部材を目的として FRC を鉄筋コンクリートに併用するケースも増えるものと思われる。さらに鋼以外の繊維を用いた場合には塩害に対する腐食の心配がないことから、海洋構造物への応用も期待できる。

1.13 プレキャストコンクリート

プレキャストコンクリートとは、工場や工事現場内の製造設備によって、あらかじめ製作されたコンクリート製品または部材の総称である。

製作された製品または部材は工事現場の所定の位置に運搬設置され、単体または各種の方法により組み立てられコンクリート構造物が造られる。この施工方法をプレキャスト（ブロック）工法という。

土木構造物のプレキャスト化は古代ギリシャに最初の試みをみることができる。当時は構造用として、木材、石材ブロックが使用された。その後、アーチ構造の開発に伴いプレキャスト化した石材ブロックを使用した構造物が施工され、スパンも長大化が可能となった。この代表的なものがローマ時代の建築物で、そのいくつかのものは現存している。

近代になって、構造用材料としてコンクリートが用いられるようになり、これに加えてプレストレスの実用化がプレキャスト工法の発展に大きく寄与した。例えば、コンクリートにプレストレスを導入することによって部材の大型化や軽量化が図られ、さらに部材間の接合にもプレストレスが利用されている。

1.13.1 プレキャストコンクリート製品

プレキャストコンクリート製品は主に工場で製造され、それに使用されるセメントは全生産量の 10～15 % にも達している。製品の種類は**表 1-66** のように JIS 規格に規定されモルタル、無筋コンクリート、鉄筋コンクリート、プレストレス

表1-66 各種コンクリート製品一覧（JIS A 5361、5362、5363、5364、5365）

種別	製品名
道路用製品	歩道用平板、RCU形、コンクリートL形およびRCL形、コンクリート境界ブロック、組合せ暗きょブロック、道路用RC側溝、遠心力RCU形・L形・RC境界ブロック、道路標識・杭類、舗装コンクリートブロック、ガードフェンス、化粧コンクリート平板、カラー平板、特殊平板など
管類	RC管、遠心力RC管、ロール転圧RC管、ソケット付きスパンパイプ、無筋コンクリート管、水道用石綿セメント管、卵形管、GRC管、透水コンクリート管、多孔管など
下水道用および灌漑排水用製品	下水道用マンホール側塊、RC雨水ますおよび汚水ます、RC組立て土留め、RCケーブルトラス、RCフリューム、RCベンチフリューム、RCボックスカルバート、RC排水溝など
土留め用および護岸用製品	RC矢板、加圧コンクリート矢板、コンクリート積みブロック、RCL形擁壁、消波コンクリートブロック、根固めブロック、張ブロックなど
ポールおよび杭（PC製品含む）	遠心力PCポール、遠心力RC杭、プレテンション方式遠心力PC杭、ポストテンション方式遠心力PC杭、プレテンション方式遠心力高強度PC杭、特殊RC杭など
PC製品	スラブ橋用PC橋桁、桁橋用PC橋桁、軽荷重スラブ橋用PC橋桁、PC矢板、コア式PC管、PC枕木、PCボックスカルバート、PCスラブ、PCセグメントなど
その他の土木用製品	シールド工事用RCセグメント、軌道スラブ、CTスラブ（CTはコンポーネットT形の意味）、コンクリート魚礁、コンクリート擬木、消波ブロック
建築用製品	空胴コンクリートブロック、化粧コンクリートブロック、空胴PCパネル、ダブルTスラブ、ACL製品、壁式プレキャスト鉄筋コンクリート板、大型PC板、中型PC板、軽量PC板、プレキャスト鉄骨鉄筋コンクリート部材、ラーメンプレハブ用鉄筋コンクリート部材、RCカーテンウォール、GRCカーテンウォール、フェロセメントカーテンウォール、GRC化粧型枠、RC階段、SFRC階段、テラゾブロック、厚型スレート、パルプセメント板、化粧パルプセメント板、パルプセメントパーライト板、化粧パルプセメントパーライト板、木毛セメント板、木片セメント板、テラゾタイル

トコンクリート構造と多種多様であり、土木用、建築用から造園用に至るまで製品化されている。

その特徴を以下に示す。

① 工場等で十分に管理された製造工程の中で生産されるため、信頼性の高い製品ができる。

② 製造工場では、その生産性を向上させるために、型枠に詰めたコンクリートを蒸気などによる加熱養生をして初期強度を高め、早期脱型など工夫がなされている。

③ JIS製品も多く全国同一規格の製品が使用でき、汎用性にも富んでいる。

④ 工事現場でコンクリート施工がないため工期短縮が可能である。

⑤ 工事に伴う騒音、粉塵等の公害を軽減できる。

⑥ 製品の製造は天候に左右されることがなく、またストックが可能なため、構造物によっては通年施工ができる。

⑦ 製品の標準化、現場作業の軽減化等により資源の有効利用が可能である。

プレキャスト部材の製造現場を写真1-12に、各種プレキャストコンクリート製品の例を写真1-13～1-18に示す。

写真1-12 プレキャスト部材の製造[64]

写真1-13 建築床版（型枠材を兼ねる）[64]

写真1-14 コンテナヤードPC床版[64]

写真1-15 プレキャスト化された高速道路の高欄[64]

写真 1-16　高速道路料金所屋根版 [64]

写真 1-17　セグメント [96]

写真 1-18　セグメントを使用したシールドトンネル [96]

プレキャスト化の利点は、1.13.1 項で述べたが、欠点としては、部材が小量で多形状化した場合にはコストが割高になる、接合部（目地）が構造的弱点になりがち等の問題がある。接合部の構造については、設計において、その位置や接合方法および詳細を十分に検討し、工事では入念な施工を心がける必要がある。一般的な接合方法を表 1-67 に示す。

表 1-67　接合方法の種類

継目の処理方法	構造および特徴	主な構造物の使用例
モルタル目地	目地幅 0.5～2.0cm 程度 モルタルによる接着	水路用側溝、ブロック積み擁壁 歩車道境界ブロック等 軽荷重用構造物に適用
コンクリート目地	目地幅 40～60cm 程度 鉄筋をラップし、鉄筋コンクリート構造として通常のコンクリートを打ち込む プレストレス導入と併用の場合もある	構造物全般 施工の急速化には不向き
グラウト目地	目地幅 1.5～3.0cm 程度 無収縮系セメントミルクを注入 プレストレス導入と併用	橋梁のプレキャスト床版 急速施工が必要な構造物等
接着剤による目地 (写真 1-19 参照)	目地幅 1mm の数分の 1 以下 エポキシ樹脂系接着剤を使用 プレストレス導入と併用	橋梁、カルバート等各種構造物のブロック工法等
から目地 ほぞ目地	突き合わせ構造により接着効果なし ほぞによる噛み合わせ効果に期待	矢板擁壁等

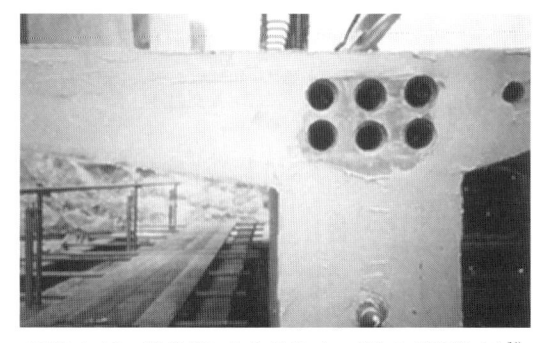

写真 1-19　接着剤による目地（エポキシ樹脂塗布）[64]

1.13.2　プレキャストコンクリート部材を使用した構造物

近年、コンクリート構造物は多様化、大型化、複雑化してきている。一方、地球環境への関心の高まりは構造物の設計・施工にあたって自然保護や自然との融和を最優先とし、工事に伴い発生する公害に対する住民意識の変化等は、施工環境をよりいっそう厳しいものとしている。また工事においては生産性の向上、合理化が必要であり、熟練工の不足や高齢化等労務環境の悪化から、施工法に対する従来の概念を変えていく必要が生じている。これらに対応を図る一方法として、コンクリート構造物のプレキャスト化がある。

プレキャストコンクリート部材を使用した構造物は多種多様である。主な構造物の使用例を以下に示す。

（1）　橋梁上部工

橋梁上部工にプレキャストコンクリートが利用されるようになったのは、戦後わが国にプレストレスコンクリート工法（以下、PC 工法）が 1952（昭和 27）年に導入されて以来のことである。特に、小規模スパンの橋梁は、PC 工法導入直後よりプレテンションスラブ桁として 1959（昭和 34）年に JIS 化され、大型重機等の発達とともに多くの橋梁に利用されている（写真 1-20～1-23 参照）。

写真 1-20 プレキャスト T 桁（JIS A 5316）[64]

写真 1-21 プレキャストホロー桁（JIS A 5313）[64]

写真 1-22 JIS 桁の品質管理（荷重載荷試験）[64]

写真 1-23 ポステン T 桁（ブロック工法）[64]

プレキャスト標準桁を使用した PC 橋の断面構成を表 1-68 に、部材構成の例を図 1-111 に示す。

表 1-68 プレキャスト標準桁の断面構成

橋の名称	主桁の名称	主桁の形状	橋の断面	適用支間 (m)	備考
中空床版橋（プレテン）	プレテンホロー桁	□		5～21	JIS A 5313
T 桁橋	プレテン T 桁	T		10～21	JIS A 5316
T 桁橋	ポステン T 桁	T		20～50	建設省制定標準設計
合成桁橋（ポステン）	ポステン I 桁	I		20～40	

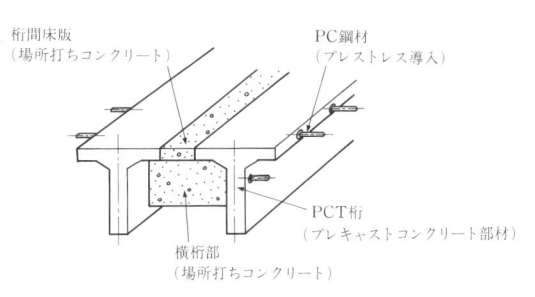

図 1-111 部材構成

プレキャストブロック工法は、橋梁の長大化や施工の急速化・省力化等を可能にし、この方法で多くの橋梁が施工されている。張出し工法によるブロックの架設要領例を図 1-112 に示し、また、架設・施工状況を写真 1-24～1-27 に示す。

橋梁上部工においては新設橋から既設橋のメンテナンスに至るまでプレキャストコンクリートの利用が多方面で進んでいる。

既設の鋼鈑桁橋の RC 床版の打替え例を図 1-113 に示す。また、プレキャストコンクリート床版とその敷設状況を写真 1-28、写真 1-29 に示す。

(2) 地下埋設物

都市の景観的観点やメンテナンスの関係等から、地下空間の利用が注目されている。この利用において電気、電話、上・下水道等、従来それぞれが別々に敷設されていたものを共同に利用する方向にある（図 1-114）。その施設として、箱型断面の地下埋設物（ボックス・カルバート）の建設にプレキャストコンクリート部材が利用されている（写真 1-30）。

A 1) ブロック引出し・吊り金具セット
   2) ブロック吊上げ・前方移動

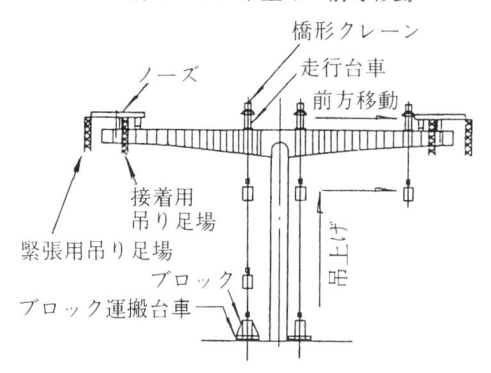

B 3) ブロック移動・吊上げ
   4) 高さ調整

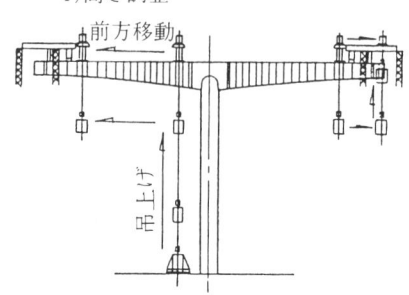

C 5) 接着剤塗布・ブロック引寄せ
   6) PCケーブル挿入
   7) PCケーブル緊張

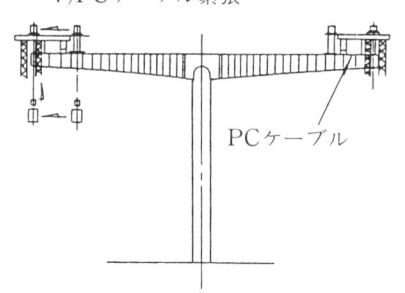

D 8) 吊り金具撤去・移動降下
   9) クレーン後方移動・吊り金具降下
   10) ノーズ移動裾付け

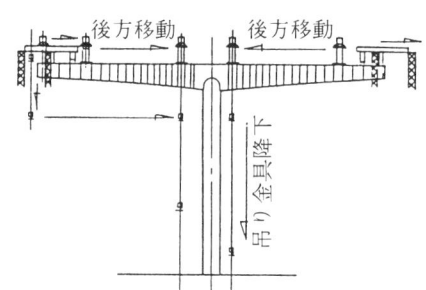

図 1-112　ブロックの架設要領[97]

写真 1-24　プレキャスト化された主桁部材[64]

写真 1-25　プレキャストブロック工法の架設（キャンチレバー架設工法）[64]

写真 1-26　プレキャストブロック工法の架設（オールステージング架設工法）[64]

写真 1-27　プレキャスト主桁の施工例（ロングライン方式による施工）[64]

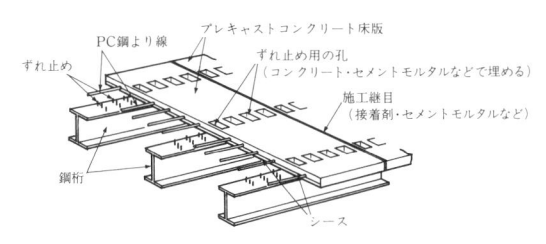

図 1-113　プレキャスト床版の概念図

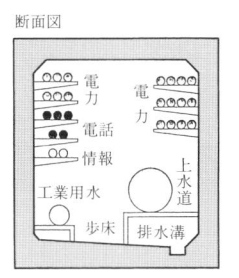

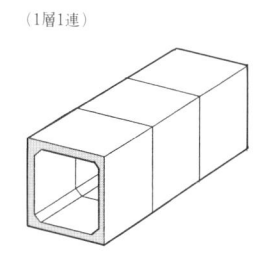

図 1-114　共同溝の概念図

写真 1-28　プレキャストコンクリート床版（PC 構造）[64]

写真 1-30　プレキャストカルバート施工例[64]

写真 1-29　床版の敷設（機械化施工による省力化）[64]

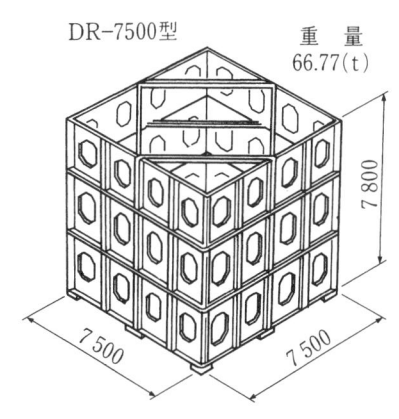

図 1-116　大型組立て魚礁の一例[98]

(3) 海洋構造物

　海洋構造物には消波ブロック等として古くからプレキャストコンクリート製品が利用されてきた（図1-115）。また、沿岸漁業においては、捕る漁業から育てる漁業へということで、人工魚礁による栽培漁業も盛んとなって、RC や PC 構造のプレキャストコンクリート製の魚礁が使用されている（図1-116）。

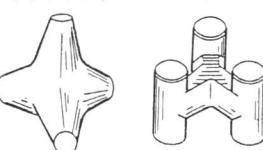

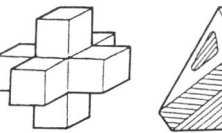

図 1-115　消波ブロックの形状の例[98]

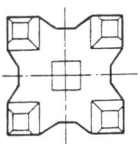

[第 1 章　引用文献]

1) 宮坂慶男：コンクリートの施工実務、山海堂、p.21
2) セメント協会 HP　http://www.jcassoc.or.jp/
3) 土木学会関西支部：コンクリート構造物の設計・施工の基礎（施工編）、p.4
4) 日本コンクリート工学会：コンクリート技術の要点'11、p.6、2011
5) W. F. W. Taylor：The Chemistry of Cement, p.183, Academic Press, 1964
6) P. Barnes：Structure and Performance of Cement, p.284, Applied Science Pcbl., 1983
7) セメントの常識、セメント協会、2009.12
8) 仕入豊和：コンクリート練り混ぜ水の水質の基準化に関する研究（その3）、日本建築学会論文報告集、第187号、1971.9
9) 経済産業省製造産業局住宅産業窯業建材課編：平成22年生コンクリート統計年報、pp.50-63、2010
10) 前出4)、p.9
11) 日本材料学会編：コンクリート混和材料ハンドブック、p.94、2004
12) 日本建築学会編：高強度コンクリートの技術の現状、p.53、日本建築学会、1991
13) 笠井芳夫編著：コンクリート総覧、p.134、技術書院、1998
14) 前出13)、p.136
15) Bureau of Reclamation：Concrete Manual. 8th ed, 1977
16) 日本建築学会：鉄筋コンクリート造建築物の収縮ひび割れ制御設計・施工指針（案）・同解説、p.115、2006.2
17) 前出4)、p.31
18) 環境技術協会・日本フライアッシュ協会：石炭灰ハンドブック（第4版）、Ⅰ-17、2005.5
19) 小野紘一・川村満紀・田村 博・中野錦一：アルカリ骨材反応、p.51、技報堂出版
20) 一家惟俊：膨張材使用によるひび割れ防止、施工、No.109、1975
21) 鐵鋼スラグ協会：鉄鋼スラグの高炉セメントへの利用（平成19年度版）、p.5、2007
22) セメント協会コンクリート専門委員会：コンクリートによる高炉スラグ微粉末の混合率に関する研究、F-41、1988.4
23) 吉澤啓典：シリカフュームを混和材として用いたコンクリート、アース& eco コンクリートマガジン、p.67、セメントジャーナル社、2008
24) 日本コンクリート工学協会：コンクリート技術の要点'93、p.30、1993
25) 猪股俊司：プレストレストコンクリートの設計・施工、p.18、技報堂出版、1979
26) 岩崎達彦：新素材のコンクリート構造への利用シンポジウム論文報告集、我が国の建設用新素材の材料特性とその使用状況、p.2、1996
27) 前出26)、p.2
28) 前出26)、p.1
29) 橋梁と基礎、Vol.140 No.8、p.78、1997
30) 前出26)、p.2
31) 日本道路公団試験所：技術手帳（コンクリートの性質と施工）、1986
32) 図表で見るコンクリートの基礎知識、p.138、太平洋セメント株式会社、2001
33) 前出32)、p.145
34) 前出32)、pp.155-157
35) 前出24)、p.43
36) 前出24)、p.32
37) 岩崎訓明・西林新蔵・青柳征夫：新体系土木工学29 フレッシュコンクリート・硬化コンクリート、技報堂出版、1981
38) 前出32)、p.143
39) 前出32)、p.138
40) 前出32)、p.151
41) 前出32)、pp.152-154
42) セメント協会：たのしく学ぶセメント・コンクリート Q & A、p.9
43) 前出4)、pp.62-63
44) 前出4)、pp.65
45) W. A. Cordon and H. A. Gillespie：ACI Journal, Aug. 1963
46) Bureau of Reclamation：Concrete Manual.8th ed、1977
47) 前出4)、p.66
48) 土木学会：コンクリート標準示方書（2007年版）設計編、p.44、2007
49) 前出48)、p.39
50) ACI：ACI Manual of Concrete Inspection.4th ed., 1957
51) 田澤栄一・宮澤伸吾：セメント系材料の自己収縮に及ぼす結合材および配合の影響、土木学会論文集、Vol.25, No.502、pp.43-52、1994.11
52) 岡田 清・六車 熙編：コンクリート工学ハンドブック、朝倉書店、1981
53) 前出48)、p.45
54) 前出48)、p.346
55) 芳賀孝成・十河茂幸共編：良いコンクリートを打つための要点（改訂第4版）、p.59、全国土木施工管理技士会連合会、1993
56) 前出48)、p.348
57) 前出48)、pp.194-195
58) 前出48)、p.351
59) 前出48)、p.359
60) 秋元泰輔・國島正彦・渡辺泰充：疑問に答えるコンクリート工事のノウハウ、近代図書、1994
61) 土木学会：コンクリート標準示方書（2007年版）施工編、p.148、2007
62) 前出61)、p.147
63) 前出55)、p.43
64) 写真提供：株式会社ピー・エス三菱

65) 日本コンクリート工学協会：コンクリート技士研修テキスト（平成5年度）、p.81、1993
66) 前出65)、p.82
67) 前出65)、p.83
68) 前出1)、p.108
69) 前出1)、p.102
70) 前出65)、p.85
71) 前出65)、p.87
72) 前出61)、p.155
73) 日本道路協会：コンクリート道路橋施工便覧、p.185、1984
74) 前出73)、p.156
75) 土木学会：土木材料実験指導書（2011年改訂版）、p.82、2011
76) 前出4)、p.115
77) 前出61)、p.83
78) 前出75)、p.108
79) 前出61)、p.354
80) 前出61)、p.89
81) 前出4)、p.138
82) 前出4)、p.140
83) 地域開発研究所：土木施工管理技術テキスト（施工管理）、p.305、2009
84) 前出4)、p.79
85) 小林一輔：コンクリート構造物の耐久性診断、コンクリート工学、Vo.26、No.7、pp.4-13、1988.7
86) 中本至：下水道施設におけるコンクリート構造物の化学的劣化、土木学会論文集、No.472、V-20、pp.1-11、1993
87) 日本土木工業協会土木工事技術委員会：土木構造物のライフサイクルコストに関する調査研究報告書、2004.3
88) 藤井 卓：環境にやさしいコンクリート、p.75、2001、鹿島出版会
89) 前出4)、p.203
90) H. H. Bache：Densified Cement/ Ultra-Fine Particle-Based Materials、The 2nd International Conference on Superplasticizers in Concrete、June 1981
91) 日本コンクリート工学協会：コンクリート便覧（第二版）、p.550、1996
92) 赤塚雄三・関 博：水中コンクリートの施工方法、鹿島出版会、p.256、1975
93) 国府勝郎：転圧コンクリート舗装、コンクリート工学、Vol.31, No.3、1993
94) 玉井元治：ポーラスコンクリート河川護岸工法の概要、コンクリート工学、Vol.39, No.8、pp.10-15、コンクリート工学協会、2001.8
95) 前出61)、p.302
96) 写真提供：(独)鉄道建設・運輸施設整備支援機構
97) 東名高速道路（改築）東京足柄橋の設計施工、橋梁と基礎、1991、No.7、p.25
98) 河野清：コンクリート技術の歴史（コンクリート製品の多様化）、コンクリート工学、Vol.31, No.6、日本コンクリート工学協会、1993

第2章
鋼構造物とその材料

2.1 鋼構造物の種類と特徴

2.1.1 鋼構造物の種類

鋼構造物は、鋼橋をはじめ、送電鉄塔、発電用水圧鉄管、船舶接岸用桟橋、土留めなど、土木分野の多方面にわたり利用されている。表2-1に土木分野で使用されている主な鋼構造物の種類を、構造種別ごとに分類して示す。

表 2-1 鋼構造物の種類

構造物の種類：大分類	中分類	小分類
上空構造物	橋梁	鋼道路橋、鋼鉄道橋
	立体駐車場	道路
	高架橋	鉄道駅
地中構造物	トンネル	鋼殻構造、ずり搬出用桟橋等
	沈埋トンネル	サンドイッチ構造
	アンピン	受け桁など
	地下構造	地下駐車場
		地下駅
基礎構造物	ケーソン	鋼殻ケーソン、掘削用刃型
	橋脚、軀体	充填鋼管
		軀体用鉄骨
海洋・港湾構造物	荷揚げ設備	桟橋、パイプライン、シーバース
	浮体構造	海上基地
		海中トンネル
	掘削台	ジャケット
空港設備	誘導路	桟橋
	空港	浮体空港
環境対策設備	騒音対策	防音壁、遮音覆い
	排ガス	排気塔
防災設備	雪害対策	スノーシェルター
	落石対策	落石覆い
	衝突防止柵	自動車、鉄道用ガードレール
	斜面防災	土留め、斜面防護
電気・ガス設備	ダム	水門、堰、水圧鉄管
	競技場、道路	照明用鉄柱
	送電設備	鉄塔
娯楽設備	ゴルフ場	走行路鋼橋、練習場ネット支柱
	遊園地	各種娯楽施設
仮設構造物、共通のもの	仮設材	土留め壁、切梁、覆工板など
	クレーン	ガーダー
	型枠支保工	コンクリート用
	セントル	アーチ用

代表的な鋼構造物として、同表の上空構造物である橋梁を取り上げて概説する。鋼構造物としての橋梁は、一般に鋼橋といわれているが、実際にはメインの主桁は鋼材で作られていても、床版は鉄筋コンクリート、舗装はアスファルト、防音壁はPCパネル、支承はゴムなどのように、鋼材と異なる材料で構成される場合が多い。このように、鋼材以外の材料特性を活かした使われ方をしても、メインとなる部材が鋼材で製作されている限り、一般的に鋼構造物と総称している。したがって、鋼部材の上フランジにジベル等のずれ止めを取り付け、圧縮に強いコンクリートと合成させた合成桁、鋼部材を鉄筋コンクリートで覆った鉄骨鉄筋コンクリートなどは鋼構造物の範疇に含めている。

近年において相当数架設されつつある、腹板に波形鋼板を使用し上下フランジを鉄筋コンクリートにして全体をアウトケーブルでプレストレスした、いわゆる波形ウェッブ橋は、今のところプレストレストコンクリートの分野に分類されている。

メインの部材に鋼材を使用した鋼橋は、2.2.2で後述するように、形式の違いにより最も数の多いプレートガーダー橋をはじめ、トラス橋、アーチ系橋梁、ラーメン橋、斜張橋、吊り橋等に分けられている。

2.1.2 鋼構造物の特徴

鋼構造を構成する鋼材は、その降伏点までは弾性体として挙動し、降伏点を超えると破断に至るまで大きな伸び性能を示す。また、鋼材は、引張、圧縮、せん断に対して高い強度を有する。さらに溶接等により鋼材同士を接合して、任意の形状をした構造物を比較的簡単に製作できる。鋼構造物は、これらの優れた性能を有する鋼材の性質を活かして、以下のような特徴を有する。

① 鋼構造の設計において、荷重により発生する応力を鋼材の降伏点までに抑えれば、座屈や疲労現象で破壊しない限り、一般に残留ひずみのない弾性体として弾性理論に忠実な

挙動を示す。したがって、弾性理論に基づいた設計は、構造物の安全に対する明解な論拠となり、それだけ信頼性が高くなる。
② 鋼材の高い保有強度により、他の材料に比べて薄くて軽い構造の実現が可能となり、大規模で超長大構造に向いている。
③ 構造物の軽量化により、基礎に作用する自重や地震時の荷重が小さくなり、特に地盤が軟弱な場合に有利となる。
④ L2地震時のように、鋼材の降伏点を超えるような大きな荷重を受けた場合、座屈を生じないように設計してあれば、部材は大きな伸び性能と高い靱性によりエネルギーを吸収し、構造物全体の崩壊を防止するのが容易である。
⑤ 鋼構造物は、工場で製作された部材を、現場で組み立てることから、現場作業の工期が一般に短くてすむ。
⑥ 鋼構造物は、工場で製造され一般に出来上がりの精度が良く、品質上のバラツキが少ない。逆に現場で組み立てることから、鋼部材には高い精度が要求され、工場での品質管理が重要となる。
⑦ 既設構造物のメンテナンスや改造にあたって、現場作業による補修、補強、部分取替え、部材取付けが比較的簡単に実施でき、環境変化に伴う処置が容易である。
⑧ 一般に、鋼材の防錆のために適正な周期ごとに塗装の塗替えが必要となる。塗装は任意の色が選択でき、景観設計の一助になっている。

一方、鋼構造物とよく比較されるコンクリート構造物について、その特徴を上記の内容に照らして簡単に列挙すれば、下記のとおりである。
① コンクリート材料は圧縮力に強いが、引張力、せん断力に弱いため、その弱点を鉄筋、PC鋼材等で補って、鉄筋コンクリートまたはプレストレストコンクリート構造物を構成している。ダムの堰堤のように大きな重量を要求されるコンクリート構造物では、固練りの無筋コンクリートが使用される。
② 比較的部材断面が大きいため、圧縮力に対して座屈の危険性が少ない。
③ 構造物の断面形状は型枠形状に応じて決定されるため、比較的自由な選定が可能である。
④ 打ち継ぎ目の処置を適正に行って、柱、梁、スラブなどの部材を一体化して構築でき、ジョイントの少ない構造となる。
⑤ コンクリート材は、鋼材に比べ安価なため、その体積を増やしても、経済化に鈍感である。また、一般的に重量が大きくなるので、そのマス効果によって、振動、騒音等の環境面で有利である。
⑥ コンクリート構造物の構成素材であるセメント、粗骨材、細骨材、混和材料をはじめ、コンクリートそのものの製造もそれぞれ供給業者が異なり、現場でコンクリートを打設する場合には、日々天候や施工条件が変化し、品質に大きなバラツキが生じる危険性を内蔵している。品質の高いコンクリート構造物とするには、きめ細かな品質管理が必要となる。
⑦ コンクリートの品質が不良の場合には、コンクリートの中性化による鉄筋腐食、アルカリ骨材反応による異常な膨張などが発生し、耐久性に問題の生じるケースがある。

2.2 鋼橋の歴史と形式

鋼構造の種類は、**表2-1**に示したように、多数存在するが、ここでは、一般に、戸外に出れば常に目に触れる親しみやすい鋼橋を取り上げ、その歴史と形式について概要を説明する。

2.2.1 鋼橋の歴史

鋼橋は、構成する鋼材、接合方式をはじめ、設計方法、製作技術、品質、架設方法など、いろいろな要素が密接に関連して作られている。したがって、鋼橋の歴史の概説は、これら要素の発達に関連して述べる。

鋼橋のはじまりは1779年、イギリスのコールブルックデール（Coalbrookdale）に架けられた鉄製アーチ橋（支間30.5m）である。別名アイアンブリッジと呼ばれ、現在も大切に保存されている。その後、製鉄技術の進歩に従って、鋳鉄、錬鉄、ベッセマー鋼を経て、1880年頃から強度、伸び性能の優れた鋼が、製鋼されるようになり、多数の鋼橋が作られた。

歴史的に代表的な初期の鋼橋として、1890年に完成したスコットランドのエジンバラにあるフォース鉄道橋（Forth Rail Bridge：中央支間

521m）が有名である。

　わが国最初の鉄の橋は、イギリスのアイアンブリッジが作られてから89年後の1868（明治元）年に、長崎の出島に近い中島川に架けられた「くろがね橋」（橋長：21.8m）である。2番目の橋は、1869（明治2）年に、横浜に架けられたポニートラス式の吉田橋（23.6m）で、鉄部材をイギリスから輸入して組み立てられた。

　1872（明治5）年に、わが国最初の鉄道が開通した新橋〜横浜間の橋梁は、最初は木橋であった。木橋は老朽化が早く、順次、鉄の橋に架け替えられた。なかでも、六郷川にかかる木造トラスは1877（明治10）年に、錬鉄製の複線ポニーワーレントラス6連に架け替えられ、そのうちの1連が現東海旅客鉄道（株）三島研修センターに保存されている。当時の鉄橋の設計・建設は、明治政府が技術指導のため特別に雇用したいわゆるお雇い外国人（イギリス人）の指揮によった。新橋〜横浜間の鉄道建設に尽力したシャービントン氏、28歳で来日し、わずか2年で、わが国で不帰の客となったモレル氏、鉄道橋の設計やその指導に多大な貢献をしたポーナル氏など、献身的な努力を惜しまなかった優れた人が多い。

　わが国での製鉄は、高度の技術を要したため、国産化が難しく、鋼材は、すべて、イギリスやアメリカからの輸入に頼っていた。1901（明治34）年になって、ようやく銑鉄から鋼材までの一貫生産が開始されたものの、品質面で不十分であり、本格的な国産は、日露戦争後である。一方、鋼橋の国内製作は、輸入部材を国内で組み立てる経験を通して、その技術を身に付け、鈑桁に限っては、新橋〜横浜間の鉄道木橋の架け替えに際し、鉄道局新橋工場、六郷川岸の分工場において実施している。しかし、製作の難しいトラスが、国産化されるのは明治後期になってからである。

　明治の国力が充実するにつれて、東京、大阪を中心とした街道木橋は、次第に、鋼橋に架け替えられた。隅田川を例にとれば、吾妻橋（1887：明治20年）、廐橋（1893：明治26年）、永代橋（1897：明治30年）、両国橋（1904：明治37年）、新大橋（1912：明治45年）の順で鋼橋が登場した。しかし、これらの橋も、1923（大正12）年9月に発生した関東大震災により、コンクリート床版を使用した新大橋以外の鋼橋は、木の床版を使用していたため、すべて焼失した。急遽、復興事業が計画され、内務省復興局橋梁課に集められた優秀な技術者は、現在、多くの人に親しまれている数々の隅田川橋梁群を設計した。

　鋼橋は、一般に鋼板を接合して部材とし、これらを添接して全体を構成している。現在、鋼板の接合は専ら溶接によっているが、昭和30年代の中頃まではリベットが使用されていた。溶接は、昭和初期、わが国艦艇の総トン数規制に関する国際軍縮条約にからみ、重量軽減が図れる溶接構造に着目して、研究を重ね、大きな発展をみた。鋼橋への導入は、鉄道省において列車荷重の増大に伴い、鋼橋の補強が必要となって始まった。1931（昭和6）年に、電弧溶接（現在の電気アーク溶接）鋼構造物設計および製作示方書を公表するとともに、溶接工の資格検定試験を実施して、奥羽本線檜山川橋梁の現場での桁補強にわが国初めて溶接を使用した。その後、1935（昭和10）年、東京都田端駅付近に、全溶接桁としては当時、世界最大の支間53mを誇った田端大橋（現在は田端ふれあい大橋、歩道橋）が、鉄道技術陣の手で建設された。本格的な溶接桁の使用は、1963（昭和38）年および1964（昭和39）年にそれぞれ開通した名神高速道路および東海道新幹線の鋼橋からである。当時は、日本経済が高度成長期にあり、財政不足のために徹底して構造物のコストダウンが図られた。特に、東海道新幹線は、3S（スレンダー、スマート、スタンダード）をキャッチフレーズにして建設され、その思想にマッチする溶接構造が、全鋼橋に採用された。一般的に、溶接構造は、リベット構造に比べて疲労に弱く、また、新幹線は在来線に比べて、列車繰返し数、衝撃荷重等の面で耐疲労上不利になることが予測されたが、疲労に強いディテールの採用、疲労を考慮した設計を実施する前提で、あえて溶接構造の採用を決断した。

　部材同士の現場接合方式として、長らくリベット接合の時代が続いたが、リベット接合は、高い騒音を発するとともに、1パーティー4人の人手を要することもあって、次第に、時代の要請に合わなくなった。1954（昭和29）年に、飛騨高山に架設された支間62.4mの工事用トラスに、わが国初めての摩擦接合継手である高力ボルトが登場して以来、一時期のリベット・高力ボルト併用を経て、1961（昭和36）年に、国鉄独自で制定した高力ボル

トの規格、1964（昭和39）年のJIS化を契機にして、高力ボルトの時代になった。現場接合方式として、最近では、主に、景観上の理由から、現場溶接が再度使用されるようになっている。

昭和30年から40年代は、戦後復興期から経済の高度成長期を迎え、高速道路、新幹線、首都内の高速道路をはじめとする交通網の整備に伴い、鋼橋の生産量も年々増大し、1971（昭和46）年度には60万トンに至っている。その間、溶接、高力ボルト、高張力鋼の普及、耐候性鋼材の開発、コンピューターの発達につれて、大型箱桁、斜張橋、吊り橋などの鋼橋の長大化、架設工法の機械化による大型ブロック架設、曲線橋、連続合成桁、立体ラーメン橋等の複雑な構造等、多種にわたる鋼橋が、建設された。

これらの技術は、1978（昭和53）年、道路・鉄道併用橋である瀬戸大橋の着工から始まった本州四国連絡橋の建設に繋がった。そして、1998（平成10）年には世界最大スパン1,991mの明石海峡大橋の完成を迎えるに至った。

2.2.2 鋼橋の形式
（1）プレートガーダー橋

橋として最も基本的で単純な形式である。鋼板を接合してI型またはボックス断面とした主桁を構成し荷重を支える。I型断面の主桁を2本以上用い、それらの間を横桁で連結して床版コンクリートを打設して荷重の分散化を図るプレートガーダーの例が多い。図2-1にその構造見取り図を示す。曲線桁や支間が長くなると捻れに強いボックス型のプレートガーダーが使用される。プレートガーダーの主桁上フランジが、道路面や鉄道のレールレベルの位置より相対的に下にあれば、上路プレートガーダーと称し、道路橋で最も多いタイプである。この相対的な位置関係が、上にあれば下路プレートガーダーと称し、急な勾配を設定できない鉄道橋の道路渡り（跨道橋）や河川渡りなどで、道路の建築限界や河川のH.W.Lからの制約からレールレベルと桁の最下端の高さに制限を要する場合などに使用される。下路プレートガーダーでは、鋼床組を構成する横桁や縦桁が、直接荷重を受け、主桁には間接荷重が作用する。

（2）トラス橋

直線棒部材を三角形に組み合わせた構造形式である。棒部材には引張と圧縮の軸方向力だけが作用すると仮定することにより、プレートガーダー橋より大きな支間の橋梁に適用される。主構の上弦材、下弦材がプレートガーダー橋の上、下フランジに斜材または垂直材が腹板に相当して機能する。

トラスは、プレートガーダーと同様に、上路トラスと下路トラスがある。下路トラスは鉄道橋への利用が多い。図2-2に下路トラスの構造見取り図を示す。

（3）アーチ橋

歴史のある石造りのアーチ橋は、全体をアーチ形状にしてそれぞれのブロックの迫り持ち作用で上部荷重を支持できる形式で、基本的には軸方向圧縮力だけが作用する。実際のアーチ橋は、荷重を直接受ける補剛桁とアーチ部材の両者が曲げモーメントを受け持つ。この受け持ち割合の相違により、比率によって、ランガー橋とローゼ橋に分けられる。ランガー橋は、Dr. ランガー氏が工事桁の補強に使用したのがその名の由来になっている。アーチ部材で補剛されたプレートガーダーとの意味合いが強く、アーチ部材には、軸方向圧縮力だけが作用すると仮定して設計する。ローゼ橋は補剛桁だけでなくアーチ部材も曲げモーメントを受け持つものとして設計する。

アーチ橋は、プレートガーダーやトラスと同様に、上路アーチと下路アーチがある。上路アーチは大きな渓谷渡りに多く景観的にも優れている。図2-3にアーチ橋の一種であるランガー橋の構造見取り図を示す。

（4）ラーメン橋

ラーメン橋は脚と梁がある角度をもって交わりその節点で剛結された構造のことをいう。東京では1931（昭和6）年に架設されたお茶の水橋、1933（昭和8）年に架設された水道橋架道橋などが有名である。ビルディングの鉄骨フレームと同様の構造は、一般にラーメン構造という。大規模なラーメン構造として、鉄道地下駅（東京、上野など）や地上駅（秋葉原、大宮、新大阪など）の多層多柱構造がある。また、道路では、都市内の高速道路のように複雑な重層脚などに利用されている。図2-4に脚が開いたラーメン橋（方丈ラーメン橋）の構造見取り図を示す。

（5）斜張橋（ケーブル・ステイド・ブリッジ）

斜張橋は通常、中間ピアに塔（タワー）を建て、

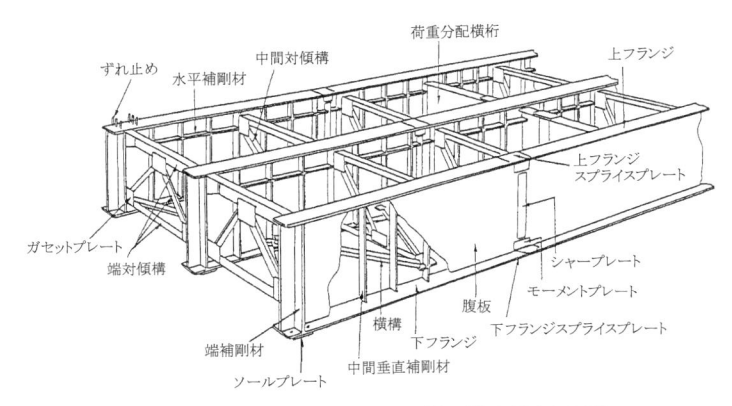

図 2-1　上路プレートガーダー橋の構造見取り図[1]

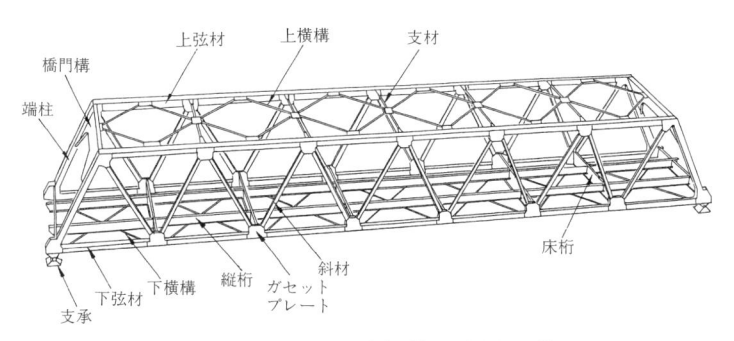

図 2-2　下路トラス橋の構造見取り図[5]

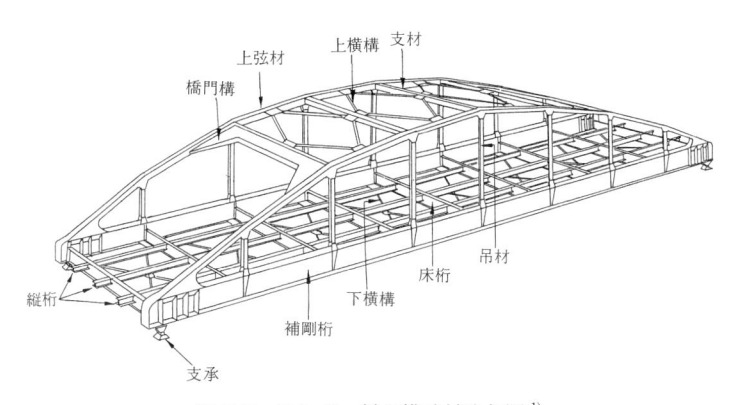

図 2-3　ランガー橋の構造見取り図[1]

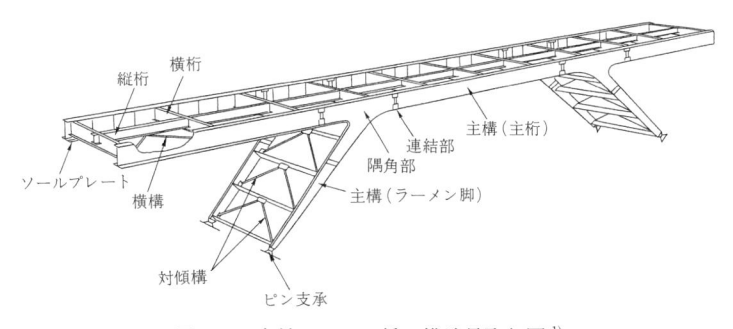

図 2-4　方杖ラーメン橋の構造見取り図[1]

その上部から斜めケーブルで連続桁を吊った構造のことをいう。トラスよりさらに長大化したい場合に用いられる。1950年から1970年代に西ドイツのライン川においてテオドールホイス橋（中央支間260m）やデューイスブルグーノイエンカンプ橋（350m）などが建設されてから、世界中で架設され、1998年時点ではフランスのノルマンディー橋の中央支間856mが、最長であった。わが国では、1958（昭和33）年に斜張橋のはしりである勝瀬橋（支間128m）が完成以後、1980年代になってから、大和川橋が中央支間355mを記録し、年々その支間を延ばし、1985（昭和60）年に名港西大橋（405m）、1988（昭和63）年に、本四瀬戸大橋の岩黒橋と櫃石橋（ともに420m）、1989（平成元）年に、横浜ベイブリッジ（460m）、1994（平成6）年に、鶴見つばさ橋（510m）、1998（平成10）年に、名港中央大橋（590m）、そして、世界最大支間（当時）である西瀬戸自動車道の多々羅大橋（890m）が1999（平成11）年に完成した。

斜張橋はケーブルの張り方（ハープ、ファン型など）、塔の形、主桁の支持方式等の組合せがいろいろ考えられ、それだけ自由度の高い構造である。図2-5にファン型二面ケーブル式の斜張橋の構造見取り図を示す。

(6) 吊り橋

1937年に、サンフランシスコ湾に建設されたゴールデンゲートブリッジ（センタースパン1,280m）は、1964年のベラザノナローズ橋（1,298m）が完成するまで、長年にわたり世界の最長スパンを誇ってきた。まさに、鋼橋の王者としての貫禄は現在でも変わらない。わが国における吊り橋の本格的な建設の歴史は、1962（昭和37）年に完成した北九州市の若戸大橋（367m）に始まる。以後、1973（昭和48）年に関門橋（712m）、本四架橋の一部として1985（昭和60）年に大鳴門橋、1988（昭和63）に下津井瀬戸大橋（940m）、北備讃瀬戸大橋（990m）および南備讃瀬戸大橋（1,100m）を経て、1998（平成10）年には世界最大スパンの明石海峡大橋（1,991m）に到達した。図2-6に吊り橋の構造見取り図を示す。

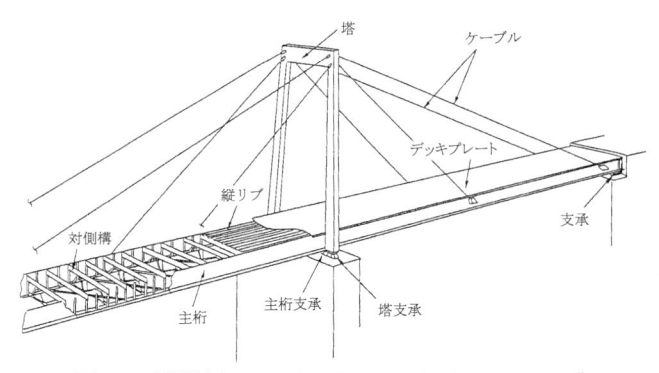

図2-5　斜張橋(ファン型二面ケーブル)の構造見取り図[1]

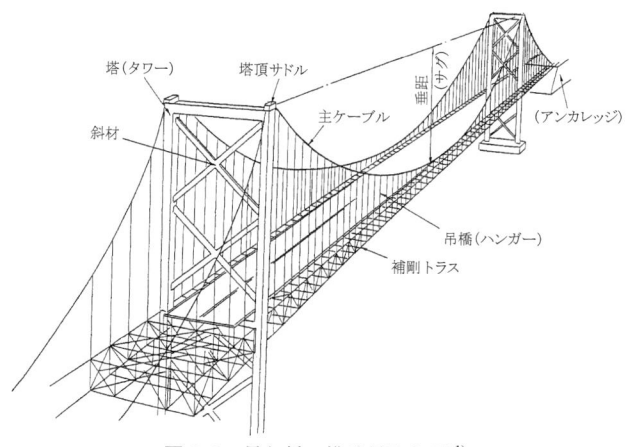

図2-6　吊り橋の構造見取り図[1]

2.3　鋼材の種類とその力学特性

2.3.1　鋼材の種類

鋼材は、土木材料としてコンクリートとともに最も基幹的な建設資材であり、最近の国内総使用量約 6,000 万トンの 50％強が、土木建築用に使用されている。鉄鋼一貫メーカー（新日鐵のようなミルメーカー）では図 2-7 に示すように鋼材を製造している。その概要は下記のとおりである。

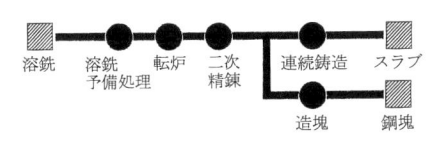

図 2-7　製鋼のプロセス[2]

① まず鉄鉱石を溶鉱炉（または高炉）で還元して鉄（銑鉄）を造る。
② 次に銑鉄に含まれる C（炭素）、不純物としての P（リン）、S（硫黄）等を一定値まで除去するために、製鋼を行う。特に転炉で酸素を吹き込み、炭素を除去することを脱炭という。
③ 製鋼の終わった溶鋼を鋳型に流し込んで、インゴットに造塊する。インゴットからさらにスラブ（厚板など）などの半製品加工を経て最終的に鋼材が造られる。最近の製法はこのインゴットを造らずに、連続鋳造法により直接圧延され鋼材となる。

なお、市中の屑鉄（スクラップ）を原料として上記の転炉の代わりに電気炉を使用して製鋼した鋼材を電炉材といい、全粗鋼生産量の約 3 割を占め、鉄筋や山形鋼などの製造に利用されている。このように鉄はリサイクル材として優れた性質を有している。

このようにして造られた鋼材の種類には、最も使用量の多い鋼板をはじめ、棒鋼（鉄筋など）、形鋼（H 形、山形鋼など）、線材（PC 鋼線など）、レールなどの条鋼そして鋼管などがある。われわれが鋼材を使用する場合は、基本的に『JIS 鉄鋼ハンドブック』に掲載されている約 250 種の中から、当該鋼構造物に要求される性能への適合性から判断して選定される。ここでは鋼構造物の代表として鋼橋を取り上げ、その主な使用鋼材について記述する。道路橋示方書（2002 年版）に標準として取り上げられている鋼材の種類を表 2-2 に示す。鋼材の JIS 規格では化学成分、機械的性質、形状、寸法などが、それぞれの目的に合わせて制定されている。次に主要な鋼材について JIS の内容、取り扱い等について概説する。

（1）構造用圧延鋼材

一般構造用圧延鋼材は SS（Steel-Structure）材と呼ばれ、最小引張強さとして 400、490 および 520 N/mm^2（MPa）の鋼材があり、JIS 鋼材として自動車の車体用薄板などあらゆる分野に最も多量に使用されている。表 2-3 に JIS G 3101 で定められた SS 材の化学成分および機械的性質を示す。

表 2-2　道路橋示方書における主な使用鋼材

鋼材の種類	規　格		鋼材記号
1. 構造用鋼材	JIS G 3101	一般構造用圧延鋼材	SS400
	JIS G 3106	溶接構造用圧延鋼材	SM400, SM490, SM490Y, SM520, SM570
	JIS G 3114	溶接構造用耐候性熱間圧延鋼材	SMA400W, SMA490W, SMA570W
2. 鋼　管	JIS G 3444	一般構造用炭素鋼管	STK400, STK490
	JIS A 5525	鋼管杭	SKK400, SKK490
	JIS A 5530	鋼管矢板	SKY400, SKY490
3. 接合用鋼材	JIS B 1186	摩擦接合用高力六角ボルト・六角ナット・平座金のセット	F8T, F10T
	JIS B 1180	六角ボルト	強度区分 4.6, 8.8, 10.9
	JIS B 1181	六角ナット	強度区分 4, 8, 10
4. 溶接材料	JIS Z 3211	軟鋼用被覆アーク溶接棒	
	JIS Z 3212	高張力鋼用被覆アーク溶接棒	
	JIS Z 3214	耐候性鋼用被覆アーク溶接棒	
	JIS Z 3312	軟鋼および高張力鋼用マグ溶接ソリッドワイヤ	
	JIS Z 3313	軟鋼、高張力鋼および低温用鋼用アーク溶接フラックス入りワイヤ	
	JIS Z 3315	耐候性鋼用炭酸ガスアーク溶接ソリッドワイヤ	
	JIS Z 3320	耐候性鋼用炭酸ガスアーク溶接フラックス入りワイヤ	
	JIS Z 3351	炭素鋼および低合金鋼用サブマージアーク溶接ワイヤ	
	JIS Z 3352	炭素鋼および低合金鋼用サブマージアーク溶接フラックス	
5. 鋳鍛造品	JIS G 3201	炭素鋼鍛鋼品	SF490A, SF540A
	JIS G 5101	炭素鋼鋳鋼品	SC450
	JIS G 5102	溶接構造用鋳鋼品	SCW410, SCW480
	JIS G 5111	構造用高張力炭素鋼および低合金鋼鋳鋼品（低マンガン鋳鋼品）	SCMn1A, SCMn2A
	JIS G 4051	機械構造用炭素鋼鋼材	S35CN, S45CN
	JIS G 5501	ねずみ鋳鉄品	FC250
	JIS G 5502	球状黒鉛鋳鉄品	FCD400, FCD450
6. 線　材	JIS G 3502	ピアノ線材	SWRS
	JIS G 3506	硬鋼線材	SWRH
線材二次製品	JIS G 3536	PC 鋼線および PC 鋼より線	SWPR1, SWPD1, SWPR2, SWPR7, SWPR19
7. 棒　鋼	JIS G 3112	鉄筋コンクリート用棒鋼	SR235, SD295A, SD295B, SD345
	JIS G 3109	PC 鋼棒	SBPR785/1030, SBPR930/1080, SBPR930/1180
8. その他	JIS B 1198	頭付きスタッド	呼び名 19, 22
（JIS 以外）			
鋼材の種類	規　格		鋼材記号
接合用鋼材	摩擦接合用トルシア形高力ボルト・六角ナット・平座金のセット（日本道路協会）(1983)		S10T
	支圧接合用打込み式高力ボルト、六角ナット、平座金暫定規格（日本道路協会）(1971)		B10T, B8T

表2-3 一般構造用圧延鋼材（SS材）の化学成分・機械的性質の規格（JIS G 3101）

種類の記号	降伏点または耐力 N/mm²				引張強さ N/mm²	鋼材の厚さ mm	引張試験片	伸び %	曲げ性		衝撃試験	
	鋼材の厚さmm								曲げ角度	内側半径	試験片	試験温度(℃)	シャルピー吸収エネルギー（J）
	16以下	16を超え40以下	40を超え100以下	100を超えるもの									
SS330	205以上	195以上	175以上	165以上	330～430	鋼板、鋼帯、平鋼、形鋼の厚さ5以下	5号	26以上	180°	厚さの0.5倍	1号		
						鋼板、鋼帯、平鋼、形鋼の厚さ5を超え16以下	1A号	21以上					
						鋼板、鋼帯、平鋼、形鋼の厚さ16を超え50以下	1A号	26以上					
						鋼板、平鋼、形鋼の厚さ40を超えるもの	4号	28以上					
						棒鋼の径、辺または対辺距離25以下	2号	25以上	180°	径、辺または対辺距離の0.5倍	2号		
						棒鋼の径、辺または対辺距離25を超えるもの	14A号	28以上					
SS400	245以上	235以上	215以上	205以上	400～510	鋼板、鋼帯、平鋼、形鋼の厚さ5以下	5号	21以上	180°	厚さの1.5倍	1号		
						鋼板、鋼帯、平鋼、形鋼の厚さ5を超え16以下	1A号	17以上					
						鋼板、鋼帯、平鋼、形鋼の厚さ16を超え50以下	1A号	21以上					
						鋼板、平鋼、形鋼の厚さ40を超えるもの	4号	23以上					
						棒鋼の径、辺または対辺距離25以下	2号	20以上	180°	径、辺または対辺距離の1.5倍	2号		
						棒鋼の径、辺または対辺距離25を超えるもの	14A号	24以上					
SS490	285以上	275以上	255以上	245以上	490～610	鋼板、鋼帯、平鋼、形鋼の厚さ5以下	5号	19以上	180°	厚さの2.0倍	1号		
						鋼板、鋼帯、平鋼、形鋼の厚さ5を超え16以下	1A号	15以上					
						鋼板、鋼帯、平鋼、形鋼の厚さ16を超え50以下	1A号	19以上					
						鋼板、平鋼、形鋼の厚さ40を超えるもの	4号	21以上					
						棒鋼の径、辺または対辺距離25以下	2号	18以上	180°	径、辺または対辺距離の2.0倍	2号		
						棒鋼の径、辺または対辺距離25を超えるもの	14A号	21以上					
SS540	400以上	390以上	—	—	540以上	鋼板、鋼帯、平鋼、形鋼の厚さ5以下	5号	16以上	180°	厚さの2.0倍	1号		
						鋼板、鋼帯、平鋼、形鋼の厚さ5を超え16以下	1A号	13以上					
						鋼板、鋼帯、平鋼、形鋼の厚さ16を超え50以下	1A号	17以上					
						棒鋼の径、辺または対辺距離25以下	2号	13以上	180°	径、辺または対辺距離の2.0倍	2号		
						棒鋼の径、辺または対辺距離25を超えるもの	14A号	17以上					

（単位 %）

種類の記号	C	Mn	P	S
SS330	—	—	0.050以下	0.050以下
SS400				
SS490				
SS540	0.30以下	1.60以下	0.040以下	0.040以下

　溶接構造用圧延鋼材はSM（Steel-Marine）材と呼ばれ、最小引張強さとして400、490、520および570N/mm²（MPa）の鋼材があり、鋼橋の主部材として最もよく使用される。溶接性を保証するため、SS材に比べ、より細かく厳しい化学成分、靭性を示すシャルピー衝撃値の規定が追加されている。表2-4にJIS G 3106に定められたSM材の機械的性質、シャルピー衝撃値および化学成分について示す。

　溶接構造用耐候性熱間圧延鋼材はSMA（Steel-Marine-Atmospheric）材と呼ばれ、溶接構造用圧延鋼材にCu（銅）、Cr（クロム）、Ni（ニッケル）などの合金元素を加え、大気に暴露されたときに、緻密な錆層（保護性錆）を表面に形成させて、内部に錆が進行しないように耐候性を高めた鋼材で、1968年にJIS化され、飛来塩分の少ない山間部や田園地帯の比較的腐食環境の良好な場所で使用している。定期的な塗装の塗替えが不要なため、維持保守費が大幅に低減され、SM材を使った通常の橋に比べ経済的である。表2-5にJIS G 3114に定められたSMA材の化学成分を示す。

（2）高力ボルト

　道路橋示方書では、高力ボルト（High Tension Bolt）として、JIS製品である摩擦接合用高力ボルト、JIS化されていないが摩擦接合用トルシア高力ボルトおよび支圧接合用打込み式高力ボルト（いずれもナット、平座金のセット）の3種類（写真2-1）が規定されている。摩擦接合用高力ボルトは、鋼材片間をトルクレンチや自動締め付け機により高い軸力で締付け、その摩擦力で鋼部材相互を接合する機構になっている。トルシア形のものはボルトのナット側先端にピンテールが取り付けられナットに一定のトルクを与えると、ピンテールがトルクで切断されるようになっており、軸力導入管理が容易にできることから、最近ではほとんどの橋梁で採用されている。支圧接合用打込み式高力ボルトは、ボルトを接合部の孔に打ち込み、リベットと同様にボルトの幹と鋼板側の孔を密着させて支圧力とともに高い軸力で締め付けて摩擦力にも期待するものである。

表2-4 溶接構造用圧延鋼材（SM材）の機械的性質、シャルピー衝撃値および化学成分の規格（JIS G 3106）

種類の記号	降伏点または耐力 N/mm² 鋼材の厚さ mm						引張強さ N/mm² 鋼材の厚さ mm		伸び			衝撃試験	
	16以下	16を超え40以下	40を超え75以下	75を超え100以下	100を超え160以下	160を超え200以下	100以下	100を超え200以下	鋼材の厚さ mm	試験片	%	試験温度（℃）	シャルピー吸収エネルギー（J）
SM400A SM400B SM400C	245以上	235以上	215以上	215以上	205以上	195以上	400～510	400～510	5以下 5を超え16以下 16を超え50以下 40を超えるもの	5号 1A号 1A号 4号	23以上 18以上 22以上 24以上	0	27以上(B) 47以上(C)
SM490A SM490B SM490C	325以上	315以上	295以上	295以上	285以上	275以上	490～610	490～610	5以下 5を超え16以下 16を超え50以下 40を超えるもの	5号 1A号 1A号 4号	22以上 17以上 21以上 23以上	0	27以上(B) 47以上(C)
SM490YA SM490YB	365以上	355以上	335以上	325以上	—	—	490～610		5以下 5を超え16以下 16を超え50以下 40を超えるもの	5号 1A号 1A号 4号	19以上 15以上 19以上 21以上	0	27以上(YB)
SM520B SM520C	365以上	355以上	335以上	325以上	—	—	520～640		5以下 5を超え16以下 16を超え50以下 40を超えるもの	5号 1A号 1A号 4号	19以上 15以上 19以上 21以上	0	27以上(B) 47以上(C)
SM570	460以上	450以上	430以上	420以上	—	—	570～720		16以下 16を超えるもの 20を超えるもの	5号 5号 4号	19以上 26以上 20以上	-5	47以上

（単位 %）

種類の記号		C	Si	Mn	P	S
SM400A	厚さ50mm以下 厚さ50mmを超え200mm以下	0.23以下 0.25以下	—	2.5×C以上	0.035以下	0.035以下
SM400B	厚さ50mm以下 厚さ50mmを超え200mm以下	0.20以下 0.22以下	0.35以下	0.60～1.50	0.035以下	0.035以下
SM400C	厚さ100mm以下	0.18以下	0.35以下	0.60～1.50	0.035以下	0.035以下
SM490A	厚さ50mm以下 厚さ50mmを超え200mm以下	0.20以下 0.22以下	0.55以下	1.65以下	0.035以下	0.035以下
SM490B	厚さ50mm以下 厚さ50mmを超え200mm以下	0.18以下 0.20以下	0.55以下	1.65以下	0.035以下	0.035以下
SM490C	厚さ100mm以下	0.18以下	0.55以下	1.65以下	0.035以下	0.035以下
SM490YA SM490YB	厚さ100mm以下	0.20以下	0.55以下	1.65以下	0.035以下	0.035以下
SM520B SM520C	厚さ100mm以下	0.20以下	0.55以下	1.65以下	0.035以下	0.035以下
SM570	厚さ100mm以下	0.18以下	0.55以下	1.70以下	0.035以下	0.035以下

表2-5 溶接構造用耐候性熱間圧延鋼材（SMA材）の機械的性質、シャルピー衝撃値および化学成分の規格（JIS G 3114）

種類の記号	降伏点または耐力 N/mm² 鋼材の厚さ mm			引張強さ N/mm²	伸び			衝撃試験	
	16以下	16を超え40以下	40を超えるもの		鋼材の厚さ mm	試験片	%	試験温度（℃）	シャルピー吸収エネルギー（J）
SMA400AW SMA400BW SMA400CW SMA400AP SMA400BP SMA400CP	245以上	235以上	215以上	400～540	5以下	5号	22以上	0	27以上(BW、BP) 47以上(CW、CP)
					5を超え16以下	1A号	17以上		
					16を超えるもの	1A号	21以上		
					40を超えるもの	4号	23以上		
SMA490AW SMA490BW SMA490CW SMA490AP SMA490BP SMA490CP	365以上	365以上	335以上	490～610	5以下	5号	19以上	0	27以上(BW、BP) 47以上(CW、CP)
					5を超え16以下	1A号	15以上		
					16を超えるもの	1A号	19以上		
					40を超えるもの	4号	21以上		
SMA570W SMA570P	460以上	450以上	430以上	570～720	16以下	5号	19以上	-5	47以上
					16を超えるもの	5号	26以上		
					20を超えるもの	4号	20以上		

種類の記号	C	Si	Mn	P	S	Cu	Cr	Ni
SMA400AW SMA400BW SMA400CW	0.18以下	0.15～0.65	1.25以下	0.035以下	0.035以下	0.30～0.50	0.45～0.75	0.05～0.30
SMA400AP SMA400BP SMA400CP	0.18以下	0.55以下	1.25以下	0.035以下	0.035以下	0.20～0.35	0.30～0.55	
SMA490AW SMA490BW SMA490CW	0.18以下	0.15～0.65	1.40以下	0.035以下	0.035以下	0.30～0.50	0.45～0.75	0.05～0.30
SMA490AP SMA490BP SMA490CP	0.18以下	0.55以下	1.40以下	0.035以下	0.035以下	0.20～0.35	0.30～0.55	
SMA570W	0.18以下	0.15～0.65	1.40以下	0.035以下	0.035以下	0.30～0.50	0.45～0.75	0.05～0.30
SMA570P	0.18以下	0.55以下	1.40以下	0.035以下	0.035以下	0.20～0.35	0.30～0.55	—

写真 2-1　高力ボルトの種類
左より、摩擦接合用トルシア形高力ボルト、摩擦接合用高力ボルト、支圧接合用打込み式高力ボルト

摩擦接合用高力ボルトはJIS B 1186に規定され、その機械的性質を**表 2-6**に示す。F10TのFはFriction（摩擦）、10は引張強さ1,000N/mm^{2}の上2桁、TはTension（引張力）をそれぞれ意味している。ボルトは棒鋼を切断して常温圧造により形を整え、転造機によりねじ切りを行う。最後に焼入れ（quenching）、焼戻し（tempering）の熱処理を行って所定の強度を確保している。

表 2-6　ボルト試験片の機械的性質　（JIS B 1186）

ボルトの機械的性質による等級	耐力 N/mm^2 (kgf/mm^2)	引張強さ N/mm^2 (kgf/mm^2)	伸び %	絞り %
F 8T	640以上 (65.3以上)	800〜1,000 (81.6〜102.0)	16以上	45以上
F10T	900以上 (91.8以上)	1,000〜1,200 (102.0〜122.4)	14以上	40以上
F11T	950以上 (96.9以上)	1,100〜1,300 (112.2〜132.6)	14以上	40以上

（3）溶接材料

溶接とは金属を熱や圧力を外部から与えて金属を溶かして接合することをいい、融接、圧接、ろう接等に分類される。鋼構造物では主に融接に分類される電気アーク溶接が一般的に使用されている。**図 2-8**に電気アーク溶接の原理を示す。電極間に電圧差を与えるとアークが発生し電流が流れ、その際、高熱が発生して鋼を溶かして接合される。

電気アーク溶接は、被覆アーク溶接、ガスアーク溶接、サブマージアーク溶接が代表的な種類である。図 2-9に各種溶接方法を示す。

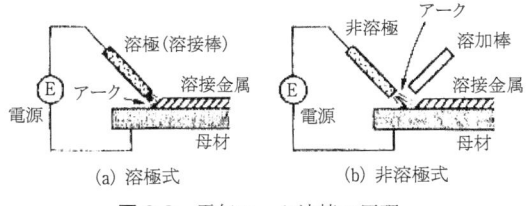

図 2-8　電気アーク溶接の原理
(a) 溶極式　(b) 非溶極式

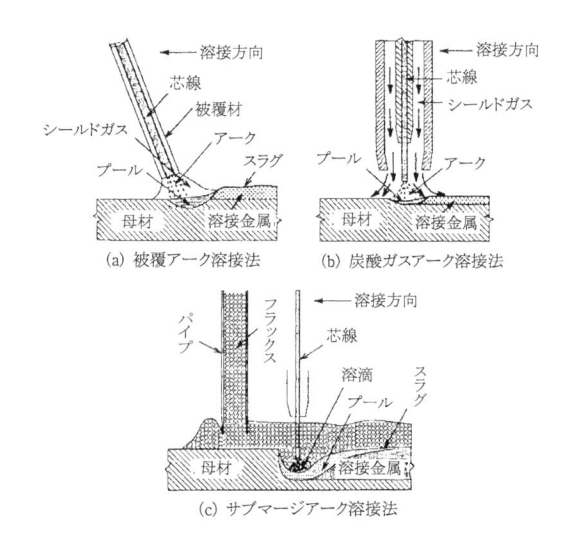

図 2-9　各種電気溶接法の概要
(a) 被覆アーク溶接法　(b) 炭酸ガスアーク溶接法　(c) サブマージアーク溶接法

被覆アーク溶接は、手溶接とも呼ばれ、電極となる溶接棒を溶接工が運棒させて溶接する。溶接棒は金属の芯線のまわりに被覆剤を塗って、アークの安定や溶融部への大気中の酸素や窒素の侵入防護のためにガスを発生させる。この被覆剤の成分により、溶接棒は低水素系、イルミナイト系、高酸化鉄系、高セルロース系などに分けられ、軟鋼および高張力鋼用溶接棒としてJIS化されている。

ガスアーク溶接は、裸のワイヤを不活性ガスでシールドして行う方法である。不活性ガスとしてCO_2（炭酸ガス）、Ar（アルゴンガス）等が使用される。CO_2を用いたものを特に炭酸ガスアーク溶接と呼び、使用頻度が最も高い。この溶接法はワイヤを自動的に供給しながら、手動で行うことから、半自動溶接とも呼ばれる。ワイヤはソリッドワイヤとフラックス入りワイヤがあり、後者はスパッタが少なくビード外観が一般的に優れている。**写真 2-2**にこれら溶接法による作業状況を示す。

サブマージアーク溶接は、粉状の低水素系のフラックスを先行して溶接線上に散布し、その中にワイヤを潜行させてアークを発生させて行う。アークが外から見えないためサブマージ（潜行）と呼ばれ、被覆アーク溶接に比べて、大電

被覆アーク溶接　　　　　　　ガスアーク溶接　　　　　　　サブマージアーク溶接

写真2-2　溶接作業状況

流が使用でき、熱エネルギーの損失が少なく一般に溶け込みが深い。フラックスとワイヤは、自動的に供給されて自動溶接として使用され、能率が高い。

2.3.2　鋼材の力学的性質

鋼構造物を構成する各鋼部材は、鋼材そのものや溶接等で接合して組み立てられて成り立っている。鋼構造物に外力（荷重）が作用すれば、構成部材は固有の強度に従って抵抗し、一定の耐力を発揮する。適正な設計がなされていれば、一定の安全率が確保より合理的な断面が構成される。鋼構造物を適正に設計するためには、引張力、圧縮力、せん断力等が作用するときの柱、梁、板等の部材の力学的な挙動とともに、部材の要素を構成する鋼材の力学的性質に関する基礎的な知識が必要である。ここでは、鋼材の力学的性質について最も基本的な事項に限って簡単に説明する。

（1）応力-ひずみ曲線

ある鋼材の試験片を試験機にかけ、ゆっくり引張り、荷重（P）と試験片の伸び（δ）の関係を求めると、P-δ曲線が得られる。試験片の形状および試験方法はJIS Z 2201およびJIS Z 2241にそれぞれ規定されている。最も多く利用される試験片は鋼板に用いる1A号試験片で図2-10のような形状をしている。P-δ曲線は、荷重Pを試験片の平行部断面積琥で除して求めた応力度（公称応力度という）σと伸びδを平行部に定めた標点距離（図2-10では200mm）に対するその間の伸びの比率（ひずみ）εとして、σ-ε（応力-ひずみ）曲線として表現するほうが汎用性も高く一般的である。

構造用鋼材の概念的な応力-ひずみ曲線を図2-11に示す。この図で応力とひずみとの間に比例関係が成立する最大応力度を比例限界σ_P、除

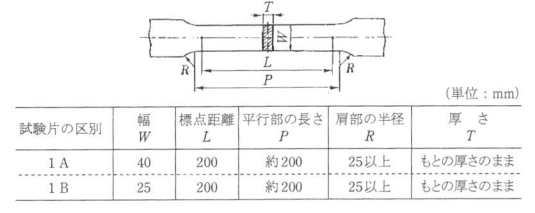

（単位：mm）

試験片の区別	幅 W	標点距離 L	平行部の長さ P	肩部の半径 R	厚さ T
1 A	40	200	約200	25以上	もとの厚さのまま
1 B	25	200	約200	25以上	もとの厚さのまま

図2-10　引張試験片（1号試験片）の規格（JIS Z 2241）

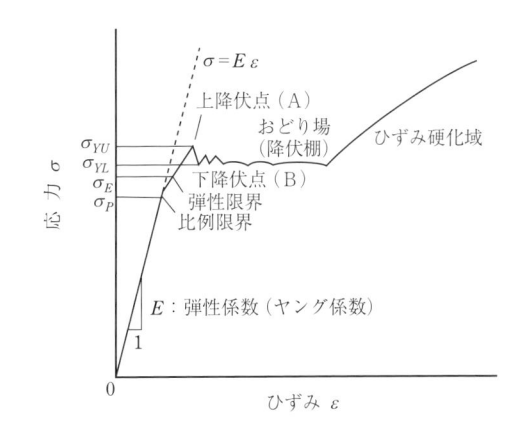

図2-11　応力-ひずみ曲線[3]

荷すると0点に戻るような応力度の上限を弾性限界σ_Eと呼ぶ。応力度とひずみが比例関係の領域にあるときの比例定数を弾性係数あるいはヤング係数といい、鋼材の強度が変わってもほとんど同じ値を示す。一般に$E = 2.0 \times 10^5 \text{N/m}^2$が用いられる。

応力が弾性限界を超えると急激にひずみが増加し、おどり場を形成する。おどり場の開始点に相当する最初の降伏点を上降伏点σ_{YU}、おどり場の終点となる低下した降伏点を下降伏点σ_{YL}という。SM570材のように明確な降伏点のない鋼材があり、その場合には永久ひずみ0.2%となる応力度を0.2%耐力と称し、強度の基準としている（図2-12）。

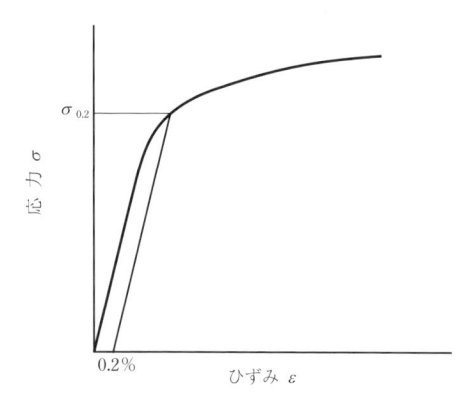

図2-12　0.2％耐力（降伏点が明確に現れない場合）[3]

（2）衝撃強さ

鋭い切欠きを有する鋼材は、衝撃的な荷重を受けると、十分な伸びを伴わずに瞬間的に脆性破壊を引き起こす。この現象は低温である程発生しやすくなる。このような脆性破壊に対する抵抗尺度を測定するために、シャルピー衝撃試験がある。シャルピー試験は図2-13に示すように試験片を支持台に置き、切欠き部（通常は45度のVノッチ）の背面からハンマを落下させて切断させ、その吸収されたエネルギーを次式より求め、その値をシャルピー値とする。

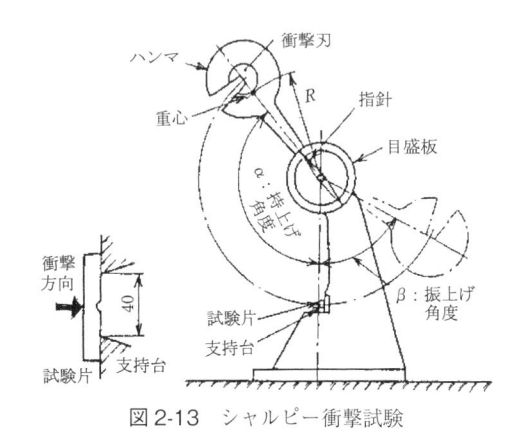

図2-13　シャルピー衝撃試験

$$E = W \cdot R(\cos\beta - \cos\alpha)$$

ここに、E：ハンマの重量
　　　　R：ハンマの回転中心から重心までの距離
　　　　$β$：試験片破断後のハンマ振上げ角度
　　　　$α$：ハンマの持上げ角度

写真2-3にシャルピー衝撃試験の状況、写真2-4にその試験片をそれぞれ示す。

写真2-3　シャルピー衝撃試験の状況

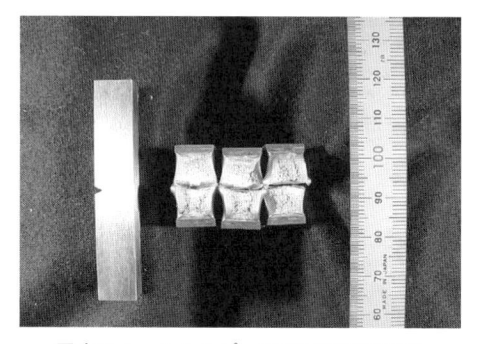

写真2-4　シャルピー衝撃試験の試験片

表2-4に示すように、鋼橋等の鋼材に使用するSM材B種に対して要求しているシャルピー吸収エネルギーの27J（0℃）は、第二次大戦中にアメリカの標準溶接船であったリバティー船が冬期間の航行中に脆性破壊で損傷を被ったことに対して調査した結果を参考に定めた安全サイドの値である。

（3）応力集中

ボルト孔のある鋼材が引張力を受けた場合、力の作用する軸方向に直角な断面の応力分布は図2-14のように孔の部分で大きくなる。この応力の公称応力に対する増加割合を応力集中係数（単純に$α$）という。公称応力とは部材の総断面積または総断面積から孔部分の断面積を除いた純断面積に作用する平均応力を意味する。このような応力集中はボルト孔だけでなく、溶接部、ガセットの端部、部材の交差部、添接部等、部材のあらゆる箇所に存在している。引張力を受けると最初に応力集中部が降伏し、塑性域に達するが、三軸応力状態となって、くびれを拘束し、その結果軸方向力は増大する。

図 2-14 楕円孔の応力集中

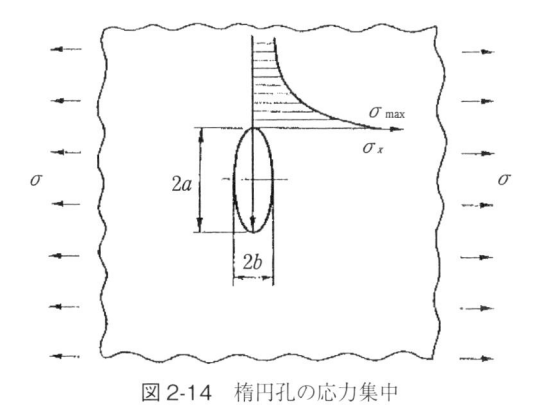

(4) 疲労

例えば、針金を両手に持って上下に繰返して折り曲げると、10回程度で切れる。このように、鋼材が応力を繰返し受けて破壊する現象のことを疲労という。疲労には、応力の繰返し数が 10^5 回を超えるような高サイクルの疲労と、地震のように降伏点を超えるような大きな応力の繰返し数が十数回程度の低サイクル疲労の2種類がある。針金の場合は低サイクル疲労に該当する。ここでは、鋼橋において問題となる高サイクル疲労について概説する。

繰返し数と作用する応力間には一定の関係があり、図 2-15 のようにグラフ化したものを S-N 曲線と呼んでいる。横軸に繰返し数、縦軸に最大応力度と最小応力度の差すなわち応力範囲を両対数にして表したもので、図中の各点は疲労試験機に試験片を取り付けて、各試験片で繰返し数と応力範囲の条件を変えて、試験した結果である。図は溶接継手の一種である完全溶込み突合せ継手の試験片についての結果である。

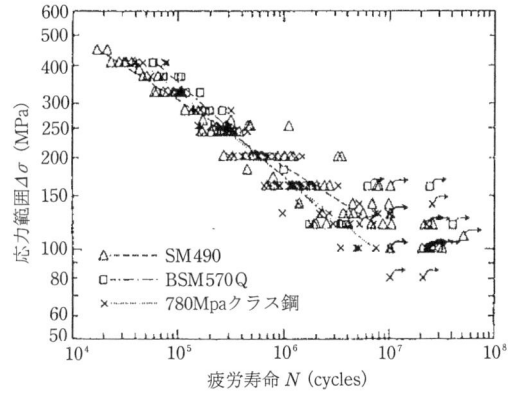

図 2-15 完全溶込み突合せ溶接継手（SAW、余盛付）の S-N 線図（$t=20$mm、溶接まま、軸荷重、$R=0$）

このように鋼構造物のある部材の疲労強度は、自動車や列車によって繰返し作用する変動応力度とその繰返し回数によって異なった値となる。S-N 曲線では部材に作用する応力度を平均的な公称応力度で表示しているが、実際には、前項で述べたような応力集中が大きいほど疲労強度は小さくなる。したがって公称応力度は同じでも、応力集中が存在する部材や溶接継手では、疲労強度に差がでてくる。溶接継手には 2.4.2 で後述するように他に多くの種類があり、その溶接の形状、条件、欠陥等によって疲労強度が異なる。

鉄道橋を構成する各部材では、通過する列車の荷重によって、その都度、応力が発生する。応力の繰返し回数は列車長と橋長等が関係し変化する。図 2-16 は部材長 L による繰返し回数の違いを模式的に表している。例えば、16両編成の列車がスパン L（m）の異なる橋梁上を通過する時、部材のある箇所に作用する応力は図のような波形となり（実際の橋梁ではさらに複雑な変動波形となる）、$L=5$m では $16 \times 2 = 32$ 回、$L=50$m では1回となる。スパンの短い橋梁ほど、繰返し数が多くなり、許容される応力範囲が小さくなる。

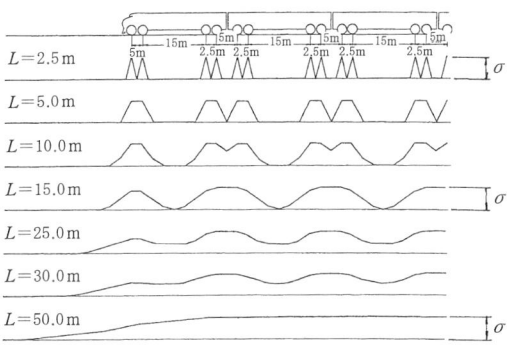

図 2-16 部材のスパンと応力の繰返しの関係（鉄道橋の例）

2.4 鋼橋の製作

2.4.1 鋼材の加工

鋼材は、他の金属材料に比べ優れた加工性を有している。鋼材の加工には切断、切削と孔あけおよび曲げ加工等が含まれる。加工は鋼橋製作の初期の段階に実施される比較的単純な作業であるが、後々の溶接や添接による組立ての精度に直接影響する。

（1） 切　断

切断は、機械切断と熱切断とに大別される。

機械切断には、さらに強固な受け台に乗せた鋼材に刃物を当てて油圧プレスで機械的に力を加えてせん断させるシアー切断と、金鋸で鋼を剥ぎ取りながら切断するソー切断がある。シアー切断は12mm程度の板厚までならば効率良く切断できるが、切断面に肩落ち、ばりを生じる欠点がある。ソー切断は一定板厚でない型鋼の切断等に使用される。

鋼板の切断は通常、熱切断でなされる。熱切断ではガス切断（写真2-5）とプラズマ切断（写真2-6）が主流である。ガス切断は切断部分をアセチレンで加熱し、高圧酸素噴流を吹付け鋼を燃焼させて切断する。酸素の供給によって鉄の酸化反応が促進され、その大きな酸化反応熱を利用して効率の良い切断がなされる。切断面はドラグラインと呼ばれる条痕が生じ、道路橋示方書では、その品質として表面あらさで主要部材は50S以下、二次部材は100S以下と規定されている。ここで50Sとは表面あらさ50/1,000mmの凹凸のことを示している。

写真2-5　フレームプレーナーによるガス切断

写真2-6　プラズマ切断

（2）　切削と孔あけ

切削とは、一般にバイトと称される鋼より硬い材料でできた工具で、鋼を剥ぎ取ることを指す。高い精度を要求される部材の仕上げに使用される。橋梁では溶接の開先加工、ボックス桁のような大型部材の端面仕上げに使用する回転刃物による切削であるフライス削り等がある。

孔あけも切削加工の一種で、ドリル（錐）により行う。高力ボルトによる部材相互の添接は、規則正しく並んだ多数の孔あけが必要であり、通常はコンピューターを利用して数値制御されたN/C孔あけ機により能率良く切削される。高力ボルトの部材本体にあけた孔は添接板の孔と一致させる必要があるが、溶接による部材の収縮により、先孔工法の場合には若干の孔ずれが生じる。

孔あけには、切削よりさらに能率の良いパンチ（押し抜きせん断）による方法もある。しかし孔周辺にまくれが生じやすく、それが高力ボルト接合に必要な一定の摩擦係数確保に悪影響を与えるため、削り取らなければならない。道路橋示方書ではパンチによる適用厚さを16mm以下に制限している。

（3）　曲げ加工

曲げ加工には、冷間曲げと熱間曲げの方法がある。熱間曲げは鋼材を高熱にして曲げるもので、鋼橋の製作ではあまり使用されない。既設鋼橋の部材などが、貨物トラックの衝突で強制的に曲げられた場合などでは、現場で加熱矯正による形状復元がよく実施される。鋼材を850～950℃程度に加熱すると、強度は常温の1/10程度に低下するとともに伸びは2倍程度に増加する鋼の性質を利用した方法である。しかし、熱間加工において58キロ鋼のような調質鋼では、鋼材の焼戻し温度（650℃）以上に熱すると、材質を変える恐れがあるので注意が必要である。プレートガーダーの腹板に、補剛材等の溶接によって生じるやせ馬は、一般に加熱矯正に頼らざるを得ないが、58キロ鋼を使用した場合には温度チョークによる厳重な温度管理が要求される。

冷間曲げ加工は、鋼板を油圧プレスにより塑性変形させて行う。この塑性変形により鋼材の表面ひずみは3％を超えるとひずみ時効が生じ、長時間の内に徐々に靭性が低下する。鋼材を曲げたときの内側半径Rと表面ひずみの関係は$\varepsilon = 50t/R$で

与えられる。$\varepsilon=3\%$のとき$R=16.2t$となる。道路橋示方書では冷間曲げ加工半径は原則として内側で板厚の15倍以上（$R \geqq 15t$）としなければならないと規定している。この規定では鋼床版用のトラフリブ（Uリブ）の板厚6mmの場合、90mm以上の半径が必要となり機能的でないので、一定のシャルピー値（2.3.2(2)参照）を満足すれば、板厚の5倍まで緩和できることにしている。

2.4.2 溶接継手

2.3.1(3)で説明したように鋼橋で使用される一般的な溶接法は被覆アーク溶接、ガスアーク溶接およびサブマージアーク溶接である。これらの方法で溶接される継手には図2-17に示す5つの種類がある。また、溶接部の開先には主にグルーブ溶接とすみ肉溶接の2種類が使用されている。全断面溶け込みグルーブ溶接における開先の形状は図2-18および図2-19のような種類があり、主に板厚によって使い分けられている。突合せ溶接で板厚9mm以下では開先加工のいらないI型が用いられる。板厚の厚い場合に使用されるX型やK型

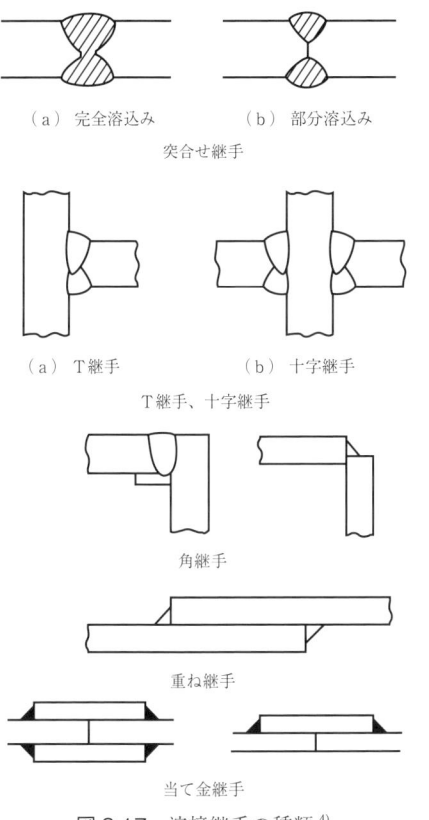

図2-17 溶接継手の種類[4]

図2-18 代表的な溶接開先の種類[4]

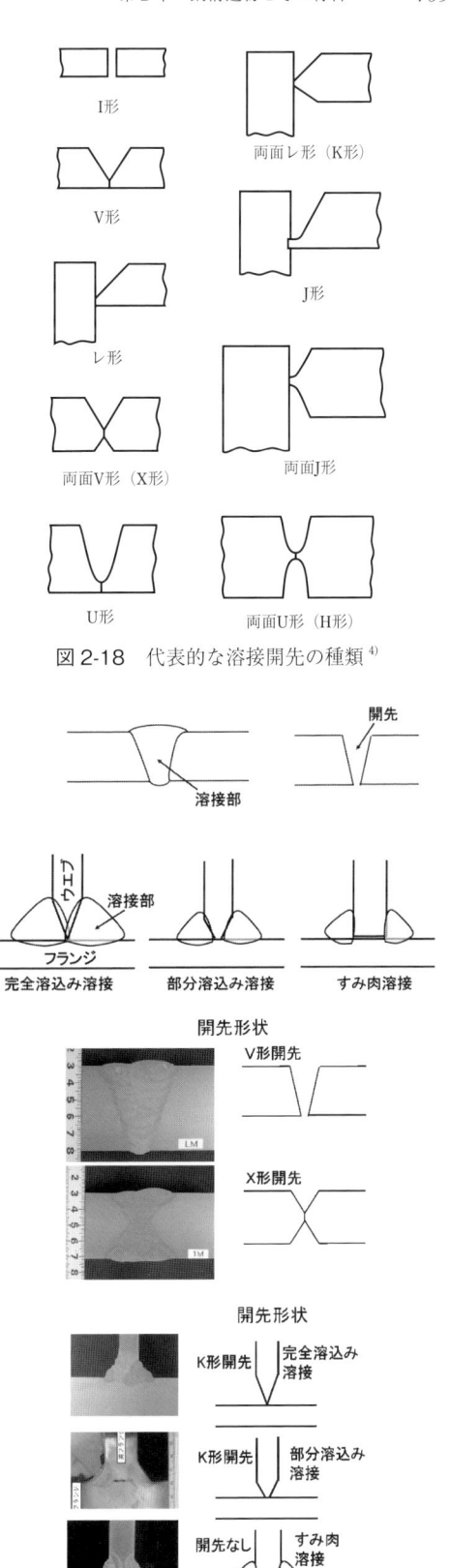

図2-19 代表的な溶接継手の形式と開先形状

では多層盛の溶接となるので、欠陥の残りやすい初層は、その裏側溶接に際してガウジングを行って除去している。すみ肉溶接は、T型等の直交する部材相互を溶接するのにもっぱら使用される。

溶接部は著しい高熱のもとで短時間に施工されるので、溶着金属および溶接熱の影響を受ける母材には、溶接割れをはじめ、溶接ガス（主にCO_2ガス）が放出されずに残留して生じるブローホールやピット、溶接の残滓であるスラグがそのまま溶接中に残留して生じるスラグ巻込み等のいわゆる溶接欠陥が生じやすい。溶接施工にあたっては溶接法、溶接施工条件、開先形状などの設定に細心の注意が必要である。

2.4.3 高力ボルト継手

鋼橋の継手としては、溶接以外に現場継手に利用される高力ボルト継手がある。高力ボルトがアメリカから導入された1960年代までは、リベット継手に限られていた。リベット継手は赤熱化したリベットをリベット孔にリベットハンマーでたたきつぶして挿入するため、リベット孔が完全に塞がれ信頼性の高い継手として多用されてきた。しかし、その打設には多くの熟練工を必要とし、大きな騒音を発することから、次第にその使用が嫌われ、現在ではほとんど使用されていない。

高力ボルト継手による接合には図2-20に示すように摩擦接合、支圧接合および引張接合の3種類がある。一般に高力ボルト継手といえば、摩擦接合を意味し、高力ボルトの締付けよって材片間に高い圧縮力を生じさせ、その摩擦抵抗力で力を伝達する機構になっている。

高力ボルトはナットを廻して締め付けられるが、その締付け管理法としてはトルクコントロール法とナット回転法が主である。トルクコントロール法はナットを廻すトルク値と導入される軸力が弾性領域内で一定の線形関係にあることを利用したものである。すなわち締付けトルク（Tr）とボルト軸力（B）の間には$Tr = k \cdot d \cdot B$（k：トルク係数値、d：ボルトの呼び径）の式が成り立つ。kの値はボルトの保管状態、温度等によって変動するので、現場で締付け前に締付け機のキャリブレーションを行う必要がある。ナット回転法は回転量設定の基準点となる一次締め後、所定の回転角をナットに与えてボルト軸力誤差の少ない塑性

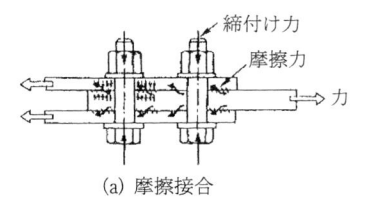

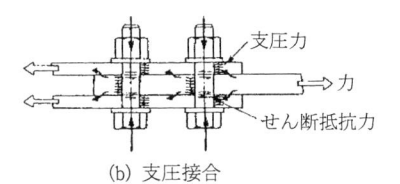

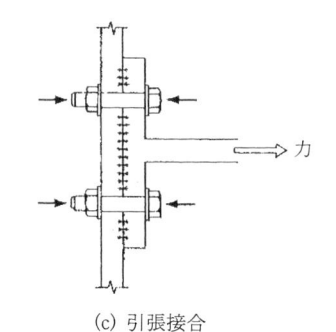

図 2-20 高力ボルト接合の種類[5]

域まで二次締付けを行う方法で、トルク係数管理がいらず施工管理が削減される。最近ではボルトのナット側先端にピンテールを取り付け、ナットに一定のトルクを与えるとピンテールがトルクで切断されるトルシア形のボルトが普及している。

高力ボルトの締付け力により、ボルト一本摩擦面一面当りの許容耐力は次式で与えられる。

$$\rho = 1/v \cdot \mu \cdot Bo$$

ここに、v：継手に対する安全率 = 1.7
μ：すべり係数 = 0.4
Bo：設計ボルト軸力 = $\alpha \cdot \sigma_y \cdot Ae$（kgf）
α：降伏点に対する比率
　　（F8T：0.85、F10T：0.75）
σ_y：ボルトの耐力
Ae：ねじ部の有効断面積

すべり係数μは、主に摩擦面の状態で変わるので（黒皮：0.2〜0.4、浮き錆を除去した錆肌 0.45〜0.70など）、現場での部材の適切な保管管理が求められる。また、架設現場で実際に締め付ける標準的な軸力は材片間の肌すき等による締付け力のバラツキ、締め付けてからのリラクセーション（軸力抜け）を考慮して、設計ボルト軸力

(Bo) の 10% 増にしている。

高力ボルトの JIS 規格は 1964（昭和 39）年に F7T〜F13T について制定されたが、その後、F13T に引き続き F11T において締め付けてから数年後に突然破断する、いわゆる遅れ破壊が発生したため、鋼橋に用いられる高力ボルトは特別な場合を除いて F10T および F8T を使用している。

2.4.4 工場製作

鋼橋の工場製作とは、鋼材を設計図に則り、高い品質管理の基に加工して製品化していく過程のことを意味する。図 2-21 および写真 2-7 に工場の製作工程を示す。

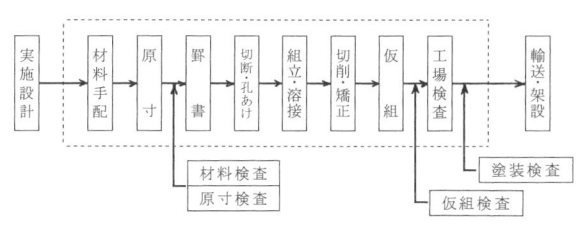

実施設計とは、製作に当たって綿密に照査された誤りのない図面を指す。この図を基に鋼橋の最少要素である鋼板の板取計画図を作成する。板取は加工代も含めて極力歩留まりの良くなるようになされる。材料手配中に原寸作業が実施される。原寸では鋼橋の自重に伴う上げ越し量すなわちキャンバー量や溶接による縮み代等を加味して、加工情報を NC テープ等に書き取り、製作工程に提供する。これらの原寸作業で得られた切断線、孔あけ位置等の加工情報を鋼材表面に記入する作業を罫書きという。その後は、切断、孔あけ、溶接、組立てなどの製作実工程に入る。工場内で輸送、架設単位に製作された部材を工場屋外のヤードで詳細図どおりに組み立てて、部材の取合い、出来具合等をチェックすることを目的に鋼橋の仮組立てが実施され、発注者の立会いのもとに仮組立て検査が実施される。最近では鋼橋のコストダ

図 2-21 工場の製作工程

罫書

孔あけ

切断

パネル溶接（フランジパネル）

ロボットパネル溶接（ウエブパネル）

ブロック組立①

ブロック組立②

仮組立

塗装

写真 2-7　工場の製作工程

ウンを目的に製品部材の三次元計測値に基づき、コンピューター上で仮組立てと同じ状態をシュミレーションして仮組立てを省略するシステムが形状の比較的簡単なプレートガーダー橋についてなされている。工場内作業の最終段階は防錆のための工場塗装である。塗装の付着を良くし、加工中、鋼材表面についた汚れや油、錆などを取り除くために、小鋼球を部材表面に噴射させるブラスト処理を行う。工場塗装は下・中・上塗り層のうち、中塗りまでなされるケースが多い。

2.4.5 品質とその管理

鋼橋は、長期間にわたって重交通を安全に通す機能と所要の耐久性を有することが重要である。そのための基本的な条件として、設計、製作時の品質が良好でなければならない。特に設計段階の品質は、後工程である製作の良否をはじめ、架設の安全性、将来の維持管理の手間そのものに密接な関連を有し、ライフサイクルコスト（LCC）を最少にする高い品質が求められる。少なくとも道路、鉄道等の示方書で決められている鋼板、溶接等の材料を使用して、適正な設計方法で所定の安全率を有するように設計する必要がある。製作では誤りのない設計図に基づき、示方書等で定められた各種の施工上の品質規程を守ることが基本となる。

また品質管理とは、顧客（一般的には鋼橋の発注者）の要求する品質を保証するために、鋼橋を設計するコンサルタントや製作するファブリケーターが、受注者として実施する自主的で組織的な品質活動のことを指している。品質保証のための検証が製作の各工程で実施され、材料、原寸、溶接、仮組、塗装等の検査があり、重要な検査は顧客の立会いのもとで実施される。わが国の経済・社会のグローバル化に伴って、品質管理は国際標準化機構（ISO）が定めた「品質保証および品質システムに関するISO 9000シリーズ」の認証を受けて品質活動を実施する企業が増大している。この規格は2000年に改訂され、経営者のマネジメントをより重視したシステムに改められた。

鋼橋の製作において管理すべき項目には、設計図に指示された鋼材の材質や厚さをはじめ、部材を組み立てたときの支間、桁高、主桁の間隔、平面対角線長、製作キャンバーなどの基本的な品質のほか、溶接部の外観や内部欠陥に関する事柄も重要であり、それぞれについて、製作示方書等で決められた管理基準を満足するように管理する必要がある。

（1） 外観検査

外観検査は、直接自分の肉眼で溶接部を見て溶接の欠陥を検査する方法であり、最も簡便で効率のよい方法である。検査は溶接が正しい形状で行われているか、溶接部の割れ、溶接ビードの凹凸、アンダーカット、オーバーラップなどの欠陥（図2-22、写真2-8）が生じていないかを見る。特に溶接部の割れは、いかなる場合でもあってはならないため、疑わしい場合には、磁粉探傷法または浸透液探傷法により確認する。また、溶接部内面に包含された欠陥は、放射線透過試験および超音波探傷試験により検査する。

（2） 磁粉探傷法、浸透液探傷法

両試験法とも表面欠陥の検出に広く用いられている。磁粉探傷法は、検査部位を磁化させて（欠陥が無ければ磁場は連続的に分布するが、欠陥があれば磁場が乱れる）欠陥を調べる試験である。浸透液探傷法は、赤色の浸透液を塗布し、溶

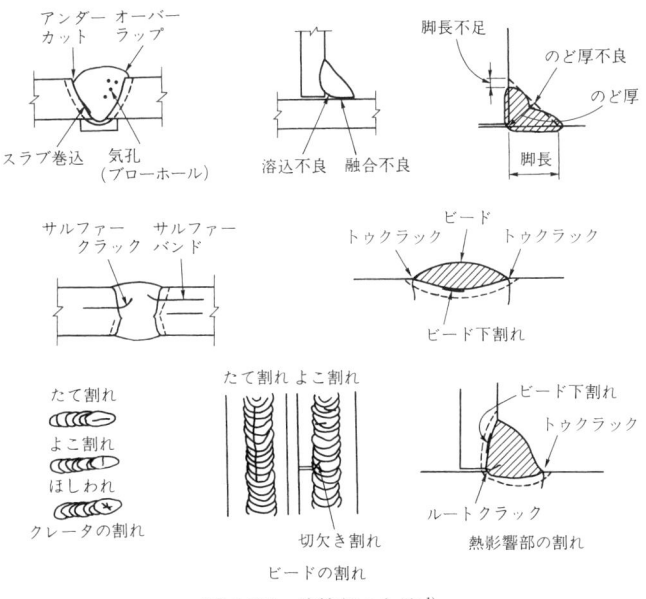

図2-22 溶接部の欠陥[1]

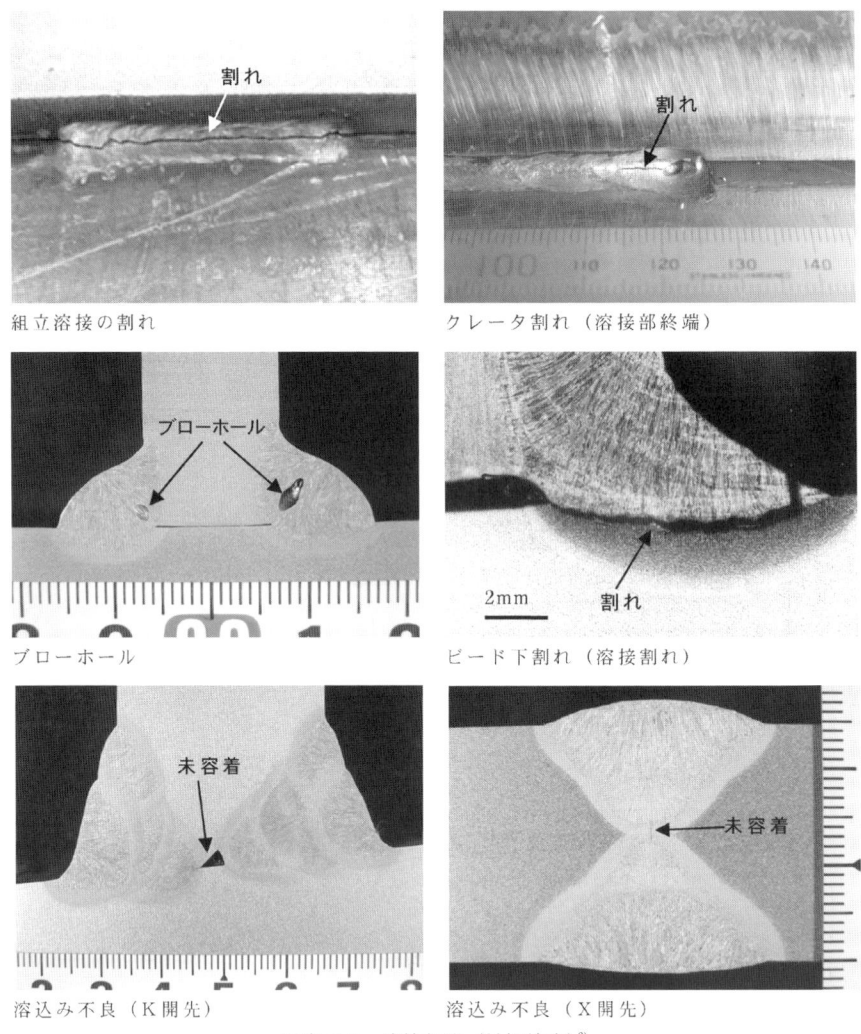

写真 2-8 溶接欠陥（外観検査）[6]

（画像内ラベル：組立溶接の割れ／クレータ割れ（溶接部終端）／ブローホール／ビード下割れ（溶接割れ）／溶込み不良（K開先）／溶込み不良（X開先））

接部に亀裂がある場合には、液が亀裂内部に浸透する。15～30分放置しておいた後に白色現像液を塗布すると、亀裂にしみ込んだ赤色の浸透液が現像液上に浸出し、目視では確認できなかった微細な亀裂を発見することができる。

（3） 超音波探傷試験

超音波探傷試験は、鋭い指向性をもった超音波のパルス（周波数0.5～15メガサイクル）を検査部に発信し、欠陥部（亀裂・異物混入など）より反射され、透過を阻害された超音波の量を探触子で受け、これを電気量に増幅してディスプレーに表示して、欠陥の状況を観察する方法である（**写真 2-9**）。試験の時間が短時間で済み、極厚の部位にも試験できるが、フィルムのように記録を残すことはできない。

（4） 放射線透過試験

X線やγ線を溶接部に照射し、フィルムに感光させ内部の欠陥を調べる方法である（**写真 2-10**）。橋梁の突合せ溶接部の試験方法として用いられており、現在の非破壊試験法のうちでは最も信頼性に富み広く利用されている方法である。透過厚さの1～2％までの大きさの欠陥を確実に検出できる。

鋼橋では、1～5継ぎ手につき1枚のX線撮影をし、JIS Z 3104の2級（引張側）および3級（圧縮側）を合格としている。

第 2 章　鋼構造物とその材料　　109

[第 2 章　引用文献]
1) 土木施工管理技術マニュアル、近代図書、pp.4-20、1989
2) 大田孝二・深沢 誠：橋と鋼、建設図書、2000
3) 三木千寿：鋼構造物（テキストシリーズ土木工学）、共立出版、2000
4) 溶接技術の基礎　溶接学会編
5) 首都高速道路公団：土木工事共通仕様書、p.130、2000.4
6) 鉄道・運輸機構：鋼鉄道橋製作管理の手引き、2010.11

[第 2 章　参考文献]
(1) 稲沢秀行：鋼橋および鋼構造―茨城大学工学部講義用ノート―、1999
(2) 多田宏行：橋梁技術の変遷―道路保全技術者のために―、鹿島出版会、2000
(3) 二杉 巌監修：鉄道土木構造物の耐久性、第Ⅲ編 鋼橋の耐久性、山海堂、2002
(4) 日本道路協会：道路橋示方書・同解説 Ⅱ鋼橋編、2002
(5) 鉄道総合技術研究所編：鉄道構造物等設計標準・同解説、鋼・合成構造物、2009
(6) 鉄道・運輸機構：鋼鉄道橋製作要領、2010.2

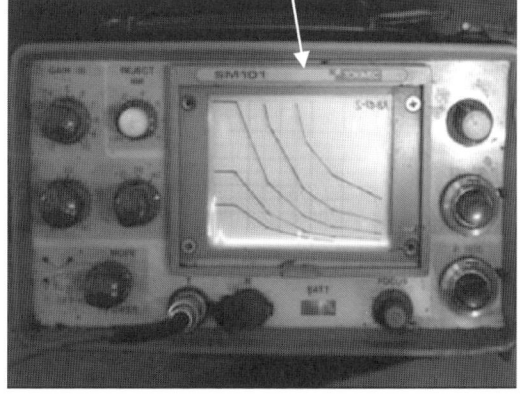

写真 2-9　超音波探傷試験状況

写真 2-10　放射線透過試験状況

第3章
仮設構造物とその材料

3.1 概説

　仮設構造物は、本体構造物を構築するために工事期間中だけ使用される構造体である。なかには本体構造と兼用するものもあるが、その場合は仮設時の応力や変形等を本体構造の設計に組み込む必要がある。

　土木工事は自然の地盤を対象に構造物を築造する。その構造は、橋梁、トンネル、ダム等各種いろいろである。

　橋梁、トンネル、ダム等の主な仮設構造物は、次のものがある。橋梁は、①ステージング工法（支柱用形鋼・木製枕木）、②引出し工法（手延機・トロリー）、③台船使用工法（台船・クレーン船）、④仮締切工法であり、その材料はコンクリート、木材、鋼材等である。山岳トンネルは、その施工法から底設導坑先進上部半断面工法、側壁導坑先進工法、上部半断面工法、全断面工法、NATM工法等がある。都市トンネルでは、開削工法、シールドトンネル工法（圧気式、密閉式機械シールド工法）、パイプルーフ工法、沈埋トンネル工法等がある。また、トンネルのコンクリートを打設するまでの土留め支保工の仮設材料は、鋼材・ロックボルト・吹付けコンクリート等である。ダムについての仮設構造物は、①工事用道路、②仮設建物、③工事用動力・コンクリートプラント等の諸設備、④仮排水路等をいう。それらの仮設材料はコンクリート・木材・鋼材・アスファルト等のほとんどすべての土木材料を使用する。

　これら建設工事に使用される仮設材料は工事内容によって異なるが、本章では仮設構造物のうち、本体構造物に組み込まれない転用可能な仮設材料について述べる。

　本体構造物を築造するために一時的に使用するということからその計画は、安全性・経済性・工程を考慮した選択となる。ただし、仮設材料の許容応力度は一般的に永久構造物許容応力度の5割増としている。

　仮設構造物は、工事期間中に工事関係者の安全を確保し、出来上がっていく本体構造物に支障が生じないもの、また作業がしやすく安価なものでなければならない。さらに、環境負荷低減に寄与したものが望ましい。

　また、仮設材料の使用にあたっては、何回も転用のできるような一般的な構造のものを選定することが基本であり、その使用箇所の仮設計算により材料を選定するが、鋼材等の材料は規格化されているものより選定する。

　東京都内における地下鉄の一般的な工事方法は、駅部を開削工法、駅間をシールド工法で行っている。ここでは、開削工法による地下鉄建設の仮設材料について述べる。

　図3-1の施工時および完成時に示すように、工事の進捗に合わせて撤去し再利用されるものと、そのまま残置されるものがあり、路面覆工用「覆工板」、「覆工桁」、「支保工」および「型枠材」等は撤去して再利用される。なお、「土留め壁」、「中間杭の根入れ部分」については残置される。

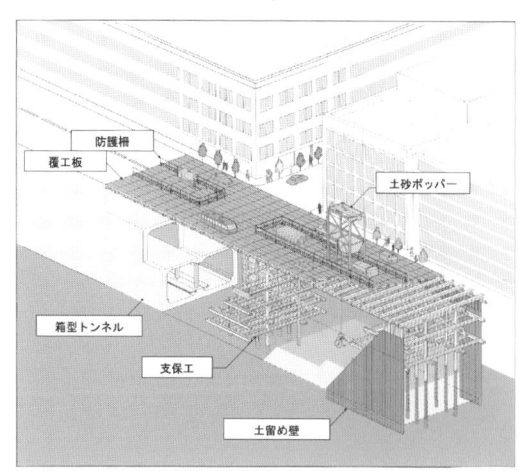

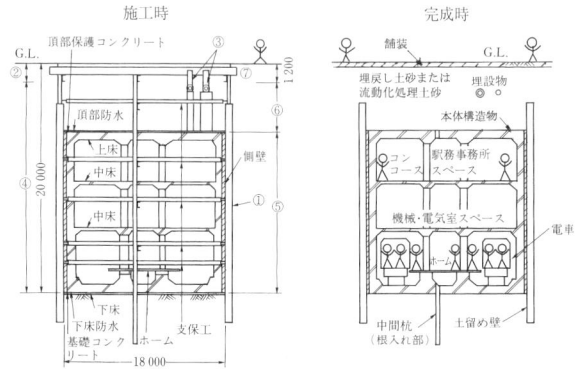

3.2 地下鉄工事の計画の考え方

図3-2に示すとおり工事施工順序は、土留め壁および中間杭建込み、路面覆工、埋設物防護、掘削、構築、埋設物復旧、埋戻し、道路復旧の順序である。

地下鉄工事の工法を選定するにあたっては、種々の制約条件がある。その条件の主なものは、①現地環境、②地形地質、③工事費および工期であり、これらの要件により、種々の工法を検討する。

（1） 現地環境による検討

現地環境には、現地が商業地域か住宅地域かという用途地域、交通量はどの程度あるか、地下の支障物があるか等、種々の検討要件がある。最近は地下鉄工事においても、その公共性、完成後の利便性は認めるものの、建設時および完成後の環境保全（公害対策）に、厳しい要求がなされ、特に住宅地住民からは、騒音・振動等の理由から深夜作業と路上工事をできるだけ少なくするような要望が強くなっている。

（2） 地形・地質による検討

地形については、都市内においても丘あり、谷あり、また市街地の開発で見えなくなっている旧河川、湖沼等が地下に存在している。これらについては、事前の踏査、地質調査を綿密に行い確認する必要がある。また、地質についても、事前の調査が重要であるが、特にN値0～2を示す軟弱

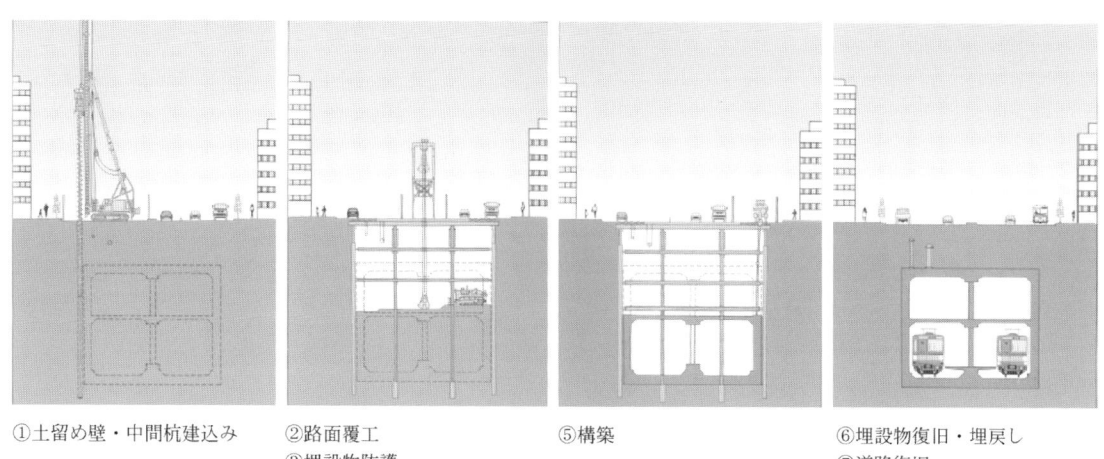

①土留め壁、②路面覆工、③埋設物防護、④掘削、⑤構築、⑥埋設物復旧埋戻し、⑦道路復旧

図3-1 地下鉄箱型駅部施工順序図

①土留め壁・中間杭建込み　②路面覆工　③埋設物防護　④掘削　⑤構築　⑥埋設物復旧・埋戻し　⑦道路復旧

図3-2 工事施工順序フロー

土留め壁および中間杭建込み 　　覆工板架設 　　　　　　　　　路面覆工

埋設物防護 　　　　　　　　　　構内掘削 　　　　　　　　　　　土留め支保工

鉄筋組立 　　　　　　　　　　　コンクリート打設 　　　　　　　構造物築造

埋戻し 　　　　　　　　　　　　道路復旧

地盤、地下水が豊富で高い間隙水圧を有するルーズな砂地盤、また、高被圧水がある砂および砂礫地盤は、土留め工法の採用にあたって十分な検討を要する。

(3) 工事費および工期による検討

莫大な建設費を必要とする地下鉄建設において、建設費の安い工法を選択することは、土木技術者の努めである。

開削工法における工事費は、浅いほど安く、深くなるに従い高くなる。一方、工期についても、長期間を要する工法は莫大な投資金を遊休させることとなり、加えて利息も累加するため、高い工

法を選択したのと同様である。したがって、工事費と同様工期も工法選定の大きな要素として検討する必要がある。工法選定にあたっては、すべてを総合的に検討することが必要であり、検討は一案のみに限定することなく数案を比較しながら最良の工法を選択する必要がある。

3.3 地下鉄工事の仮設構造物の材料と設計・施工の考え方

3.3.1 土留め壁および中間杭建込み

土留め壁とは、土中に構造物を築造する際の掘削を行うために、本体構造物の両側線に施工する連続壁等である。この土留め壁の目的は、掘削背面地盤の土圧・水圧を支えて地盤沈下や崩壊を防止し、周辺建物に影響を及ぼさないことである。

また、路面覆工の荷重を支持する役割もある。

工法の選定には、地質、周辺環境、経済性等を考慮して行う必要がある。

土留め壁に使用される仮設材は、土留めの工法により異なるが、親杭横矢板工法ではオーガーで削孔された穴に建込む形鋼（H形鋼）および掘削時に取り付ける木矢板がある。柱列式地下連続壁においても同様に形鋼（H形鋼）およびモルタル（富配合）である。止水性を高める土留めとして鋼矢板、鉄筋コンクリートの地下連続壁がある。鉄筋コンクリートの地下連続壁は仮設材料としてだけでなく、構造物の一部として利用される場合が多い（図3-3、表3-1〜3-5参照）。

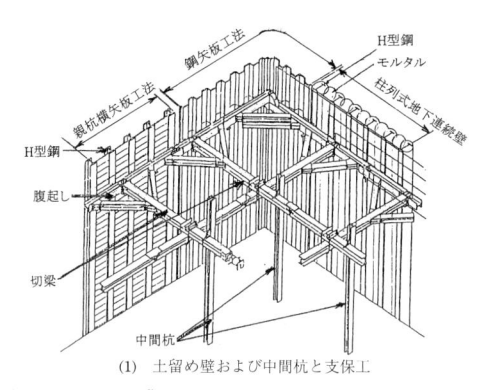

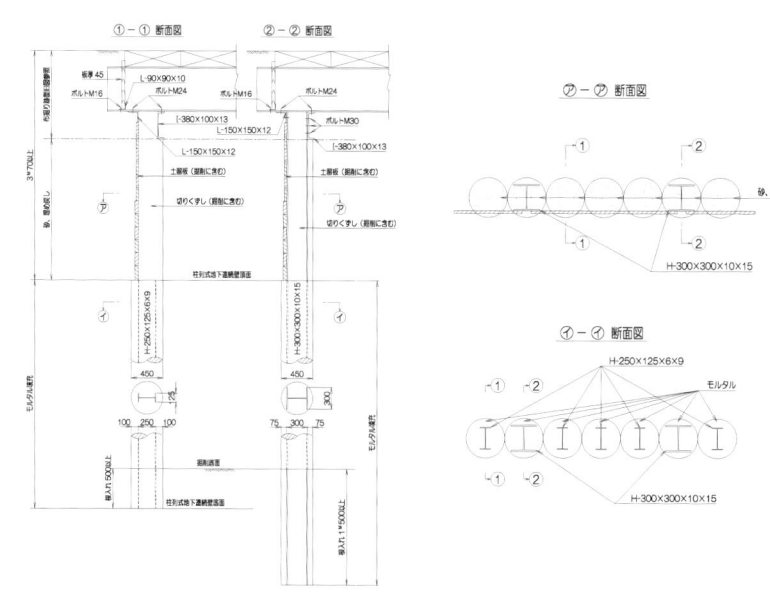

(1) 土留め壁および中間杭と支保工

(2) 柱列式地下連続壁側面図[1]　　(3) 柱列式地下連続壁側面図[1]

図3-3　土留め工法

表 3-1 鋼材断面性能表[4]

種別	寸法 (mm) A B t_1 t_2	断面積 (cm^2)	単位質量 (kg/m)	断面2次モーメント $I_x(cm^4)$	$I_y(cm^4)$	断面2次半径 $i_x(cm)$	$i_y(cm)$	断面係数 $Z_x(cm^3)$	$Z_y(cm^3)$	使 用 目 的
H形鋼	900*300*16*28	305.8	240	404 000	12 600	36.4	6.43	8 990	842	覆工桁
	800*300*14*26	263.5	207	286 000	11 700	33.0	6.67	7 160	781	〃
	700*300*13*24	231.5	182	197 000	10 800	29.2	6.83	5 640	721	〃
	594*302*14*23	217.1	170	134 000	10 600	24.8	6.98	4 500	700	〃
	588*300*12*20	187.2	147	114 000	9 010	24.7	6.94	3 890	601	〃
	400*400*13*21	218.7	172	66 000	22 400	17.5	10.1	3 330	1 120	覆工桁、梁、杭
	300*300*10*15	118.5	93	20 200	6 750	13.1	7.55	1 350	450	〃
	250*125* 6* 9	36.9	29.0	3 960	1 294	10.4	2.82	317	47	杭
	200*200* 8*12	63.5	49.9	4 720	1 600	8.6	5.02	472	160	埋設受、杭、梁
I形鋼	600*200* 11*17	131.7	103	75 600	2 270	24.0	4.16	2 520	227	覆工桁
	600*200*12*25	167.4	131	100 000	3 640	24.5	4.47	3 350	334	覆工桁
溝形鋼	380*100*13*20	85.7	67.3	17 600	655	14.3	2.76	926	87.8	桁受、埋設受
	300* 90* 9*13	48.5	38.1	6 440	309	11.5	2.52	429	45.7	梁受、埋設受
山形鋼	150*150*12	34.8	27.3	740	740	4.6	4.6	68	68	桁受
	150*150*10	29.2	22.9	627	627	4.6	4.6	57.3	57.3	梁受、埋設受、綾構
	90* 90* 10	17.0	13.3	125	125	2.7	2.7	19.5	19.5	継材、埋設受
	75* 75* 9	12.7	9.9	64	64	2.2	2.2	12.1	12.1	梁受
	外径mm 厚さmm									
鋼管矢板	500　9	138.9	109	41 800				1 670		パイプルーフ
	14	213.8	168	63 200				2 530		〃
	600　9	167.1	131	73 000				2 430		〃
	14	257.7	202	111 000				3 690		〃
	700　9	195.4	153	117 000				3 330		〃
	16	343.8	270	201 000				5 570		〃
	800　9	223.6	176	175 000				4 370		〃
	16	394.1	309	303 000				7 570		〃
	W h t									
鋼矢板	400*100*10.5	61.2	48	1 240				152		締切用
	400*125*13.0	76.4	60	2 220				223		〃
	400*170*15.5	96.9	76	4 670				362		〃

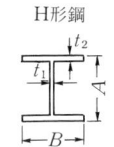

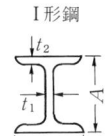

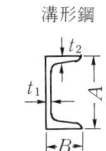

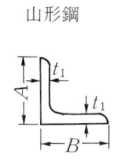

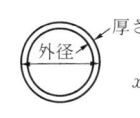

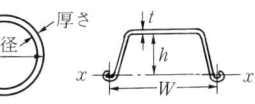

表 3-2 木材の許容応力度[5]

木材の種類		許容応力度　(N/mm²)		
		曲げ	圧縮	せん断
針葉樹	あかまつ、くろまつ、からまつ、ひば、ひのき、つが、べいまつ、べいひ	13.20	11.80	1.03
	すぎ、もみ、えぞまつ、とどまつ、べいすぎ、べいつが	10.30	8.80	0.74
広葉樹	かし	19.10	13.20	2.10
	くり、なら、ぶな、けやき	14.70	10.30	1.50
	合板	16.50	13.50	1.05

表 3-3 富配合モルタル標準配合[2]

モルタル1m³に用いる量（質量）(kg)						設計基準強度 f_{ck}(N/mm²)
セメント	フライアッシュ	減水剤	混和剤	砂	水	21
520	210	1.3	5	671	478	

・モルタルの減水剤は、ポゾリスNo.8又は、これと同等品以上とする。
・モルタルの混和剤は、監督員の承諾を得ること。
・モルタルの混和は、材料を質量で計算し、次の順序により投入すること。
①水　②混和剤　③減水剤　④フライアッシュ　⑤セメント　⑥砂

表 3-4 貧配合モルタル標準配合[2]

モルタル1m³に用いる量（質量）(kg)				
セメント	フライアッシュ又はセミフライアッシュ	ベントナイト (200メッシュ)	砂	水
30	275	110	856	480

表 3-5 地下連続壁コンクリート標準配合[2]

呼び強度 (N/mm²)	呼称	設計基準強度 (N/mm²)	呼び強度保証材齢 (日)	セメント種類	水セメント比 (W/C)
30	30-18BB	24	28	高炉(B)種	50%以下

スランプ (cm)	粗骨材最大寸法 (mm)	空気量 (%)	最大単位水量 (kg/m³)	最小セメント量 (kg/m³)	混和剤種類
18±2.5	20	4.5±1.5	—	350	AE減水剤

また、近年の地下鉄工事は、駅部が開削工法で、駅間トンネルがシールド工法で施工しており、駅部の工事において、駅始終端部にシールド発進・到達の立坑が施工されている。

従来のシールド発進・到達工は、防護工として噴射攪拌工法等により地盤改良を行い、坑口・立坑土留め壁の切断撤去作業は人力により取壊しを行っていた。しかし最近では、シールド機のカタービッドで切削できるFFU部材を土留め壁（FFU壁）に使用することにより、危険を伴う人力作業を行わずにシールド機の発進・到達が可能となるシールド発進到達用土留壁（SEW）工法を採用している。SEW工法は、従来工法に比べて地盤改良範囲を縮小できるため、工期短縮・コスト削減が図れる。また、危険を伴う鏡切りが不必要で、切羽を開放しないため発進・到達時の安全性も確保できる。

FFU部材とは、硬質ウレタン樹脂よりなるプラスチック発泡体をガラス長繊維の無機繊維で強化した材料である。これを接着剤で圧着積層した壁をFFU壁という（図3-4参照）。

FFU部材は、切削性が良いためシールド機のカッタービットの摩耗もなく、短時間での切削が可能であり、切削時の騒音・振動が少ない。しかし、SEW工法を適用するにあたり、FFU壁が土圧・水圧に耐えられることが条件となる。

中間杭については、親杭横矢板工法と同様に形鋼（H形鋼）およびモルタルが使用される。

これら仮設材料のうち、親杭横矢板工法および中間杭の一部形鋼については、使用後引抜きあるいは切断撤去し再使用される仮設材料である。

なお、木矢板の使用にあたっては松材を基本とする。

3.3.2 路面覆工

路面覆工は路面交通を確保するため、土留め壁または中間杭を支点として、形鋼（H形鋼）による覆工桁を架設（標準間隔2m）し、その上に覆工板を敷設する。覆工桁は、スパンや荷重によりその使用形状が異なるが、応力度の他に活荷重によるたわみの制限にも注意して設計する。

施工は路面交通を阻害して行うこととなるので、その作業範囲等の計画は慎重な検討を要する。

覆工桁および覆工板はリース材であり、このリース材は転用回数の多いものもあるので、使用にあたっては、許容応力度の低減を考慮する必要がある。

路面覆工に使用される仮設材料は、覆工桁としての形鋼（H形鋼、I形鋼）がある。この覆工桁はほとんどが転用材であり繰り返し使用されているものが多い。

桁受け用の溝形鋼、山形鋼は土留め杭等にボルトで取り付けられるが、使用後の転用は少なくスクラップとなる。

覆工板は鋼製、鋳鉄製、コンクリート（鋼材との合成）製等がある。覆工板は交通量により耐用年数が異なるが、4～5年で交換している（表3-1、図3-5参照）。

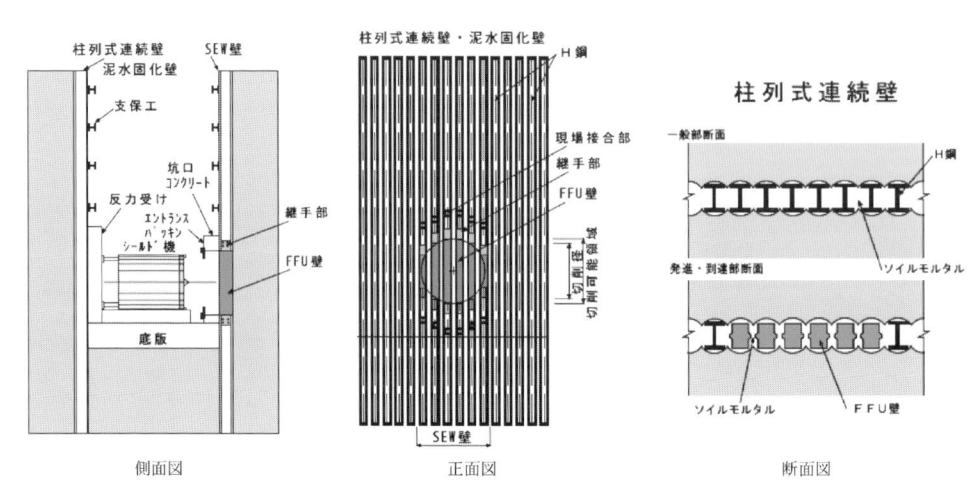

図3-4　SEW工法施工例[7]

図 3-5　各種覆工板[6]

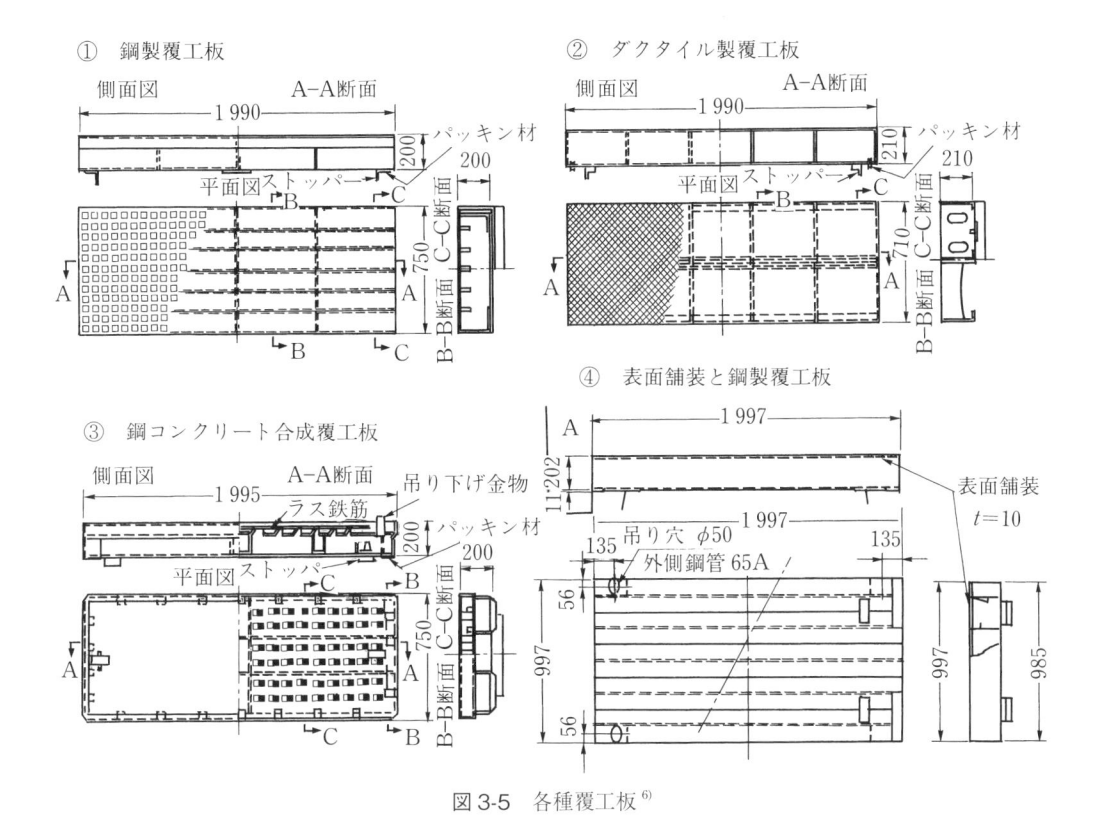

3.3.3　埋設物防護

　一般に道路内には、通信、電力、ガス、上下水道等の管渠が埋設されており、それぞれ重要な役割を担っていることから、その扱いには慎重な対応が必要となる。掘削工事はこれらの機能を阻害することなく、吊り防護または受け防護を行う。一般的に吊り防護は、路面交通の振動等の影響を避けるため、覆行桁からではなく、専用桁からの吊り防護となる。規模や荷重の大きい埋設物については、受け防護による。

　埋設物防護に使用する仮設材料は、吊り防護においては、専用吊り桁としての形鋼（H形鋼）、その他溝形鋼、山形鋼を使用し、それらの形鋼よりワイヤロープで吊り防護するが、ワイヤロープと管の間に板やゴム板を挿入し管の防護を行う。大型埋設物の受け防護は、形鋼（H形鋼、溝形鋼、山形鋼）およびコンクリートにより下受けする。吊り防護に使用される専用桁は撤去され再使用される（図 3-6 参照）。

3.3.4　掘　削

　一般的な開削工法においては、強度特性、経済性、作業性から鋼製切梁方式の支保工が最もよく用いられる。

　この方式は、腹起し、切梁、継材、切梁受け等で構成される。腹起しは土留め杭や壁からの土圧を正しく、かつ均等に受け、これを切梁に伝達するための部材であり、切梁は伝達された土圧を支える圧縮部材である（標準水平間隔 2m）。その配置は土留め壁の強度、地下構造物の施工順序を考慮して設計する。また、掘削にあたっては、軟弱地盤でのヒービング、高被圧水下での掘削に伴うボイリング、盤ぶくれ等の検討を必要とする。施工にあたっては、施工区割、掘削計画（人力、機械の施工区分、機種）、掘削土砂の搬出および処分、環境保全、安全対策（埋設物、風水害）等を検討して設計・施工を行う。なお、施工条件が悪い場合は、各種の補助工法を用いて対処する。掘削により発生する土砂は、環境保全上から、再使用することが最近考慮されている。

　補助工法の採用にあたっては、市街地での施行が多いことから、施工環境を考慮し選択する必要がある（図 3-7 参照）。

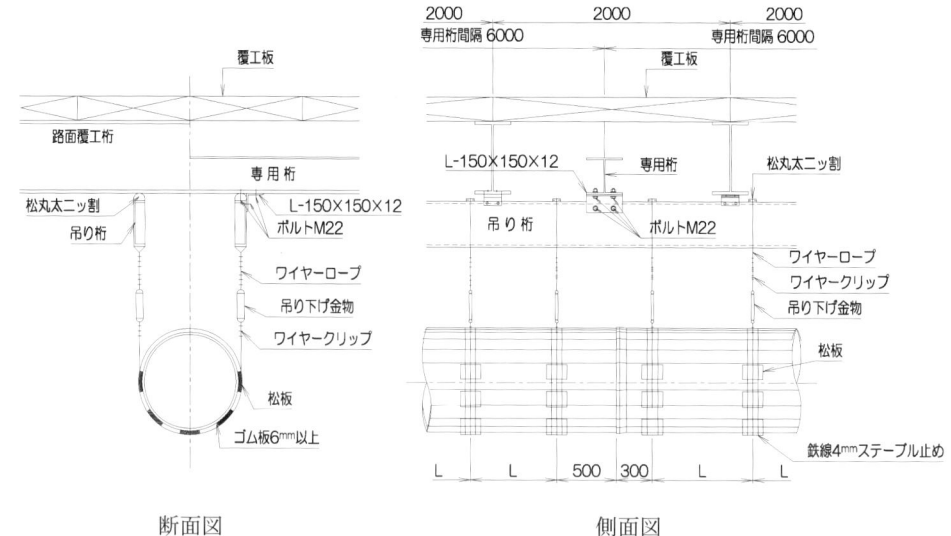

呼び径 D(mm)	吊り間隔 L(m)	ワイヤーロープ (mm)以上	吊り下げ金物 (ターンバックル) (mm)以上	ワイヤークリップ		松板	吊り桁(溝形鋼)
				記号	数量		
75 350	2.0	8	9	FR-8 MR-8	4コ 4コ	100×50×30	200×80×7.5×11
400 600			12			150×100×30	
700 1000	1.0	14	19	FR-14 MR-14	4コ 4コ	200×100×36	φ700〜φ1200：300×90×12×16
1100 1500		18	25	FR-18 MR-18	5コ 5コ		φ1350〜φ1500：380×100×10.5×16

図 3-6　埋設物防護（水道管の例）[3]

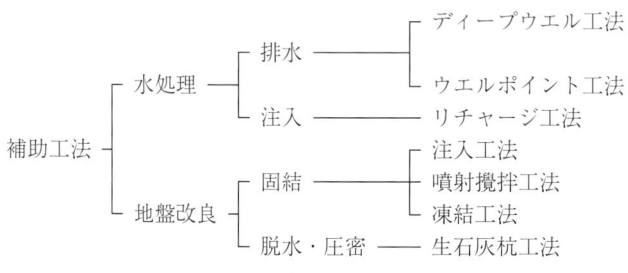

図 3-7　地下鉄工事を対象とした補助工法

　掘削に使用する仮設材料は、掘削に伴い土留め壁の防護のため支保工を設置しながら行うが、この支保工には形鋼（H形鋼）を使用し、掘削の深さにより何段も設置することとなる。支保工径間が長い場合は継材（山形鋼）により締結し支保工の補強を行う。また、中間杭には形鋼（山形鋼）による綾構を取り付け路面荷重の分散を図る。
　支保工は撤去され再使用されるが、継材、綾構に使用される形鋼は、撤去後再使用される場合もある。なお、親杭横矢板工法の場合は、掘削に併せて木矢板により土留めを行う（図3-8参照）。

3.3.5　本体構造物築造
　型枠および支保工は、コンクリート打設時の打設圧や衝撃に十分耐えられる強度を有し、組上がり精度が高く、組立解体が容易であるものがよい。通常、側壁の外型枠は側部防水の下地板が兼用されるが、側壁の内型枠、中壁、柱、上床等の型枠はメタルホームが使用される。支保工は、先行施工された構築の一部や中間杭等を利用しなが

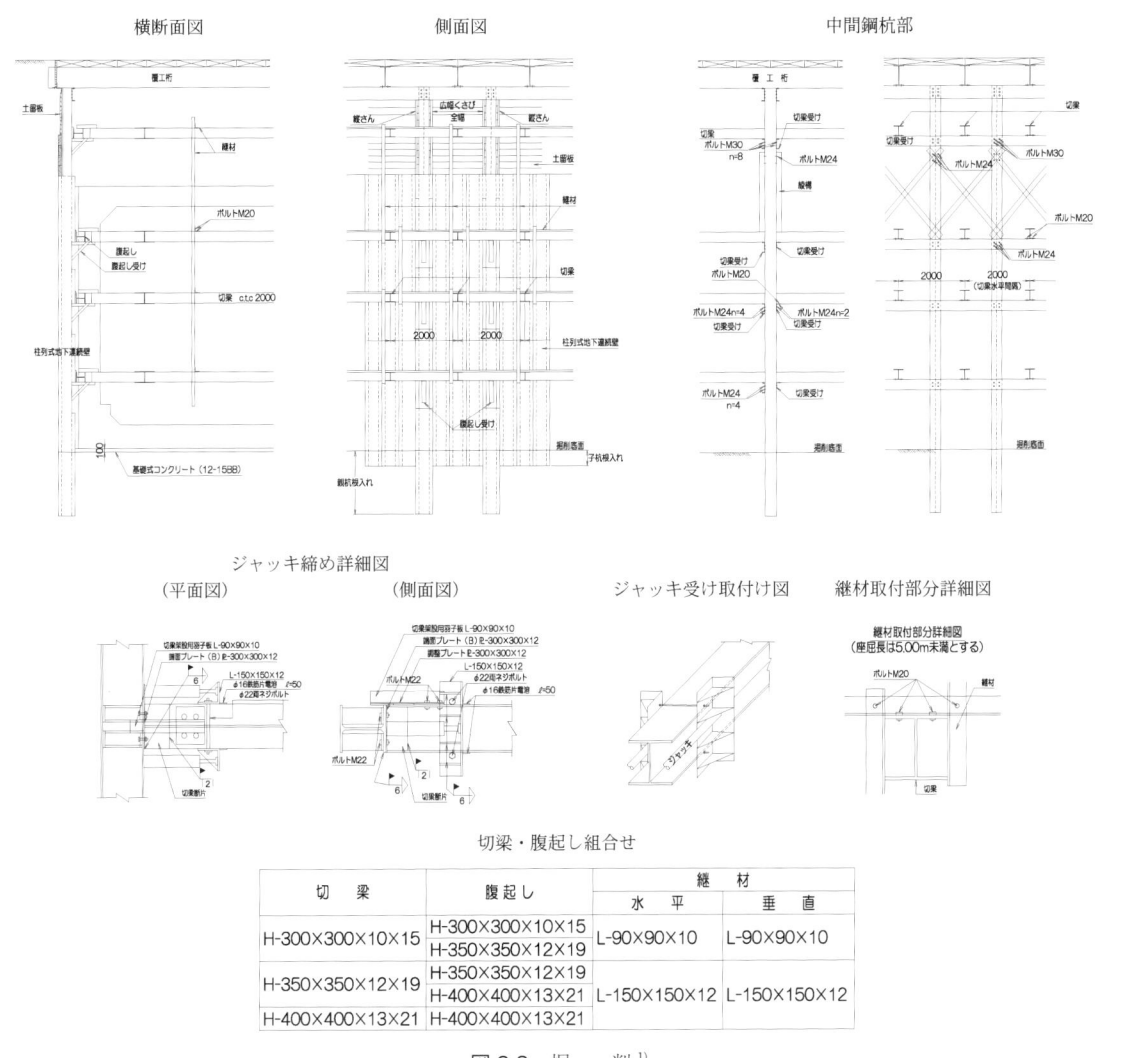

図 3-8 掘 削[1]

切　梁	腹起し	継　材	
		水　平	垂　直
H-300×300×10×15	H-300×300×10×15 H-350×350×12×19	L-90×90×10	L-90×90×10
H-350×350×12×19	H-350×350×12×19 H-400×400×13×21	L-150×150×12	L-150×150×12
H-400×400×13×21	H-400×400×13×21		

ら、ビティやパイプサポートを適宜組み合わせて用いる。上床部の型枠は鉄筋重量、コンクリート重量等により支保工の遊びがつまることが考えられるので普通1～2cm程度上げ越して組み立てられる。

木製型枠は一般的に使用は少ないが、調整用間隔材に使用されている。

本体構造物築造における仮設材料は、コンクリート打設時における型枠工である。型枠はまず構造物築造に合わせた支保工（ビティパイプ、足場パイプ）を組み立て、その側面または上面に型枠材（鋼製板、木製板等）を構造物の設計寸法にあわせてセットする。型枠材にはコンクリートとの剥離をよくするために事前に剥離材を塗布しておく必要がある。

この支保工材、型枠材はすべて撤去して転用され再使用することとなる。しかし、一部の構造が複雑な箇所においては木製の型枠を使用することとなり、これらの転用はできないため一時的な使用として撤去後破棄される（図3-9参照）。

3.3.6　埋設物復旧、埋戻し

埋設物復旧については、最近では建設発生土と固化材を用いた流動化処理土で埋戻しを行っているため、埋戻し後の沈下が小さいので、受け台による施工を行う必要がなくなった。なお、流動化処理土で埋め戻しを行う場合は、埋設物の浮力防止等を行う必要がある。従来の土砂による埋戻

構造物正面図

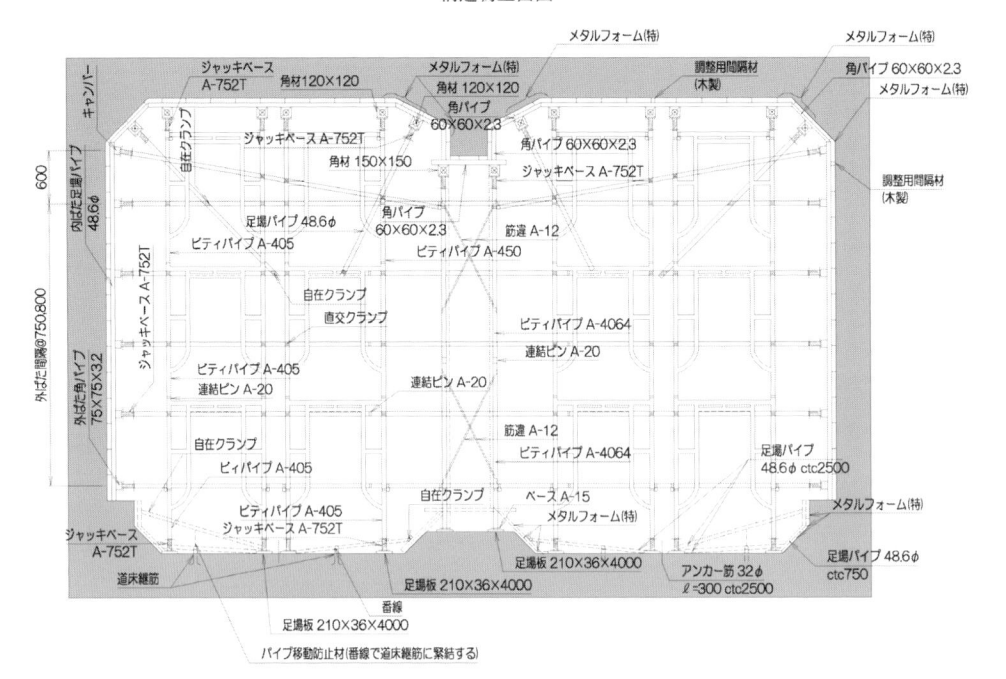

柱正面図

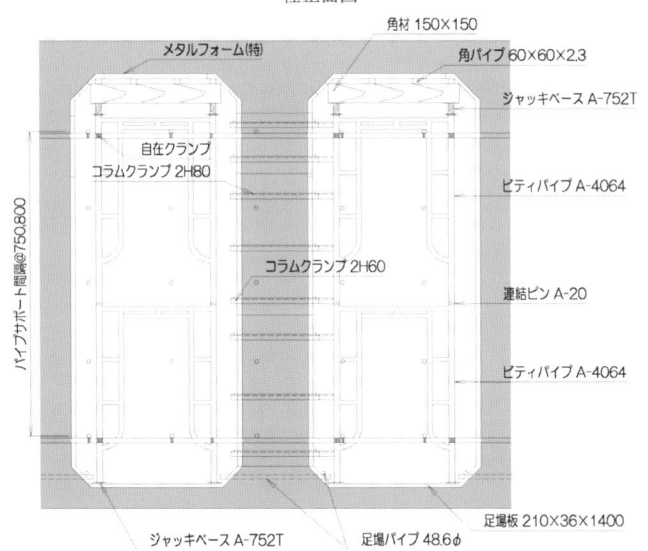

スラブ厚による各部材間隔

上床コンクリート厚 (cm)	根太(角パイプ)間隔 (cm)	枠組間隔 (cm)
～40	60	120
41～50	50	120
51～65	40	90
66～75	30	90
76～95	30	60

側壁厚による内ばた、外ばたパイプサポート間隔

側壁コンクリート厚 (cm)	内ばた間隔 (cm)	外ばた間隔 (cm)	パイプサポート間隔 (cm)
～50	75	80	120
51～75	75	75	90
76～95	75	75	60

図 3-9　本体構造物築造[1]

しを行う場合の埋設物復旧は、埋設物の種類、施工性等を考えて設計するが、一般的にはコンクリート壁やブロック壁の受け台に埋設物を受け替える。特に大型の下水管、水道管、人孔、洞道等は、堅固なコンクリート壁等に受け替えるが、工事施工前には各埋設管理者の了承を得ておく必要がある。

従来の埋戻しは、規格粒度を満足する土砂で埋め戻すが、その締固めは、原則的に転圧機で締め固める。転圧ができない部分については、水締め等により十分締め固める必要がある。

（1） 流動化処理土

建設発生土の処分が社会的問題になっている。流動化処理土は建設発生土を有効利用するため、建設発生土に固化材を加えて混練することにより流動化された安定処理土で埋戻し材として使用する。

なお、流動化処理土（材齢28日、一軸圧縮強度6,000kN/m2）はシールドトンネルのインバート部にも使用されている（図3-10 参照）。

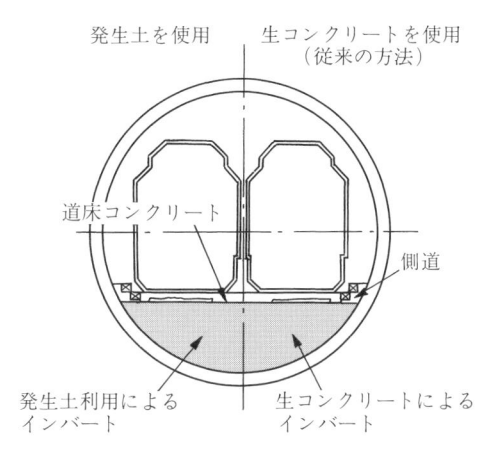

図3-10　シールドトンネルでのインバート使用例

（2） 流動化処理土の性質

埋戻し材として使用されるため、性質は次のとおりである。

① 流動性：埋設物の管路の間や狭隘な箇所に充填できること。
② 耐力性：路面荷重等に十分に耐えられ、掘削にも容易な強度であること。
③ 透水性：地下水の浸食を受けないこと。
④ 粘着性：地震時に液状化しないこと。
⑤ 圧縮性：体積収縮や沈下が小さいこと。

（3） 流動化処理土の品質基準

埋設物が敷設されている道路を流動化処理土で埋め戻す場合の要求品質は表3-6 のとおりで、原料土の土質、交通開放時期によって固化材の種類、添加水量等を変える必要があることから、事前に配合設計を行い、道路管理者の承認を得ることが必要である（表3-7、写真3-1 参照）。

表3-6　品質要求[8]

埋設管の埋戻し	一軸圧縮強さ	車道下の場合	交通開放時 130kN/m²以上
			28日後 200～600kN/m²以上
		歩道下の場合	交通開放時 50kN/m²以上
			28日後 200～600kN/m²以上
	フロー値		140mm以上（打設時）
	ブリーディング率		3%未満
シールドトンネルインバート部	一軸圧縮強さ		6000kN/m²以上
	フロー値		110mm以上（打設時）
	ブリーディング率		1%未満

表3-7　流動化処理土の配合[8]

発生土	泥水密度(kg/m³)	泥水(kg)	発生土（kg）			固化材(kg/m³)	泥水混合比P
			ローム	山砂	礫		
山砂	154	424	—	1464	—	100	56.9

写真3-1　流動化処理土の打設状況

従来の埋設物復旧を施工する場合の仮設材料は、各埋設物を構築上床から支えるための鉄筋コンクリート、形鋼（H形鋼）、ブロック材、木材等がある（図3-11 参照）。

埋設物復旧に使用される仮設材料はすべて埋殺しとなる。

[鉄筋コンクリート]

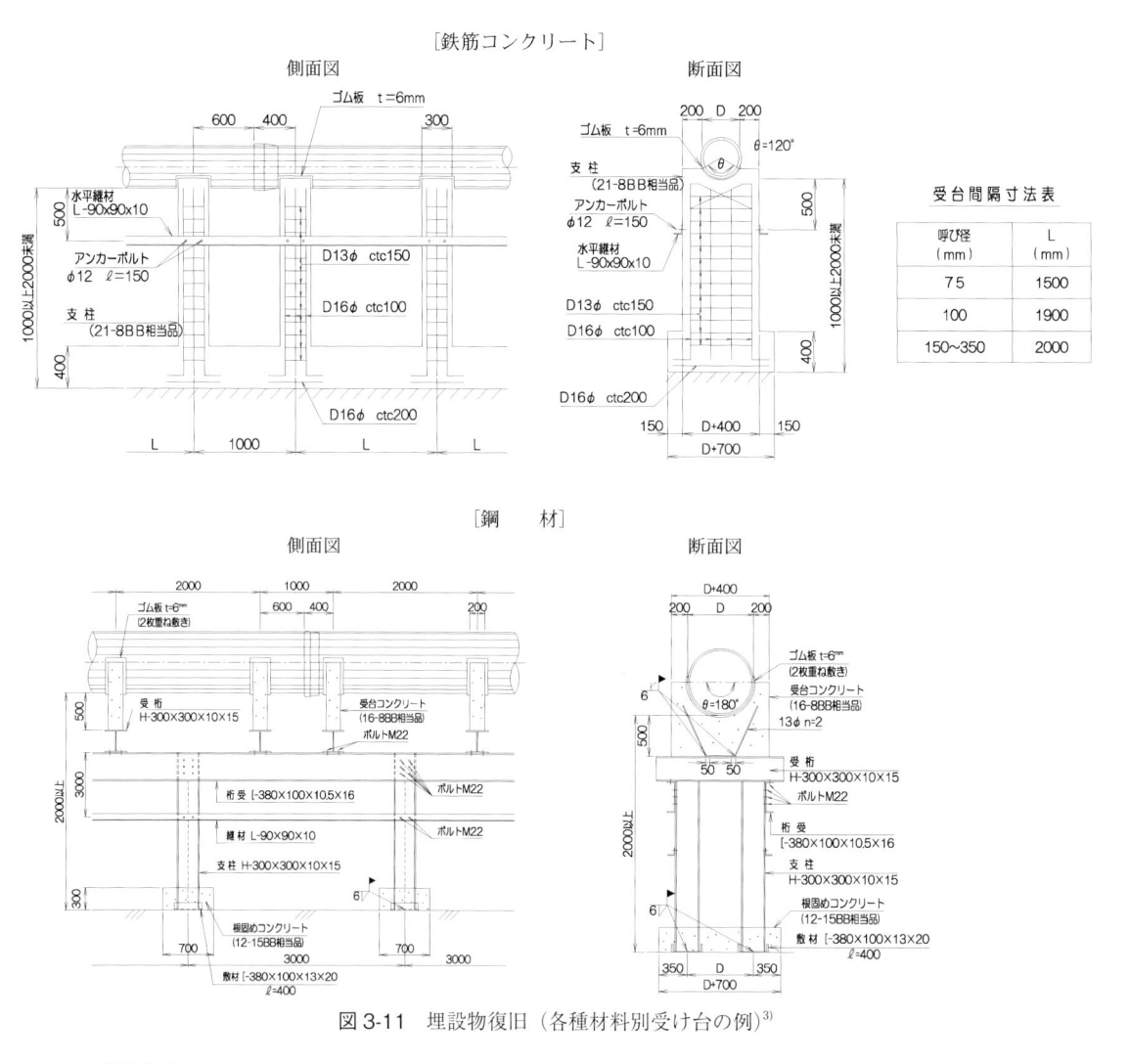

呼び径 (mm)	L (mm)
75	1500
100	1900
150〜350	2000

受台間隔寸法表

[鋼　材]

図 3-11　埋設物復旧（各種材料別受け台の例）[3]

3.3.7　道路復旧

埋戻しが路面覆工下まで完成すると（地表より1.2m）路面覆工撤去に合わせて仮々舗装工事を行う。流動化処理土で埋戻した場合は、路盤等を本舗装構造にしておき、仮々舗装から直接本舗装を行う。埋戻しを従来の土砂で施工した場合は、覆工撤去が全部完了した時点において、仮々舗装を撤去し仮舗装として砕石、粗粒アスコン、細粒アスコンの互層の舗装工事を行う（図3-12参照）。

本舗装は、官民境界の標高を基準とし道路標高を決定した値に基づき、各道路の基準に沿ってアスファルト舗装を打ち直すことになる。

なお、従来の埋め戻しの場合の本舗装は、仮舗装後1〜2年放置して地盤の安定を待って行う。

流動化処理土を用いた埋戻しの場合の道路復旧における仮設材料は、仮々舗装時の路盤用の砕石（クラッシャラン、粒調砕石）とアスファルトを撤去し本舗装構造に打ち替えるので、これが仮設材料となる。

従来の土砂で埋め戻した場合の道路復旧における仮設材料は、仮々舗装の材料と、仮舗装時の路盤用の砕石（クラッシャラン、粒調砕石）と舗装用のアスファルトを撤去し本舗装構造に打ち替えるのでこれ仮設材料となる。街渠および官民境界には、コンクリートとコンクリートブロックが使用される。この使用材料は、区道、都道、国道によって規格が異なり、道路管理者の規定に基づき道路復旧を行う。

①従来の埋戻し、埋設復旧、道路復旧施工順序図

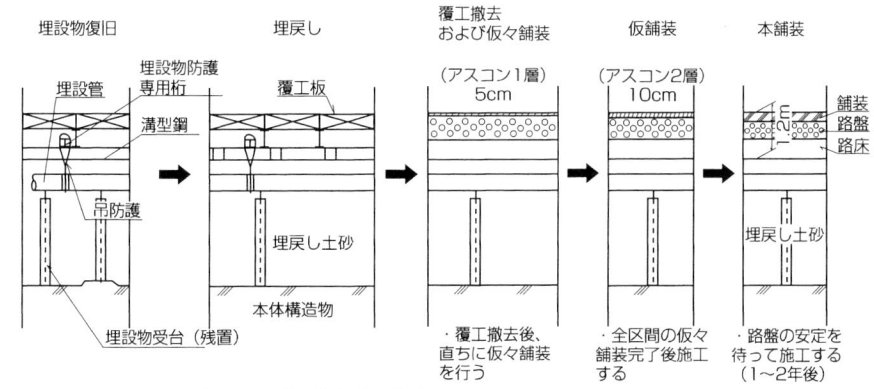

②流動化処理土による埋戻し、道路復旧施工順序図

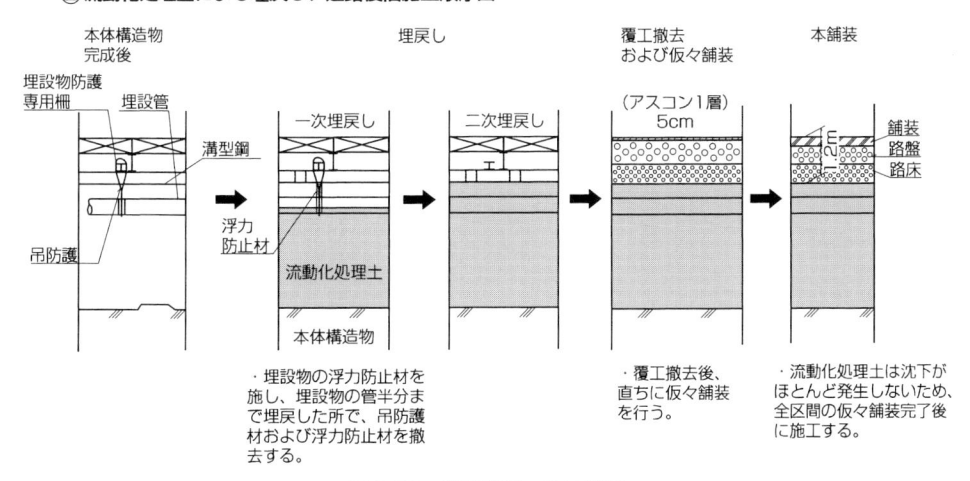

図3-12　道路復旧の施工順序

[第3章　引用文献]

1) 東京地下鉄(株)改良建設部・工務部：一般設計図並びに標準図、2008
2) 東京地下鉄(株)改良建設部・工務部：土木工事標準示方書(総則)、2008
3) 東京地下鉄(株)改良建設部・工務部：埋設物防護並びに復旧標準図、2008
4) 新日本製鉄(株)：建設用資材ハンドブック、2010
5) 土木学会：コンクリート標準示方書［施工編］、2007
6) 中村信義ほか：現場技術者のための地下鉄工事ポケットブック、山海堂、1987
7) (株)錢高組・積水化学工業(株)：シールド発進到達用土留め壁（SEW）工法設計施工指針(案)、1999
8) 独立行政法人土木研究所・(株)流動化処理工法総合監理編：流動化処理土利用技術マニュアル、技報堂出版、2008

第4章
アスファルト舗装とその材料

4.1 概　説

アスファルトコンクリートの主な使用場所は道路である。その道路が人工的に築造され、舗装されるようになったのは車両の出現によることが大きく、舗装技術の進歩も車両の変遷に追随してきた。古代の記録では新バビロニア帝国、ローマ帝国にさかのぼり、特にローマ帝国の道路網は有名である。しかし18世紀半ばまでは、大小の石と砂を材料とし、一部、石灰を固化材として舗装を行う砂利道または石組舗装であった。近代的なアスファルト系およびセメント系舗装が開発されたのは18世紀以降である。1824年のポルトランドセメントの発明、天然アスファルトの採取といった結合材の開発が、現代の舗装技術発展の基となる。聖書にノアの箱船の記述があるように、天然アスファルトは防水材などに利用されていたが、18世紀半ばに舗装に使用されるようになった。これは天然アスファルトの運搬路が、こぼれたアスファルトにより良好な路面になることから応用されたと伝えられている。その後、石油工業の発達による石油アスファルトの量産、自動車の発明とモータリゼーションの発達とあいまってアスファルトコンクリート舗装（通称、アスファルト舗装）は現代に至っている（写真4-1）。

写真4-1　アスファルト舗装の施工状況

本章では、道路の規格の概要と舗装工種の代表であるアスファルト舗装の材料、設計、施工を解説する。

4.1.1 道路の構造規格

わが国の道路の規格は、道路法の定めにより制定される政令「道路構造令」（1970年発効、2004年改正）によっている。その概要は表5-1のとおりである。

（1）構造規格

道路は、高速道路・自動車専用道路と一般道路がそれぞれ都市部と地方部の計4種類に分類される。高速道路・自動車専用道路は、都市部は2種類、地方部は4種類に分類される。一般道路は都市部は4種類、地方部は5種類に分類される。

分類された各種の道路は、さらに日当り計画交通量により、また山岳地帯にあるか平野部にあるかによって、表4-1に示すように分類される。

（2）横断形状

道路の横断形状を構成する要素は下記のとおりであり、その例を図4-1に示す。

① 車道（車線、駐車車線、バス停留所、非常駐車帯など）
② 中央分離帯
③ 路肩
④ 自転車道または自転車道歩道併用路
⑤ 歩道
⑥ 緑樹帯

（3）線　形

平面曲線、縦断勾配といった道路の線形は、通行車両の安全性、快適性の要素である。これらは道路の設計速度から決定される。なお、高速道路を例にとると、全体の5割を占める80km/hの設計速度では、最小曲線半径400m、標準最急勾配

表 4-1　道路の種級区分の体系[1]

地域	種別	級別	設計速度 (km/h)		出入制限	計画交通量（台/日）				摘要
						30,000以上	30,000～20,000	20,000～10,000	10,000未満	
高速自動車国道および自動車専用道路	地方部	第1種 第1級	120	100	F	高速・平地				
		第2級	100	80	F・P	高速・山地	高速・平地			
						専用・平地				
		第3級	80	60	F・P			高速・山地	高速・平地	
							専用・山地	専用・平地		
		第4級	60	50	F・P				高速・山地	高速の設計速度は60のみ
									専用・山地	
	都市部	第2種 第1級	80	60	F	高速、専用・都心以外				
		第2級	60	50 40	F	専用・都心				

地域	種別	級別	設計速度 (km/h)		出入制限	計画交通量（台/日）						摘要
						20,000以上	20,000～10,000	10,000～4,000	4,000～1,500	1,500～500	500未満	
その他の道路	地方部	第3種 第1級	80	60	P・N	国道・平地						
		第2級	60	50 40	P・N	国道・山地	国道・平地					
						県道、市道・平地						
		第3級	60 50 40		30	N		国道・山地	国道、県道・平地			
						県道、市道・山地		市道・平地				
		第4級	50 40 30		20	N			国道、県道・山地			
								市道・山地	市道・平地,山地			
		第5級	40 30 20		—	N					市道・平地,山地	小型道路を除く
	都市部	第4種 第1級	60	50 40	P・N	国道						
						県道、市道						
		第2級	60 50 40		30	N			国道			
							県道、市道					
		第3級	50 40 30		20	N			県道			
								市道				
		第4級	40 30 20		—	N					市道	小型道路を除く

注1　表中の用語の意味は、次のとおりである。
　　高速：高速自動車国道　専用：高速自動車国道以外の自動車専用道路
　　国道：一般国道　県道：都道府県道　市道：市町村道
　　平地：平地部　山地：山地部　都心：大都市の都心部
　　F：完全出入制限，P：部分出入制限，N：出入制限なし
注2　設計速度の右欄の値は地形その他の状況によりやむを得ない場合に適用する。
注3　表中の出入制限は普通道路を示したものであり、小型道路は完全出入制限を原則とする。
　　出入制限については、Ⅲ.1-5を参照されたい。
注4　地形その他の状況によりやむを得ない場合には、級別は1級下の級を適用することができる。

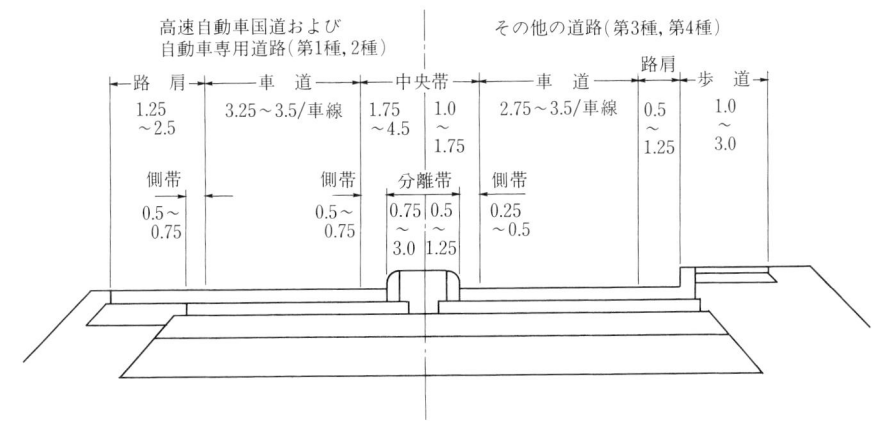

図 4-1 道路の横断面の構成

4%で設計される。

（4） 舗 装

道路の舗装は、「道路構造令」、「車道及び側帯の舗装の構造の基準に関する省令」（国土交通省）、および「舗装の構造に関する技術基準」（国土交通省都市・地域整備局長、道路局長通達）により定められている。これらでは、設計に用いる自動車の輪荷重を49kNとし、舗装構造が有すべき性能として、①疲労破壊に対する耐久力、②わだち掘れに対する抵抗力、③路面の平坦性、④雨水等の透水能力（自動車の安全かつ円滑な交通を確保するための必要がある場合）」が定義されており、その概要は以下のとおりである。

① 疲労破壊に対する耐久力：**表 4-2** のとおり舗装計画交通量ごとに疲労破壊輪数が定められている。疲労破壊輪数とは、自動車の輪荷重を繰り返し受けることによる舗装のひび割れが生じるまでに要する輪荷重の載荷回数である。

表 4-2 疲労破壊輪数の基準値（普通道路、標準荷重49kN）[1]

交通量区分	舗装計画交通量 （単位：台/日・方向）	疲労破壊輪数 （単位：回/10年）
N_7	3,000 以上	35,000,000
N_6	1,000 以上 3,000 未満	7,000,000
N_5	250 以上 1,000 未満	1,000,000
N_4	100 以上 250 未満	150,000
N_3	40 以上 100 未満	30,000
N_2	15 以上 40 未満	7,000
N_1	15 未満	1,500

② わだち掘れに対する抵抗力：**表 4-3** のとおり道路の区分および舗装計画交通量ごとに塑性変形輪数が定められている。塑性変形輪数とは、自動車の輪荷重を繰り返し受けることによる舗装路面の下方への変位が1mmとなるまでに要する輪荷重の載荷回数である。

表 4-3 塑性変形輪数の基準値（普通道路、標準荷重49kN）[1]

区　分	舗装計画交通量 （単位：台/日・方向）	塑性変形輪数 （単位：回/mm）
第1種、第2種、第3種 第1級および第2級、第4種第1級	3,000 以上	3,000
	3,000 未満	1,500
その他		1,500

③ 路面の平坦性：平坦性とは、舗装路面（凸部が設置された路面を除く）と基準となる路面との縦断方向の高低差の標準偏差であり、2.4mm以下であることが定められている。

④ 雨水の透水能力：**表 4-4** のとおり舗装区分ごとに浸透水量が定められている。浸透水量とは、舗装道の路面下に浸透させることができる一定時間当りの水の最大量の平均値である。

表 4-4 浸透水量の基準値（普通道路、小型道路）[1]

区　分	浸透水量 （単位：mL/15s）
第1種、第2種、第3種第1級および第2級、第4種第1級	1,000
その他	300

4.1.2 設計・施工条件

土工部のアスファルト舗装は図4-2に示すように、表層・基層および路盤から構成され、これらを設置する基面を路床・路体と呼んでいる。このうち表層・基層と、荷重条件により路盤の一部がアスファルトコンクリートで構築される（高速自動車国道の例）。路床は荷重の分散、舗装体の支持層として強度を求める部分であり、その強度は舗装設計の要素として取り込まれるのが一般的である。なお、土工部では水による土工躯体の強度低下を防ぐため排水工が重要であり、地下水位の上昇を防ぐ地下排水工が設置されるとともに舗装も路面からの水の浸入を防ぐ役目を担っている。

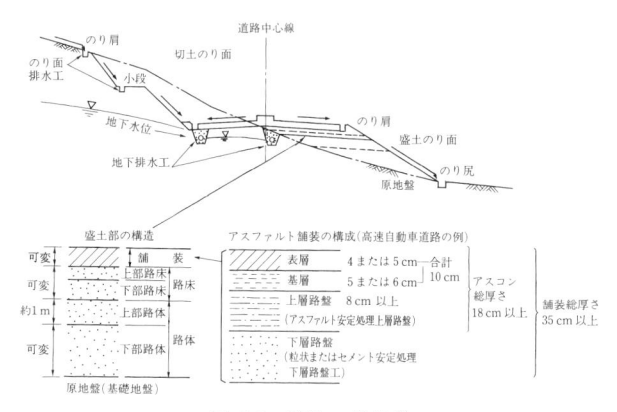

図4-2 道路の構造[2]

舗装の設計法には、道路の経年変化の観察や実験線での道路耐久試験をもとに経験式として確立されたものと、多層弾性理論を代表とする理論解析によるものに大別される。

わが国では、米国で行われたAASHO道路試験の成果を基礎とした$CBR-T_A$法と呼ばれる設計方法が用いられている。この設計法はCBR値で評価される舗装基面の強度と累計の大型車通過量（10年間の換算累計49kN輪数）を設計条件として、表層用アスファルト混合物の厚さに換算した舗装厚さを求めるものである。

4.1.3 耐久性・維持管理

舗装も他の構造物と同様に、繰返し交通荷重を受けるに従い損傷が発生する。これに加え、アスファルトを結合材料として使用するため、塑性流動（流動わだち）の発生、アスファルトの劣化によるクラックといったアスファルト舗装特有の損傷が発生する（表4-5）。また、直接、路面として使用されるため、すべり抵抗、縦断・横断不陸といった項目が管理される。こういった構造損傷以外についても管理・修繕が繰り返し実施され使用されるのが、舗装の土木構造物としての特徴である。

表4-5 路面に見られるアスファルト舗装の破損[1]

破損の種類		主な原因等	原因と考えられる層	
			表層	基層以下
ひび割れ	亀甲状ひび割れ（主に走行軌跡部）	舗装厚さ不足、路床・路盤の支持力低下・沈下、計画以上の交通量履歴	○	○
	亀甲状ひび割れ（走行軌跡部～舗装面全体）	混合物の劣化・老化	○	○
	線状ひび割れ（走行軌跡部縦方向）	混合物の劣化・老化	◎	○
	線状ひび割れ（横方向）	温度応力	○	○
	線状ひび割れ（ジョイント部）	転圧不良、接着不良	◎	
	リフレクションクラック	コンクリート版、セメント安定処理の目地・ひび割れ		◎
	ヘアークラック	混合物の品質不良、転圧温度不適	◎	
	構造物周辺のひび割れ	地盤の不等沈下	○	○
	橋面舗装のひび割れ	床版のたわみ	○	
わだち掘れ	わだち掘れ（沈下）	路床・路盤の沈下		◎
	わだち掘れ（塑性変形）	混合物の品質不良	◎	
	わだち掘れ（摩耗）	タイヤチェーンの走行	◎	
平たん性の低下	平たん性	縦断方向の凹凸	混合物の品質不良、路床路盤の支持力の不均一	○	○
		コルゲーション、くぼみ、より	混合物の品質不良、層間接着不良	◎	
	段差	構造物周辺の段差	転圧不良、地盤の不等沈下		◎
浸透水量の低下	滞水、水はね	空隙づまり、空隙つぶれ	◎	
すべり抵抗値の低下	ポリッシング	混合物の品質不良（特に骨材）	◎	
	ブリージング（フラッシュ）	混合物の品質不良（特にアスファルト）	◎	
騒音値の増加	騒音の増加	路面の荒れ、空隙づまり、空隙つぶれ	◎	
ポットホール		混合物の剥奪飛散	混合物の品質不良、転圧不足	○	
その他	噴泥	ポンピング作用による路盤の浸食		◎

〔注〕◎：原因として特に可能性の大きいもの　○：原因として可能性のあるもの

4.2 アスファルト混合物の材料

4.2.1 瀝青材料

天然、人工を問わず、炭化水素化合物かまた、その非金属誘導体との化合物で二硫化炭素に完全に溶解する物質を瀝青と称する。アスファルト材料とは事実上同義語。

(1) アスファルトの分類

アスファルトには、図4-3に示すように天然アスファルトと石油を蒸留精製して人工的に製造される石油アスファルトに分けられる。

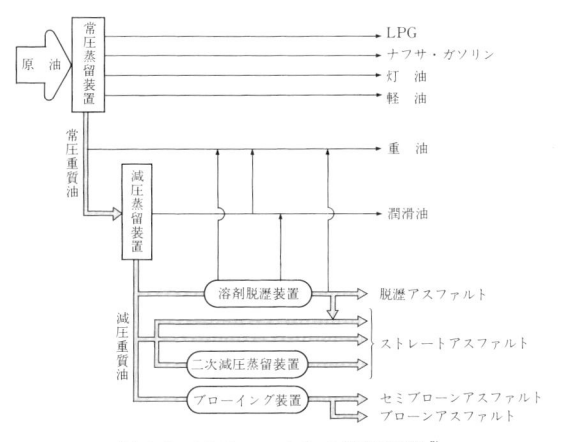

図4-3 アスファルトの製造工程[3]

(a) 天然アスファルト

炭化水素が長時間自然に暴露され自然に軽質部分が蒸発し、酸化重合作用を受けて変質したもので、常温で液体のもの固体のもの石や炭などに浸み込んだものなど様々な形態をとる。天然アスファルトとして有名なトリニダットレイクアスファルトは、中米カリブ海の西インド諸島のトリニダード・トバコ共和国にあるピッチレイクといわれる推定埋蔵量1,000万トンの天然アスファルトの湖から産出精製されたアスファルトである。

(b) 石油アスファルト

原油を常圧蒸留および減圧蒸留した残留物から得られるアスファルトの総称。図4-3に示すように製造法で分類すると、蒸留法によるストレートアスファルト、空気酸化法によるブローンアスファルト、沈殿分離法による溶剤脱瀝アスファルトの3種に大別できる。

良質なアスファルト成分を含んだ原油を常圧蒸留装置にかけ、LPG、ナフサ、灯軽油、重質軽油を除くと常圧残渣油が採取される。さらに、減圧状態で沸点が低下することを利用した減圧蒸留装置により、沸点が高いアスファルト成分を変質させることなく採取する。減圧残渣から溶剤脱瀝装置により、重質潤滑油などが生産される。

ブローンアスファルトは減圧残渣油を原料とし、一定の反応条件のもとで空気を吹き込み、酸化、重合の化学反応を行わせ製造するもので、ストレートアスファルトに比べ、弾力性に富み、温度変化による硬さの変化が少ないなどの特徴をもつ。

舗装においてアスファルトはアスファルト混合物をつくるための結合材であり、ストレートアスファルト、ブローンアスファルト、改質アスファルト、アスファルトを乳化させた石油アスファルト乳剤などがある。

(2) ストレートアスファルト

もっとも一般的に用いられるアスファルトで表4-6に示すように針入度試験(軟らかさの判定試験)よって、使用地域が決定される。原油の産地や蒸留方法により、様々な針入度ものが得られるため、減圧残油から各針入度にあった製品を製造するには、減圧蒸留条件を調整するか、高針入度と低針入度の2種類の減圧残油をブレンドする方法が一般的である。ストレートアスファルトの品質規格を表4-7に示す。

表4-6 ストレートアスファルトの種類

針入度 (1/10mm)	40〜60	60〜80	80〜100	100〜120
使用地域	一般地域 (重交通)	一般地域	積雪寒冷地域	低温地域

表4-7 舗装用石油アスファルトの品質規格 (JIS K 2207-1996)[1]

項目 \ 種類		40〜60	60〜80	80〜100	100〜120
針入度(25℃)	1/10mm	40を超え60以下	60を超え80以下	80を超え100以下	100を超え120以下
軟化点	℃	47.0〜55.0	44.0〜52.0	42.0〜50.0	40.0〜50.0
伸度(15℃)	cm	10以上	100以上	100以上	100以上
トルエン可溶分	%	99.0以上	99.0以上	99.0以上	99.0以上
引火点	℃	260以上	260以上	260以上	260以上
薄膜加熱質量変化率	%	0.6以下	0.6以下	0.6以下	0.6以下
薄膜加熱後の針入度残留率	%	58以上	55以上	50以上	50以上
蒸発後の針入度比	%	110以上	110以上	110以上	110以上
密度(15℃)	g/cm³	1.000以上	1.000以上	1.000以上	1.000以上

〔注〕各種類とも120℃、150℃、180℃のそれぞれにおける動粘度を試験表に付記すること。

(3) ブローンアスファルト

200〜300℃に加熱したストレートアスファルトに空気を吹き込むことをブローイングという。このブローイングにより、酸化、脱水素、重縮合などの反応を起こしたものをブローンアスファルトという。このブローイングによりストレートアスファルトは高分子化して、針入度が低下し軟化点は上昇し感温性が低く耐熱性に優れるようになる。

(4) 改質アスファルト

改質アスファルトとは、ストレートアスファルトにブローイングを施すか、何らかの高分子材料を添加して、ストレートアスファルトの性質を改善したものをいう。改質アスファルトおよびセミブローンアスファルトの規格を表4-8、表4-9に示す。

(5) 石油アスファルト乳剤

石油アスファルトを水中で界面活性剤により分散させたもので、溶液性をしている。粘性（エングラー度）に応じ、浸透用、混合用、セメント混合用などがある。アスファルト乳剤の品質規格を表4-10に示す。

(a) 浸透用アスファルト乳剤

粗骨材、細骨材などの粒状材料間に水分とともに浸透し、粒状材料を密着させ、浸透水の通過を防ぐ防水効果がある。PK-1、PK-2 は各々温暖期の表面処理工用として使用され、PK-3 は粒状路盤上のプライムコートとして、PK-4 はアスファルト混合物上にタックコートとして使用される。

(b) 混合用アスファルト乳剤

MK-1 は粗粒度骨材の常温用混合材として、MK-2 は密粒度骨材の常温混合用材として使用される。MK-3 は土混じり骨材の混合用材として、MN-1 はセメント・アスファルト乳剤安定処理用常温混合材として用いられる。

注）石油アスファルトを水中に分散させたとき、水中でのアスファルト粒子の帯電が＋のものをカチオンといいKで－のものをアニオンといいAで、帯電しないものをノニオンといいNで表示し、Pは浸透（Penetration）、Mは混合（Mix）を表す。

表4-8 改質アスファルトの種類と使用目的の目安 [1]

種類 / 混合物機能			ポリマー改質アスファルト						セミブローンアスファルト	硬質アスファルト
			I型	II型	III型		H型			
		付加記号				III型-W	III型-WF		H型-F		
	主な適用箇所	適用混合物	密粒度、細粒度、粗粒度等の混合物に用いる。I型、II型、III型は、主にポリマーの添加量が異なる。					ポーラスアスファルト混合物に用いられる、ポリマーの添加量が多い改質アスファルト		密粒度や粗粒度混合物に用いられる、塑性変形抵抗性を改良したアスファルト。	グースアスファルト混合物に使用される。
塑性変形抵抗性	一般的な箇所		◎								
	大型車交通量が多い箇所			◎				◎	◎	◎	
	大型車交通量が著しく多い箇所				◎	○	○	○	○		
摩耗抵抗性			◎	◎	○	○	○				
骨材飛散抵抗性	積雪寒冷地域							◎	◎		
耐水性	橋面（コンクリート床版）			○	○	◎					
たわみ追従性	橋面（鋼床版）	たわみ小		○	○			◎			◎（基層）
		たわみ大						◎			◎（基層）
排水性（透水性）								◎	◎		

付加記号の略字　W：耐水性（Water-resistance）、F：可撓性（Flexibility）
凡例　◎：適用性が高い
　　　○：適用は可能
　　　無印：適用は考えられるが検討が必要

表4-9 セミブローンアスファルト（AC-100）の品質規格 [1]

項目		規格値
粘度（60℃）	Pa·s	1,000 ± 200
動粘度（180℃）	mm²/s	200以上
薄膜加熱質量変化率	％	0.6以下
針入度（25℃）	1/10mm	40以上
トルエン可溶分	％	99.0以上
引火点	℃	260以上
密度（15℃）	g/cm²	1,000以上
粘度比（60℃、薄膜加熱後/加熱前）		5.0以下

表 4-10 石油アスファルト乳剤の品質規格（JIS K 2208）[1]

種類および記号 項目	カチオン乳剤							ノニオン乳剤	備考
	PK-1	PK-2	PK-3	PK-4	MK-1	MK-2	MK-3	MN-1	
エングラー度(25℃)	3～15		1～6		3～40			2～30	＊1
ふるい残留分(1.18mm)(%)	0.3以下							0.3以下	＊2
付着度	2/3以上				—			—	＊3
粗粒度骨材混合性	—				均等であること			—	
密粒度骨材混合性	—				—			均等であること	
土混じり骨材混合性(%)	—				—			5以下	
セメント混合性(%)	—				—			1.0以下	
粒子の電荷	陽(+)							—	
蒸発残留分(%)	60以上		50以上		57以上			57以上	＊4
蒸発残留物 針入度(25℃)(1/10mm)	100を超え200以下	150を超え300以下	100を超え300以下	60を超え150以下	60を超え200以下	100を超え200以下	150を超え300以下	60を超え300以下	
トルエン可溶分(%)	98以上				97以上			97以上	
貯蔵安定度(24時間)(%)	1以下							1以下	＊5
凍結安定度(-5℃)	—	粗粒子塊のないこと	—		—			—	＊6
主な用途	温暖期浸透用および表面処理用	寒冷期浸透用および表面処理用	プライムコート用およびセメント安定処理層養生用	タックコート用	粗粒度骨材混合用	密粒度骨材混合用	土混じり骨材混合用	セメント・アスファルト乳剤安定処理混合用	

注) エングラー度が15以上の乳剤についてはJIS K 2208の6.3によって求め、15を超える乳剤についてはJIS K 2208の6.4によって粘度を求め、エングラー度を換算する。
試験方法の詳細については、舗装試験法便覧（昭和63年11月、(社)日本道路協会）を参照されたい。
＊1：エングラー度…石油アスファルト乳剤の粘性を表す指標。
＊2：ふるい残留分…石油アスファルト乳剤の粗粒子または塊の程度を表す指標。
＊3：付着度…石油アスファルト乳剤の骨材に対する付着しやすさを表す指標。
＊4：蒸発残留分…石油アスファルト乳剤中に含まれるアスファルトの含有量を表す指標。
＊5：貯蔵安定性…石油アスファルト乳剤の貯蔵中における分離などに対する安定性を表す指標。
＊6：凍結安定度…石油アスファルト乳剤の貯蔵中の凍結融解に対する安定性を表す指標。

4.2.2 骨材・フィラー

舗装に使用される骨材としては、砕石、砂利、砂などがあり、大きさにより粗骨材と細骨材およびフィラーに分けられる。アスファルト混合物の配合設計では、粗骨材とは粒径2.5mm（ふるいの呼び寸法）のものをいい、細骨材とは粒径2.5mm未満のものをいう。表層部に使用される骨材に求められる品質は以下のとおりである。

（1）粗骨材

粗骨材には通常、硬質砂岩、玄武岩、安山岩などの砕石が最も多く用いられる。砕石は岩種が同じでも母岩の産地、生産工程などにより異なるので注意が必要である。粗骨材の種類および規格を（表4-11、表4-12）に示す。

表 4-11 砕石の種類と粒度（JIS A 5001-1995）

種類	呼び名	ふるいを通るものの質量百分率% ふるいの呼び寸法 mm														
		100	80	60	50	40	30	25	20	13	5	2.5	1.2	0.6	0.4	0.3	0.15	0.075
単粒度砕石	S-80 (1号)	100	85～100	0～15														
	S-60 (2号)		100	85～100	—	0～15												
	S-40 (3号)				100	85～100		0～15										
	S-30 (4号)					100	85～100		0～15									
	S-20 (5号)							100	85～100	0～15								
	S-13 (6号)								100	85～100	0～15							
	S-5 (7号)									100	85～100	0～25	0～5					
クラッシャラン	C-40			100	95～100		50～80		15～40	5～25								
	C-30				100	95～100		55～85		15～45	5～30							
	C-20						100		95～100		20～50	10～35						
粒度調整砕石	M-40			100	95～100	—		60～90		30～65	20～50		10～30				2～10	
	M-30				100	95～100		60～90			20～50		10～30					
	M-25					100	95～100		55～85									

表 4-12 砕石の品質規格[1]

砕石の品質の目標値

用途 項目	表層・基層	上層路盤
表乾密度（g/cm³）	2.45以上	—
吸水率	3.0以下	—
すり減り減量（%）	30以下	50以下

注) 表層、基層用砕石のすり減り減量試験は、粒径13.2～4.75mmのものについて実施する。

粒状材料の品質規格

材料名	修正CBR（%）	PI
粒度調整砕石	80以上	4以下
クラッシャラン	20以上	6以下

耐久性の目標値（JIS A 1122硫酸ナトリウムによる安定性試験）

用途	表層・基層	上層路盤
損失量%	12以下	20以下

有害物含有量の目標値

含有物	含有量（全試料に対する質量百分率%）
粘土、粘土塊	0.25以下
軟らかい石片	5.0以下
細長、あるいは偏平な石片	10.0以下

(a) 大きさ・形

粒径は一般に 20mm 以下で、大きさの分布が片寄っていないもの。また、形としては偏平なもの、細長いものが含まれないこと（粒径・粒度）。

(b) 力学的性質

強靭で割れにくく、研磨されにくいもの（すりへり減量、軟石含有量、耐研磨性）。

(c) 物理的・化学的性質

泥、ごみ、有機物などを含まないこと。水を吸収しにくく、アスファルトとの付着性がよいこと。加熱時に砕けにくく、凍結に対しても耐久性があること（密重、吸水量、親アスファルト性、耐熱性、化学安定性）。

（2） 細骨材

細骨材は、天然砂と人工砂に分けられ、天然砂は採取地により川砂、海砂、山砂に分けられ、岩を砕いて人工的に生産された砕砂をスクリーニングスという。天然砂は採取箇所により粒度が変化し、粘土分、有機物等を含む場合があるので注意が必要である。

粒径は 2.5mm 以下で、粒度の分布が片寄っておらず、泥、ごみ、有機物を含まず、0.4mm 以下の細粒分は粘土の性質を示さない塑性であること（粒径、粒度、安定性、塑性指数）。

（3） フィラー

フィラーには通常、石灰石粉が用いられる。粒径は 0.074mm 以下が 70％以上で水分を含まず、団粒になっていないこと。

4.3 アスファルトの試験方法と品質規格

4.3.1 舗装用石油アスファルトの品質規格試験

（1） 針入度

常温付近（25℃）におけるアスファルトの硬さを表す指標。試験方法は、図 4-4 のように 25℃の温度において、標準針に総重量（針、針保持具、おもり）100gf の一定荷重を試料表面に 5秒間載荷し、針の垂直方向への貫入深さを測るものである。試験により求めた針の貫入深さ（1/10mm 単位）を針入度としている。この値をアスファルトの相対的な硬さの尺度としており、この値が小さいほど硬い。

（2） 軟化点

アスファルトのコンシステンシー（流動性）を

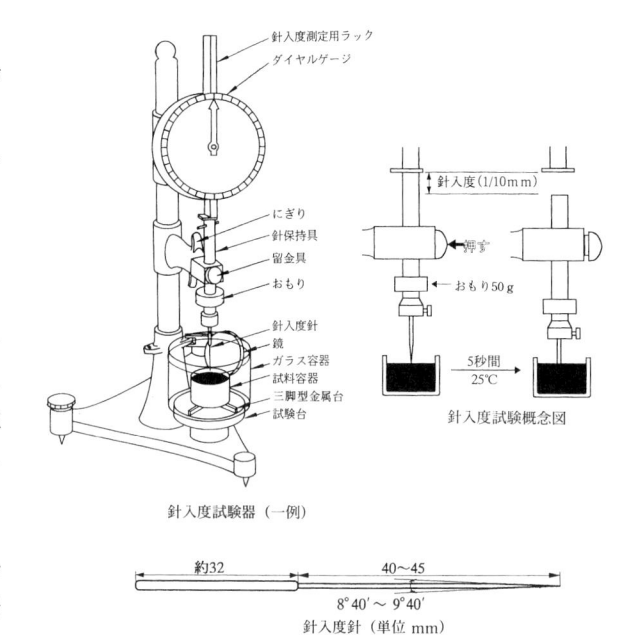

図 4-4 針入度試験器と試験概要 [4]

表す指標。アスファルトは一定の融点を持たず、温度の上昇に伴って徐々に軟らかくなり液状に至る。規定された軟化点試験において軟化する温度を軟化点と定義する。試験方法は、図 4-5 に示すようにアスファルトを規定のリング状の型枠に充填し、蒸留水中に水平に設置する。次にリング中央に直径 9.525mm、質量 3.5gf の鋼球を設置して、溶温を毎分 5℃で上昇させた時、球を包み込んで落下する試料が 25mm 下の底板に触れたときの温度を軟化点としている。

（3） 伸度

アスファルトの延性（伸びる性質）を表す指標。伸度は、アスファルトが使用目的に適した延性や粘着力などを有するかどうかを規定する一要素である。図 4-6 に示すようにアスファルトを左右に分割可能な型枠の中に入れ恒温水槽中で一定時間養生した後、伸度試験器に設置する。試験器中の水槽内で型枠を左右に分割して移動させながら試料を伸ばしていき、糸状となった試料が切断したときの伸びた長さを伸度としている。

（4） トルエン可溶分

アスファルトを溶剤（トルエン）に溶かし、純度を求める指標。

（5） 引火点

アスファルトを加熱したときに引火する温度で、安全性の指標。

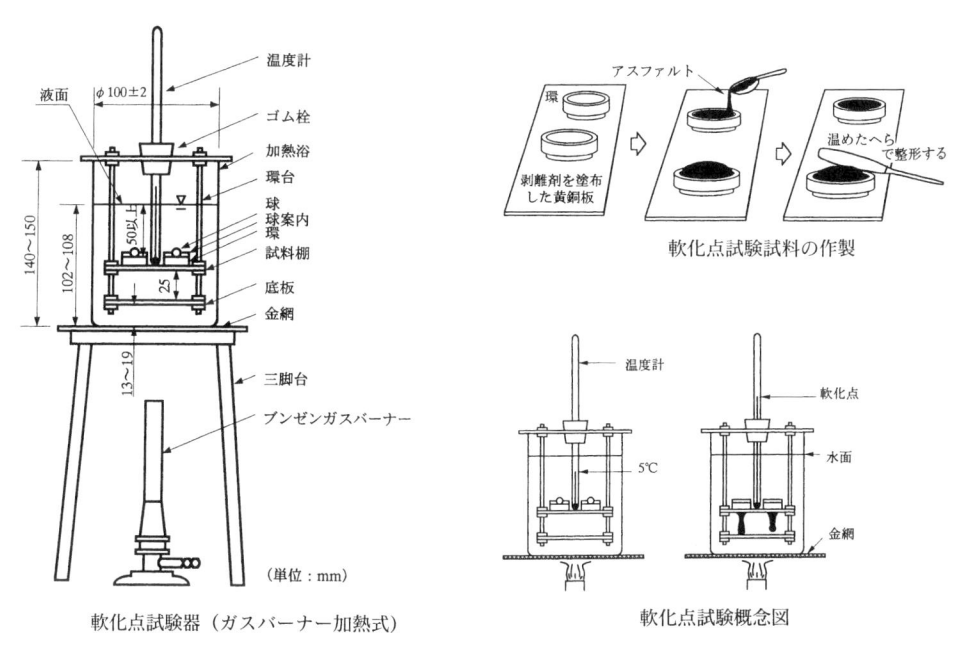

図 4-5　軟化点試験器と試験概要[4]

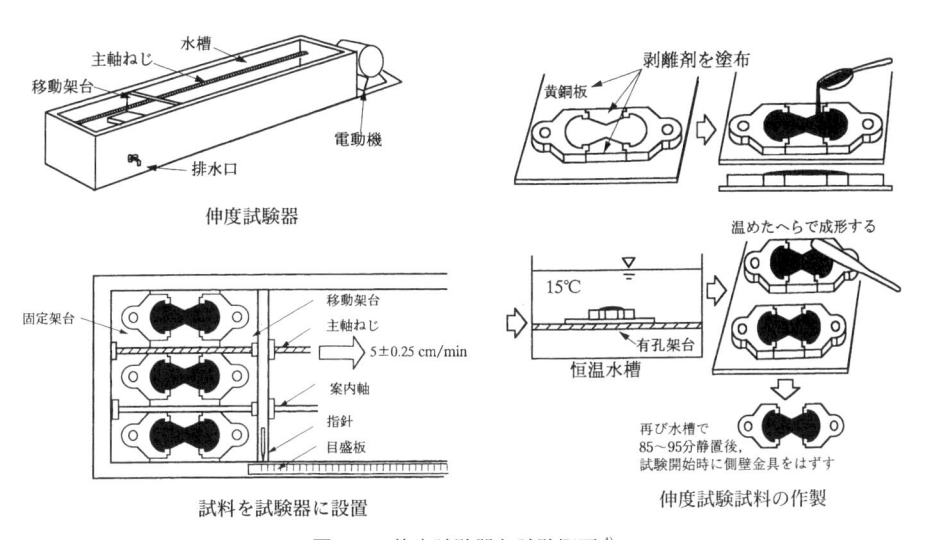

図 4-6　伸度試験器と試験概要[4]

(6) 薄膜加熱質量変化率

アスファルトの加熱による劣化の程度を評価する指標。薄膜状で加熱を受けた前後の質量変化で評価する。

(7) 薄膜加熱質針入度残留率

加熱前後の針入度比を調べ、加熱による劣化の程度を評価する指標。

(8) 蒸発後の針入度比

加熱貯蔵中によるアスファルト中の軽質分と重質分の分離性を評価する指標。

(9) 針入度指数

針入度と軟化点から求めた指数 PI (penetration index) のことで、アスファルトの感温性を判断する指標。アスファルトが軟化点を示す粘性を持っているときの針入度は 800 (1/10mm) になると仮定した場合に、図 4-7 に示すように、針入度を対数目盛で縦軸に、その試験温度を普通目盛で横軸にとり試験結果を表すと直線関係が得られる。この直線の勾配 (感温性) は次式のようになる。

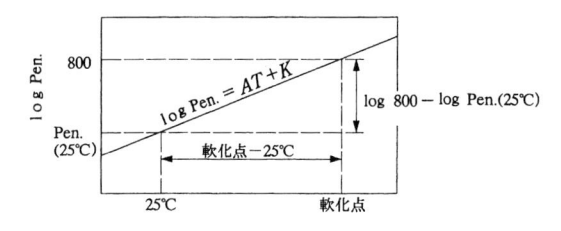

図 4-7 アスファルト温度と針入度との関係[4]

$A = (\log 800 - \log \mathrm{Pen}) / (\theta s - 25)$

ここで、Log Pen：25℃における針入度の対数
　　　　Log 800：軟化点における針入度を 800 と仮定したときの対数
　　　　θs：軟化点

この A の値が大きいほど感温性が高いことがわかる。このときの PI は次のようになる。

$PI = 30 / (1 + 50A) - 10$

なお、PI の値が大きいほど感温性は小さく、小さなほど温度変化に敏感である。通常の道路舗装に用いられている舗装用石油アスファルトの PI は $-1.5 \sim -0.5$ の範囲にある。

4.4　アスファルト舗装の施工

4.4.1　加熱アスファルト混合物の製造・運搬

加熱アスファルト混合物は、アスファルトプラント（以下、プラントという）と呼ばれる混合設備により生産され、ダンプトラックによって現場に運搬され、舗設される。

プラントでは、骨材の乾燥・加熱、骨材およびアスファルトなどの材料の計量、混合が行われ、その生産工程は、材料の受入れ―貯蔵―供給―加熱―ふるい分け―計量―混合―荷積みの一連の作業により構成される。なお、加熱アスファルト混合物の製造温度は種類により異なるが、おおむね 150～180℃の温度領域である。

プラントの種類は、使用目的により移動式と定置式、また計量方式によりバッチ式と連続式に分けられる。

（1）使用目的による種類

① 移動式：高速道路などの大規模な道路工事で、短期間に大量の混合物を一時的に生産するため設置されるプラントで、ユニットごとに分解・組立・運搬移動が行われる。

② 定置式：一般の定常的なアスファルト混合物の需要をまかなうために設置されるものである。

（2）計量方式による分類

① バッチ式：各材料を所定量ずつ重量計量してミキサに送り、混合・排出の操作を1サイクルとして行うものである。混合物種類の生産切替えが可能、品質管理手法が確立されているなどの理由で国内の設置数の大半を占める（図 4-8）。

② 連続式：各材料の配合割合を容量により定め、ドラム型のドライヤミキサで連続して混合・排出を行う方式である。単一混合物の連続、大量生産が可能である。

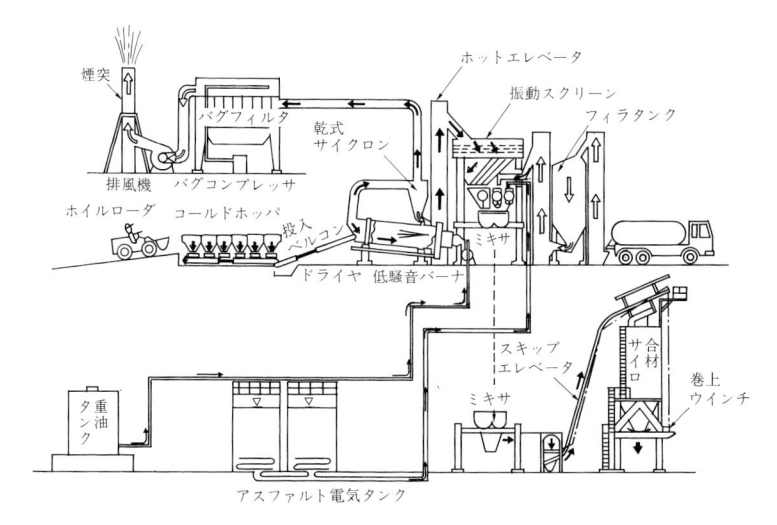

図 4-8　アスファルトプラントの機構（バッチ式）[5]

4.4.2 加熱アスファルト混合物の敷均し・締固め

プラントで製造され、ダンプトラックで舗装現場まで運搬された混合物は、アスファルトフィニッシャにより敷き均され、転圧機械によって締め固めて仕上げる。アスファルト混合物の耐久性から締固め度が重視され、形状として平坦性が重視される。なおアスファルト混合物を敷き均す施工面には、付着性を高める目的でアスファルト乳剤が散布される（図4-9）。

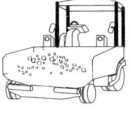

（1） アスファルトフィニッシャ

アスファルトフィニッシャは、混合物の均一な敷均しと軽転圧が同時にでき、均一な表面組成が得られる施工機械である。その機構を大きく分けると、自走のためのトラクタ部分と敷均しのためのスクリードにより構成される（図4-10）。

（2） 転圧機械

アスファルト混合物の締固めに使用する機械は大別して、ローラ部が鉄輪のもの（マカダム

混合物運搬車 ダンプトラック（11t）	敷均し アスファルトフィニッシャ	初期転圧 マカダムローラ	二次転圧 タイヤローラ	仕上げ転圧 タイヤローラ タンデムローラ	端部・狭小部転圧 小型振動ローラ 振動コンパクタ
管理ポイント ・ダンプトラックの荷台への混合物の付着防止のための軽油等を、塗布しすぎていないか。 ・ミキサの排出ゲートとトラックの荷台との落差が大きすぎると、混合物の材料分離の原因となる。 ・運搬中の温度降下を防ぐことや、一時的な降雨に備えてシートで覆っているか。 ・気温が低い場合には、シートの2重掛け等の対策を行う。 ・プラント能力及び舗設能力に応じた計画がなされているか（ダンプの台数等）。	**管理ポイント** ・温度が下がらないうちに手早く、正しい厚さで均一かつ平坦に敷均す。 ・現場に到着した混合物は、トラック上で混合物の状態、温度などをチェックし、不適当な場合には廃棄させるとともに、プラントに連絡して原因を調べ処置する。 ・運搬車より混合物を降ろす際、フィニッシャに衝撃を与えない。 ・敷均し作業は連続的に行う（平坦性に影響）。 ・所定の敷均し厚さになっているか確認する。 ・混合物の材料分離に注意する（ヘーパクラック等の発生要因となる）。	**管理ポイント** ・初期転圧の締固め効果を大きくするため、混合物が変形を起こしたり、クラックがでない範囲での、高い温度（最適締固め温度）で転圧を行う。 ・ローラを予め加熱しておくなど混合物の付着防止に留意する。 ・付着防止のための散水にあたってはその量に注意する。 ・施工ジョイント部の転圧を入念に行う。	**管理ポイント** ・初期転圧に引続いて行う作業で、混合物の温度が下がらないうちに、最大締固め密度が得られるよう十分締固める。 ・タイヤのニーディング作用（こね返し作用）による締固め効果、表面部の密実化を確認する。 **管理ポイント** タイヤローラの転圧は、マカダムローラの転圧により生じた厚さ方向の密度差を修正して、均一な密度にする。	**管理ポイント** ・二次転圧で生じたローラマークを消し、平坦性を確保することを目的として行う。	**管理ポイント** ・舗装端部や、構造物周辺の狭小部は、一般的に締固め不足となりやすいので、入念な締固めが必要。 ・転圧時期が遅くなる傾向にあるため、小型振動ローラ等を用いて、温度の高い時期に転圧を行う。 **管理ポイント** 転圧は、試験施工で決定された施工機種を用いて、所定の締固め回数、最適な締固め温度で全面を均一に行なわなくてはならない。 温度が低い状態で転圧しても、締固めの効果は期待できない。

図4-9 アスファルト混合物の舗設[6]

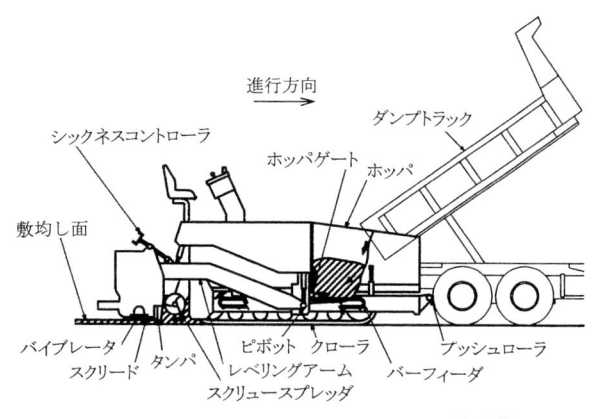

図4-10 アスファルトフィニッシャの機構[7]

ローラ、タンデムローラ）、ゴムタイヤのもの（タイヤローラ）、鉄輪で振動機能を持つもの（振動ローラ）、端部・狭小部用の補助転圧機に分類される。一般には初期転圧に鉄輪ローラ、二次転圧にタイヤローラ、仕上げ転圧に鉄輪ローラが使用されるが、転圧回数、転圧温度は、混合物の締固め度を試験施工により確認して決定する。

4.5 加熱アスファルト混合物の配合設計

4.5.1 加熱アスファルト混合物の性質

アスファルト舗装の表層・基層には通常加熱アスファルト混合物が用いられる。これは加熱アスファルト混合物が、骨材を加熱・乾燥させ、さらに瀝青材料を溶融して、これらを混合して得られるもので、骨材と混合物の結合力が強く、しかも機械化施工に適することから、均一で高品質な舗装が得られるためである。アスファルト混合物に求められる性質は以下のとおりである（図4-11）。

図4-11に示す以上の条件には配合技術上、相反するものもあるが、これらの条件を適正なレベルで満たすべく配合設計が行われる。

4.5.2 加熱アスファルト混合物の種類

舗装設計施工指針では、混合物の特性別に表4-13に示すような標準混合物が示されている。

アスファルト混合物の名称は、主にアスファルト混合物に用いる細骨材2.36mmふるいの通過百分率によって区分される。

（1）開粒度アスファルト混合物

骨材の2.36mmふるい通過分が15～30％のもので、主に粗骨材により構成される混合物。開粒度アスファルト混合物は排水性舗装混合物、透水

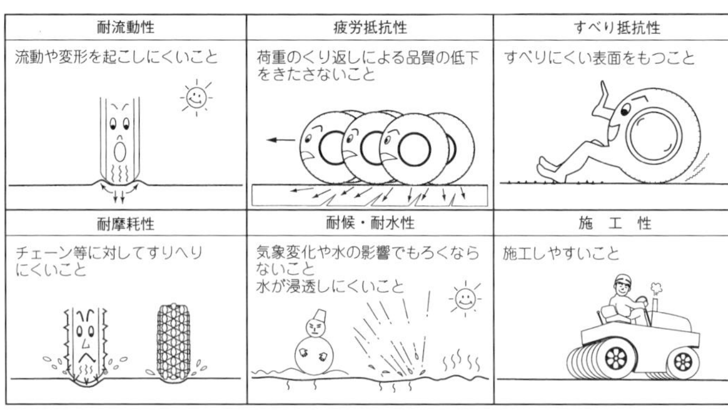

図4-11 表・基層用アスファルト混合物に必要な性質[6]

表4-13 アスファルト混合物の種類と粒度範囲、アスファルト量[1]

混合物の種類		① 粗粒度アスファルト混合物	② 密粒度アスファルト混合物		③ 細粒度アスファルト混合物	④ 密粒度ギャップアスファルト混合物	⑤ 密粒度アスファルト混合物		⑥ 細粒度ギャップアスファルト混合物	⑦ 細粒度アスファルト混合物	⑧ 密粒度ギャップアスファルト混合物	⑨ 開粒度アスファルト混合物	⑩ ポーラスアスファルト混合物	
		(20)	(20)	(13)	(13)	(13)	(20F)	(13F)	(13F)	(13F)	(13F)	(13)	(20)	(13)
仕上り厚cm		4～6	4～6	3～5	3～5	3～5	4～6	3～5	3～5	3～4	3～5	3～4	4～5	4～5
最大粒径mm		20	20	13	13	13	20	13	13	13	13	13	20	13
通過質量百分率%	26.5mm	100	100				100						100	
	19mm	95～100	95～100	100	100	100	95～100	100	100	100	100	100	95～100	100
	13.2mm	70～90	75～90	95～100	95～100	95～100	75～95	95～100	95～100	95～100	95～100	95～100	64～84	90～100
	4.75mm	35～55	45～65	55～70	65～80	35～55	52～72	60～80	75～90	45～65	23～45	10～31	11～35
	2.36mm	20～35	35～50		50～65	30～45	40～60	45～65	65～80	30～45	15～30	10～20	
	600μm	11～23	18～30		25～40	20～40	25～45	40～60	40～65	25～40	8～20		
	300μm	5～16	10～21		12～27	15～30	16～33	20～45	20～45	20～40	4～15		
	150μm	4～12	6～16		8～20	5～15	8～21	10～25	15～30	10～25	4～10		
	75μm	2～7	4～8		4～10	4～10	6～11	8～13	8～15	8～12	2～7	3～7	
アスファルト量 %		4.5～6	5～7		6～8	4.5～6.5	6～8	6～8	7.5～9.5	5.5～7.5	3.5～5.5	4～6	

性舗装混合物、半たわみ性舗装混合物、保水性舗装混合物の表層に使用される。
（2）粗粒度アスファルト混合物

骨材の2.36mmふるい通過分が20～35％のもので構成される混合物で、粗粒度アスファルト混合物はあらゆる地域の基層として使用される。

（3）密粒度アスファルト混合物

骨材の2.36mmふるい通過分が35～50％のもので構成される混合物で、密粒度アスファルト混合物は耐流動性を要求される各地域の表層として使用され、F付は細粒分（フィラー）を多くしたものである。

（4）細粒度アスファルト混合物

骨材の2.36mmふるい通過分が一般地域50～60％、積雪寒冷地域65～80％で構成される混合物で、細粒度アスファルト混合物は耐水性、耐久性に優れているが、耐流動性に劣る。多くは積雪寒冷地に使用される。F付は細粒分（フィラー）を多くしたものである。

（5）ギャップアスファルト混合物

細骨材より一部の粒度を取り除き、骨材の粒度を不連続粒度としたアスファルト混合物。4.75mm～600μmの細骨材を少なくした混合物を密粒度ギャップアスファルト混合物といい、すべり抵抗性に優れている。また、2.36mm～600μmの細骨材を少なくした混合物を細粒度ギャップアスファルト混合物といい、すべり抵抗性に優れていないが、耐摩耗性に優れている。F付は細粒分（フィラー）を多くしたものである。

4.5.3 配合設計

配合設計のうちアスファルト量の決定は、一般にマーシャル安定度試験を利用する。配合設計の概略の手順は以下のとおりである。

① アスファルト混合物の種類の決定
② 材料の基準試験
③ 骨材配合比（粒度）の決定（単位重量当りの配合重量で検討される）
④ マーシャル試験によるアスファルト配合量の決定

であり、詳細は図4-12のとおりである。

注）1. 寒冷地の舗装などでは、マーシャル試験のみにおいて配合設計を行う場合がある。

2. ここで示した「各種試験」とは、「塑性変形輪数等の確認のほか、特別な対策を検討するのに必要な試験」をいい、例えばアスファルト混合物のホイールトラッキング試験、ラベリング試験のほか、定水位透水性試験などが該当する。

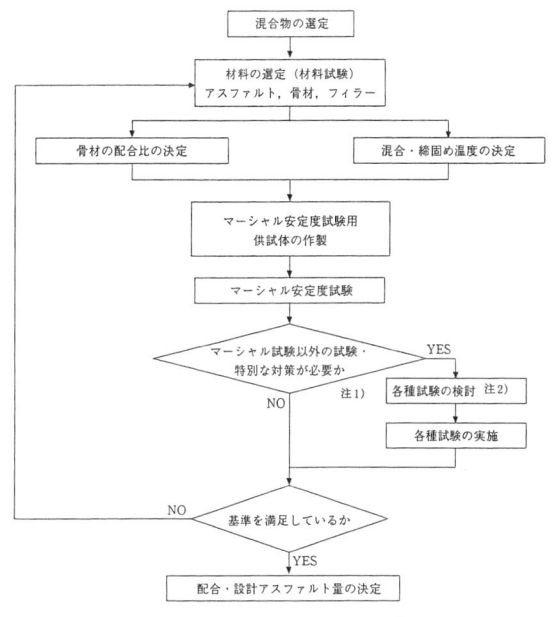

図4-12 配合設計の手順[1]

4.5.4 マーシャル安定度試験

本試験は米国ミシシッピ州道路局で考案され、第二次世界大戦中の米軍技術部隊により、飛行場舗装の配合設計、管理に採用され、昭和33年にASTM D1559として規格化された。試験装置、操作の簡便さと、膨大な試験データの蓄積による試験規準値の信頼性から広く利用されている。日本では昭和36年から舗装要綱に採用され、現在に至っている。

マーシャル安定度試験は、加熱アスファルト混合物の粗骨材、細骨材、アスファルトの配合割合を決定する配合設計と施工時の品質管理を目的として実施する。

（1）試料

(a) 骨材の調製

骨材として所定の品質を備えたものを試料とし、表4-13の粒度範囲に入るように配合比を決定し調製する。

(b) アスファルト

使用するアスファルトの動粘度値を参考に、

マーシャル安定度試験用供試体の混合温度、締固め温度を決定する。アスファルト量は表 4-13 に示す標準量の範囲を参考に 0.5％きざみで一粒度 3 点以上を設定する。

（2） 供試体

供試体の大きさは直径約 100mm（4in）、厚さ約 63mm（2.5in）の円筒形で、専用のモールド、突固め装置で規定に従い作成する（写真 4-2、写真 4-3）。一配合当り 3 個試験し平均値を試験結果とする。なお、使用した骨材、アスファルトの比重と、作成した供試体の密度を基に理論最大密度、空隙率、飽和度、骨材間隙率といった転圧後の混合物の諸元を求める。

写真 4-2　モールドおよび供試体

写真 4-3　供試体締固め用ハンマ（自動締固め装置）

（3）　試験器具

マーシャル安定度試験機の本体は、写真 4-4 のように、円弧形の 2 枚の載荷ヘッドと規定のひずみ速さ（50 ± 5mm/分）を発生する載荷装置および載荷力測定装置（プルービングリング）、供試体の変形量を測定するダイヤルゲージから構成される。

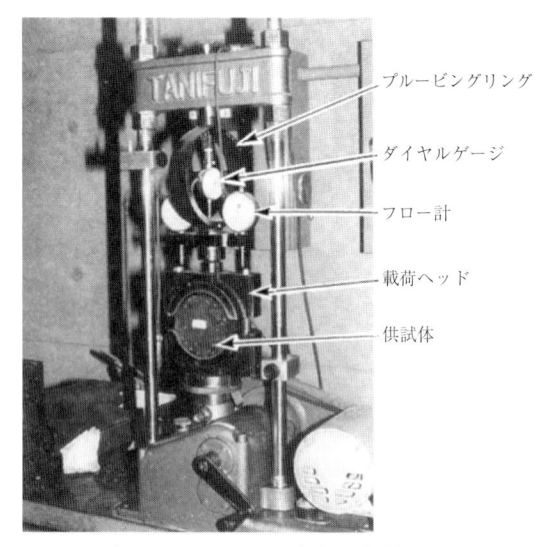

写真 4-4　マーシャル安定度試験載荷装置

（4）　試　　験

本試験は原則として最大粒径 25mm（1in）以下の骨材を使用するアスファルト混合物に適用する。

供試体の側面を円弧形の 2 枚の載荷ヘッドではさみ、一定の温度条件下（60℃）、規定のひずみ速さ（50 ± 5mm/分）で供試体の直径方向に荷重を加える。供試体が破壊するまでに示す最大荷重（安定度）と最大荷重時の変形量（フロー値）を記録する。

本試験は、供試体の側面を拘束した状態で荷重をかける一種の三軸圧縮試験であるが、力学的に解釈することは難しく、規準値は過去の経験から定められている。

（5）　アスファルト量の決定

① 各配合のアスファルト量を横軸にとり、密度、空隙率、飽和度、安定度、フロー値を縦軸にとり試験値をプロットし、なめらかな曲線で結ぶ（図 4-13）。

② 表 4-14 に示す規準値を満足するアスファルト量の範囲をそれぞれ求め、すべての規準値を満足するアスファルト量の範囲を求め、一般的には中央値を設計アスファルト量とする。

供試体の空隙率、骨材間隙率および飽和度は次式によって計算する。

$$V_v = \left(1 - \frac{D_m}{D_t}\right) \times 100 \ (\%)$$

$$V_{fa} = \frac{V_a}{V_a + V_v} \times 100 \ (\%)$$

$$V_{ma} = V_v + \frac{W_a \times D_m}{D_a} \ (\%)$$

$$V_a = \frac{W_a \times D_m}{D_a/\rho_w} \ (\%)$$

ここに V_v：空隙率（％）
V_{fa}：飽和度（％）
V_{ma}：骨材間隙率（％）
D_m：密度（g/cm³）
D_t：理論最大密度（g/cm³）
V_a：アスファルト容積百分率（％）
W_a：アスファルトの配合率（％）
D_a：アスファルトの密度（g/cm³）
ρ_w：常温の水の密度（通常 1g/cm³）

なお、理論最大密度は次式によって計算する。

$$D_t = \frac{100}{\frac{W_a}{D_a} + \frac{1}{\rho_w}\sum_{i=1}^{n}\frac{W_i}{G_i}}$$

ここに W_i：各骨材の配合率（％）、G_i：各骨材の密度

ただし $W_a + \sum_{i=1}^{n} W_i = 100$

図 4-13 設計アスファルト量の設定[1]

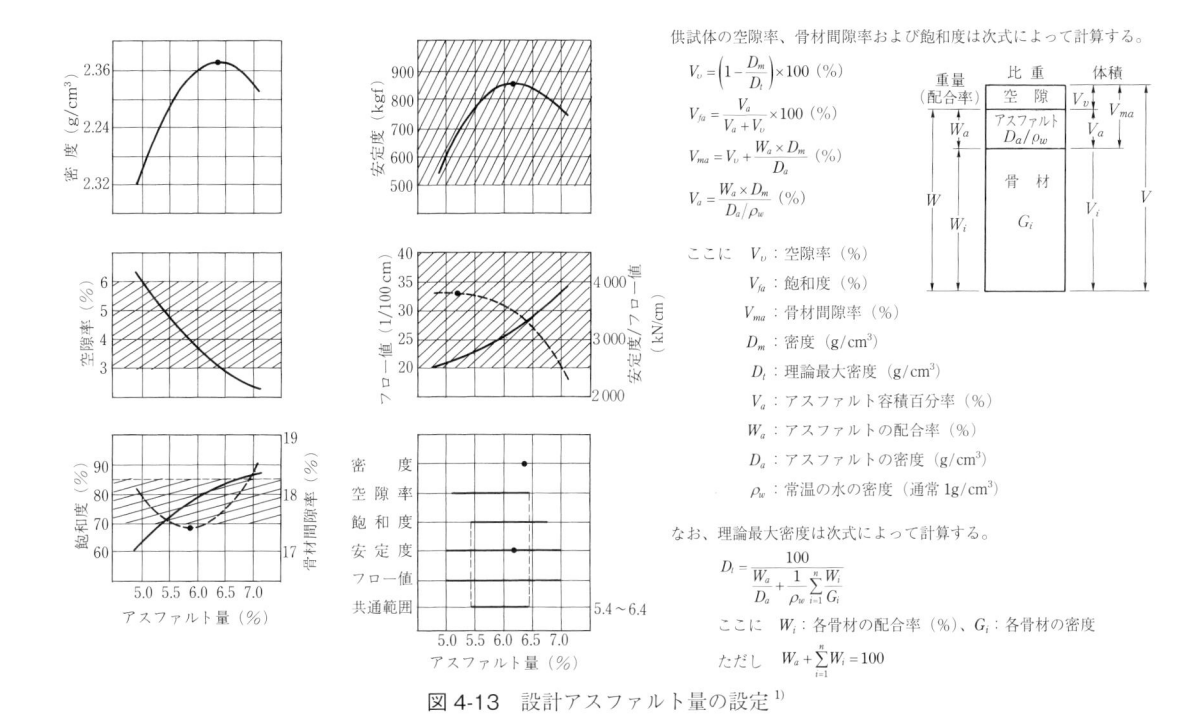

表 4-14 マーシャル安定度試験に対する基準値[1]

混合物の種類		① 粗粒度アスファルト混合物 (20)	② 密粒度アスファルト混合物 (20)	③ 細粒度アスファルト混合物 (13)	④ 密粒度ギャップアスファルト混合物 (13)	⑤ 密粒度アスファルト混合物 (13)	⑥ 細粒度ギャップアスファルト混合物 (20F) (13F)	⑦ 細粒度アスファルト混合物 (13F)	⑧ 密粒度ギャップアスファルト混合物 (13F)	⑨ 開粒度アスファルト混合物 (13)
突固め回数 回	$1,000 \leq T$	75					50			75
	$T < 1,000$	50								50
空隙率 ％		3〜7	3〜6	3〜7	3〜5		2〜5	3〜5	—
飽和度 ％		65〜85	70〜85	65〜85	75〜85		75〜90	75〜85	—
安定度 kN		4.90以上	4.90 (7.35) 以上		4.90以上		3.43以上	4.90以上	3.43以上
フロー値 1/100cm		20〜40					20〜80	20〜40	

〔注〕(1) T：舗装計画交通量（台／日・方向）
(2) 積雪寒冷地域の場合や、$1000 \leq T < 3000$（N_6 交通）であっても流動によるわだち掘れのおそれが少ないところでは突固め回数を50回とする。
(3) （ ）内は $1000 \leq T$（N_6 交通以上）で突固め回数を75回とする場合の基準値を示す。
(4) 水の影響を受けやすいと思われる混合物またはそのような箇所に舗設される混合物は、次式で求めた残留安定度が75％以上であることが望ましい。
残留安定度（％）＝（60℃、48時間水浸後の安定度（kN）／安定度（kN））×100
(5) 開粒度アスファルト混合物を歩道部の透水性舗装の表層として用いる場合、一般に突固め回数を50回とする。

4.6 アスファルト舗装の品質管理と検査

4.6.1 品質管理の基礎事項

品質管理は、仕様の設計品質に適合した製品を作るとともに、最も経済的な生産手段を探る方法でもある。単に生産の変動を把握するのではなく、合理的な生産方法の開発、生産の迅速化、生産費の節減など生産の効率化につながる生きた管理が行われなければならない。

アスファルト舗装の特徴は、加熱混合により生産された150〜180℃のアスファルト混合物を、100℃程度までの温度域で運搬・敷均し・締固めといった一連の工程を経て舗装体として完成させることであり、温度管理が各工程の効率と舗装の品質に重要な位置を占める。また、構造や機能面からは、厚さ、平坦性、すべり抵抗の確保も重要な管理項目となる。

4.6.2 加熱アスファルト混合物の管理と検査

管理および検査は、以下の3項から構成され、①、②は受注者が実施し、③は発注者が実施するのが原則である。

① 使用される材料や施工の方法が適正なものかを確認する基準試験。
② 設計図書に合格する舗装を経済的に築造するために実施する出来形・品質管理。
③ 設計図書に合格する舗装ができているかを確認する検査。

舗装は、道路構造物のなかでも直接荷重を受けるとともに気象などの環境条件に直接置かれるため、工事における欠陥が予想外の形で表面化、拡大することや、機械化施工のため日当りの施工量が大きく、欠陥を見落とすとその影響範囲が広範囲に及び、修正に相当な費用と日数を要するため、事前に欠陥を生じるのを防止することが効率的で経済的な生産に必要である。

舗装工事の流れと出来形・品質管理の関係を図4-14に示す。また、アスファルト混合物の品質管理項目と頻度、管理限界の参考例を表4-15に示す。

表4-15 品質管理項目と頻度および管理限界の参考例[1]

工種	項目	工事規模別項目実施の有無 中規模以上の工事	工事規模別項目実施の有無 小規模の工事	実施する場合の頻度	標準的な管理の限界	試験方法
瀝青安定処理上層路盤	温度	○	○	随時		温度計
	粒度	○	—	印字記録：全数または抽出・ふるい分け試験 1〜2回／日	印字記録の場合：(注)を参照 ふるい分け試験の場合：2.36mm±15%以内 75μm±6%以内	舗装試験法便覧
	アスファルト量	○	△	印字記録：全数または抽出試験 1〜2回／日	印字記録の場合：(注)を参照 抽出試験の場合：−1.2%以内	
	締固め度	○	△	1000m²に1個	基準密度の93%以上	
加熱アスファルト混合物表層・基層	外観	○	○	随時		観察
	温度	○	○	随時		温度計
	粒度	○	△	印字記録：全数または抽出・ふるい分け試験 1〜2回／日	印字記録の場合：(注)を参照 ふるい分け試験の場合：2.36mm±15%以内 75μm±5%以内	舗装試験法便覧
	アスファルト量	○	△	印字記録：全数または抽出試験 1〜2回／日	印字記録の場合：(注)を参照 抽出試験の場合：−0.9%以内	
	締固め度	○	△	1000m²に1個	基準密度の94%以上	

凡例 ○：定期的または随時実施することが望ましいもの
　　 △：異常が認められたとき、または、特に必要なとき実施するもの

注）印字記録による場合、表層・基層にあっては、100バッチにおいて限界値をはずれるものが5バッチ以上の割合にならないように管理し、瀝青安定処理にあっては、100バッチにおいて限界値をはずれるものが7バッチ以上の割合にならないように管理する。

舗装工事の管理・検査の特徴を示すと以下のとおりである。

① 骨材は天然の原石を破砕したものおよび天然の砂利や砂を採取したもので、人為的にコントロールする程度が低いため、必要な品質を確保するには、採取場所における原材料の分布状態や生産過程での設備・品質管理状態を調査、管理することが重要である。
② 混合物の製造では、混合物の特性について仕様が設定されるのが一般的であり、これを満足する材料の選定と配合を定める基準試験が実施される。
③ プラントは、各設備の仕様と性能が検査されたうえで試験練り、試験施工が行われ混合物の生産条件が決定される。本施工では、連続生産される混合物に対して品質管理試験が実施される。
④ 現場での舗設では、試験施工などで定めた施工標準により連続的に施工が行われる。舗装は層を積み重ねて施工されるため、工種ごとに管理・検査が行われる。

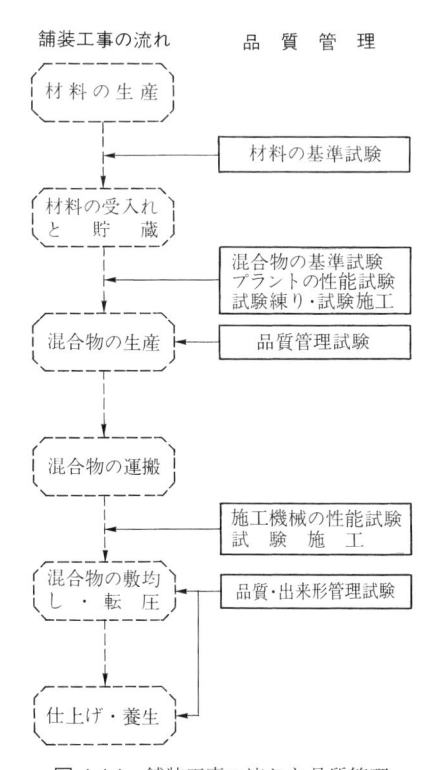

図4-14 舗装工事の流れと品質管理

①から③は、非常に大規模な工事の場合に行われる事項であり、一般的には混合物製造所により自主管理され生産された混合物を購入し、舗設するといった施工形態で責任分担が行われる場合が多い。

管理項目・頻度・基準は、理想的には施工者側の判断にゆだねられるべきものであるが、実際は発注者側で積算条件の担保として仕様される場合が多い。これは、わが国の直轄工事体制から請負工事契約体制への移行の流れのなかで培われてきたものである。しかし、今般の国による技術基準類の改正、整備に伴い、性能規定化が進められる見込みである。

4.7 各種舗装工法

一般的なアスファルトコンクリート舗装工法に対し、特殊な箇所・交通条件における対策や特定の機能を求めるために採用される舗装工法がある。これらは、アスファルトコンクリートの配合または材料を工夫したものと、舗装構造自体を工夫したものに大別される。

配合を工夫したものとしては、半たわみ性舗装、グースアスファルト舗装、ロールドアスファルト舗装、排水性舗装（透水性舗装）、明色舗装、着色舗装、すべり止め舗装などがある。

構造を工夫したものとしては、フルデプスアスファルト舗装工法、サンドイッチ舗装工法、コンポジット舗装工法がある。以下にその概要を示す。

（1）半たわみ性舗装（図4-15）

半たわみ性舗装は、アスファルト舗装のたわみ性とコンクリート舗装の剛性を複合的に活用して、耐流動性、耐油性、明色性が優れる舗装である。

半たわみ性舗装は、空隙率の大きい開粒度のアスファルト混合物を舗設後、空隙にセメントミルクを浸透させる工法で、セメントミルクには浸透性と硬化後の強度が求められる。

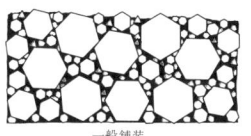

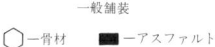

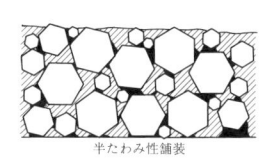

図4-15 半たわみ性舗装の概念図

（2）グースアスファルト舗装

グースアスファルト舗装は、一般の混合物がフィニッシャで舗設後、転圧するのに対し、施工時に高い流動性を確保し、専用フィニッシャで流し込み、無転圧で施工する工法であり、合材運搬車も専用のものが使用される。不透水性で変形追従性が高い特徴をもち、鋼床版舗装などの橋面舗装に採用される。配合は流動性確保のため細粒分が多くかつアスファルト量が多く設定され、混合温度も高い。交通荷重に対する耐久性確保のため、アスファルトは改質したものが使用される。

（3）ロールドアスファルト舗装

ロールドアスファルト舗装は、細骨材とアスファルトからなるアスファルトモルタル中に、単粒度の粗骨材を一定量配合した不連続粒度の混合物を使用するもので、水密性、耐摩耗性、耐ひび割れ性、すべり抵抗性に優れるが、耐流動性を確保することが難しく、わが国での使用実績は少ない。

（4）排水性舗装（透水性舗装、低騒音舗装、高機能舗装）（図4-16）

排水性舗装は空隙率が大きい開粒度のアスファルト混合物を採用し、本来、路面を流下する雨水などを舗装体内で貯留、流下させるものである。歩道などで路盤以下へも浸透させる構造を透水性舗装、車道部など交通荷重を受けるところで、路盤以下の強度が低下しないよう路盤以下へ水が浸透しない構造のものを排水性舗装と呼ぶ。車道部では耐久性を確保するため、骨材の接着性を高める特殊なアスファルトが使用されるのが一般的である。

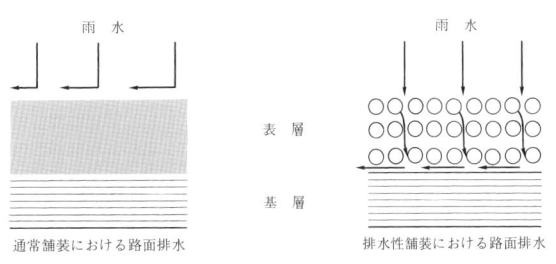

図4-16 排水性舗装の概念図

歩道部などでは歩行者の快適性確保、地下水の涵養などの機能がある。車道部では、雨天時の水はね防止、ハイドロプレーニングの防止、夜間、雨天時の視認性の向上などの排水機能による効果

に加え、交通騒音低減効果も認められ、要求する機能により各種の呼称が用いられている。

(5) 明色舗装

明色性舗装は、表層用アスファルト混合物の粗骨材に、光線反射の大きい明色骨材（一般には人工白色骨材）を使用し、路面の明るさや光の再帰性を向上させたもので、トンネル内で多く用いられるほか、交差点、道路の分岐点などに用いられる。

(6) 着色舗装

着色舗装は、アスファルト混合物に顔料を添加、骨材に着色骨材を使用、または着色樹脂系バインダーを使用し、着色した舗装である。また半たわみ性も着色舗装として利用される場合がある。景観に考慮する場合や、注意を喚起する場合に用いられる。

(7) すべり止め舗装

すべり止め舗装は、特に路面のすべり抵抗を高めた舗装であり、①配合の工夫により混合自体のすべり抵抗性を高める工法、②樹脂系材料を使用し、硬質骨材を路面に接着させる工法、③みぞ切りなどで路面を粗面仕上げする工法、に分類されるが、いずれも路面の粗さを高めてすべり抵抗を向上させるものである。

(8) フルデプスアスファルト舗装工法

フルデプスアスファルト舗装工法は、舗装構造をすべてアスファルト混合物で構成するもので、計画舗装厚さを小さくでき、計画高さに制限がある場合、地下埋設物との干渉がある場合、地下水位が高い場合、施工期間や交通開放など施工条件がある場合などに用いられる。

(9) サンドイッチ舗装工法

サンドイッチ舗装工法は、軟弱な舗装基面に遮断層として砂層を設け、この上に粒状路盤材、セメント安定処理路盤、貧配合コンクリートによる層を設置し、これに舗装を築造する工法である。

(10) コンポジット舗装工法

コンポジット舗装工法は、セメント系の舗装がもつ構造的な耐久性、強度とアスファルト舗装がもつ良好な走行性、補修の容易さを兼ね備えた舗装で、表層または表・基層にアスファルト混合物を用い、直下の層にセメントコンクリート系舗装を用いた工法である。ただし舗装構造の設計には、セメント系舗装の構造設計法が用いられるのが一般的であり、厳密にはアスファルト舗装ではない。

4.8 再生舗装

舗装の修繕工事で発生する発生材は、建設副産物として再資源化が積極的に進められている。アスファルト舗装では、発生材を新規製造時と同様に再加熱して、アスファルト混合物として利用する方法と、砕石として路盤などへ利用する方法に大別される。

再加熱をしてアスファルト混合物として再利用する工法には、路上方式とプラント方式がある。アスファルト混合物は、製造時の加熱、舗装後の気象条件により図4-17に一例を示すように、針入度が低下し、固くもろい性質をもつようになる。ある段階にくると（おおむね針入度が20以下）、再生時に添加剤などを加えても元の性状に再生することが困難となるため、いずれの工法も既設アスファルト混合物のアスファルトの針入度が配合設計および使用判定基準となる。

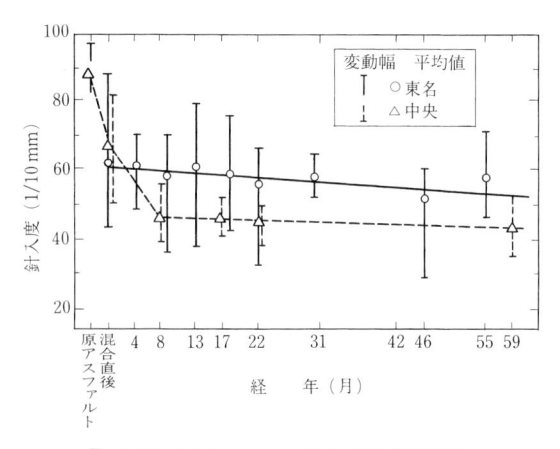

図 4-17 アスファルト針入度の経年変化

(1) プラント再生舗装工法

舗装発生材を定置式プラントで再加熱し、道路舗装に利用する工法。

(2) 路上表層再生工法

図 4-18 に示すように路上において既設アスファルト混合物を加熱、かきほぐし、必要に応じて新しい混合物や再生用添加剤を加え、敷均し転圧し、新たに表層または基層を作る工法。

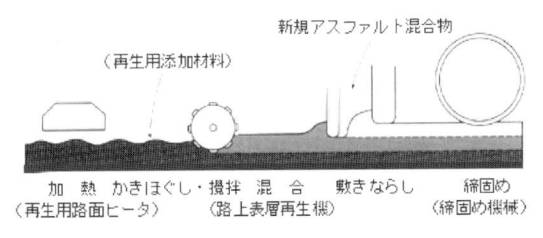

図 4-18 路上表層再生工法

(3) 路上再生路盤工法

路上において既設アスファルト混合物を破砕し、セメント、アスファルト乳剤などの安定処理材を添加し、路盤材とともに混合、転圧して新たに路盤を作る工法。

[第4章 引用文献]
1) 日本道路協会：舗装設計施工指針、2006
2) 日本道路公団：設計要領（第一集）、1999
3) 日本アスファルト協会：アスファルト、170号、1992
4) 建設材料実験教育研究会：建設材料実験法、鹿島出版会、1999
5) 杉田美昭編：写真と図で見るアスファルト舗装工事の施工ノウハウ、近代図書、1992
6) 日本道路公団試験研究所：技術手帳―舗装の設計から施工まで―、1998
7) 日本道路協会：舗装施工便覧、2001

第5章
環境を考慮した新しい材料

5.1 概説

　科学技術の進展に伴って、他産業では、従来の材料には見られないような優れた機能や特性をもった新素材・新材料が開発され実用化されている。これに対して、建設分野においても、官民を問わず、これらの材料を活用して、建設技術の向上を図ろうとする動きが積極的に推進されている。

　新素材・新材料は、社会の流れとして地球環境に優しいものでなければならない。建設分野においても同様で、新素材・新材料を使用しても、その目的達成後には再利用や転用を図るとか、産業廃棄物にならないようにすることが求められている。

　従来の建設工事では、土、鋼、コンクリートなどが基本材料であり、これらは大量かつ安価に供給されてきた。しかし、新素材・新材料は、今のところ一般に高価であるからその利用に制限を受けているのが現状である。

　したがって、新素材・新材料をさらに建設分野に浸透させていくためには、現状の建設工事費だけで評価するのではなく、将来の維持補修費や耐久性などを含めたトータルな評価を行うことが必要である。また、新素材・新材料の価格を従来材料にどれだけ近づけることができるかによって、今後の利用度が定まると考えられる。さらに、新素材・新材料は、将来想像もできない材料として開発される可能性もあり、建設事業の設計・施工に革命的な技術革新を起こすかもしれない。

5.1.1 時代の流れと新材料

　これまで建設工事では、土、鋼、コンクリートなどを基本材料として使用してきたが、図5-1に示すように、1970年代以降、材料の高付加価値化が求められるようになり、従来材料の重厚長大・構造材的な使用方法に対して、これらの材料の高度化・ハイテク化を行ったり、新素材・新材料の軽薄短小・高機能材的使用方法が加わり、用途が拡大してきた。そして、将来はこの傾向がさらに強まり、生体機能的・知能的な材料へと進むことが予想される。

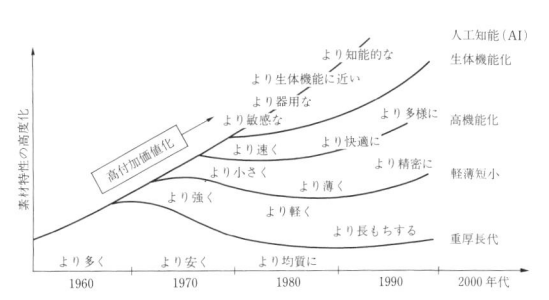

図5-1　新素材開発の動向（化学経済、Vol.30, No.5, 1983より）[1]

　一般に、新素材は、セラミックス材料・金属材料・有機材料の3つに分類される。セラミックス材料は、人類の歴史とともに発展をしてきた焼き物、ガラス、セメントなど無機材料全般を広義でセラミックス材料と呼び、狭義では粉体を焼き固めた多結晶体を指している。近年、合成された高純度原料と厳しい製造工程の管理によって、高性能化が一挙に進み、セラミックスの電子部品や光学材料（光ファイバー材料）として実用化されている。

　金属材料は、鉄鋼材料、軽合金、銅合金、亜鉛合金など構造材料、機能性材料として広く利用されてきた。最近の機能性金属材料としては、形状記憶合金、叩いても音のしない振動を吸収する防振合金、電気抵抗ゼロの超電導合金、高透磁率材料としてのアモルファス合金、小さな力で大きな塑性加工のできる金属風船のような超塑性合金、ジェットエンジンの進歩を支えてきた超耐熱合金などがあり、金属材料の発展は目覚ましい。

有機材料は、セラミックス材料や金属材料と比較して比重が小さく、特殊な機能（膜素材）、加工性、量産性、耐化学薬品性に優れているが、耐熱性が低い性質が一般に挙げられる。この材料は、重厚長大産業から軽薄短小産業への移り変わりとともに、今日の最先端の科学技術を支える新しい材料である。

代表的なものとして薄型 TV で活躍する液晶、軽い自動車を作るのに必要なエンジニアリングプラスチック、気体・液体などから必要なものを取り出す分離膜、高弾性率強度材料としての炭素繊維、アラミド繊維、電導性・圧電性高分子材料、超 LSI などを支える感光性材料などがある。

5.1.2 新素材・新材料の利用傾向

コンクリートの補強材としては、炭素繊維（CF）、ガラス繊維（GF）、アラミド繊維（AF）、ビニロン繊維などがある。これらの補強材は、高強度、高弾性、高靭性などの力学的特性や、耐久性、耐アルカリ性、耐酸性、耐候性、耐火性などの特性をコンクリートの性質に付加させることができる。すでに PC 橋梁の緊張材、トンネルの吹付け用コンクリート補強筋やロックボルト、さらに繊維強化プラスチック（FRP）材の適用が行われている。

水道管は、従来は鉄管や鉛管が用いられていたが、1980 年頃から水道水に有害物が溶解するということで地域により法律でその使用が規制されている。今日では、一般家庭に塩化ビニル管が、道路からの引込み部分については耐火性を求めてステンレス管が用いられている。

合成樹脂発泡体である発泡スチロール工法（EPS 工法）は、単位体積重量が $0.01 \sim 0.03 tf/m^3$ と極めて軽量であることから、軟弱地盤への盛土や急速施工で注目されている。わが国でも 1985 年から使用され始め、2000 年 12 月末現在、合計件数約 2,500 件、総使用量約 200 万 m^3 の実績があり、その使用量が年々増加の傾向にある。

また、軟弱地盤の改良として 1952 年にはサンドドレーン工法が、1963 年にはペーパードレーン工法がわが国に導入され広く使われてきたが、近年は合成材の方が排水機能が優れることや天然材の枯渇などとあいまって、合成樹脂のドレーン材が多く使用されている。

最近では、山留め壁のシールド機が通過する部分に硬質発泡ウレタンをガラス長繊維で補強した FFU 材料を鉄筋または H 形鋼に代えて設置し、シールド機で直接切削して発進または到達する工法が開発され実用化されている。この FFU 材料は、軽くて高強度でさらに耐久性に優れているため、斜面安定工法のアンカーの受圧板としても使用されている。

このほか、建設工事に用いられる軟弱地盤安定シートなどの織布・不織布などの材料や、土木シート類、土のう、ネット、コンクリート目地板・目地材・止水板、養生マットなどの材料に、合成樹脂などの新材料が用いられている。

このように見てくると、建設分野における新素材・新材料の利用状況の特徴は、主要材として用いられるものは今のところそれほど多くなく、補助材・補強材や仮設材として多く用いられている。

一方、従来材料でも、より高度化・ハイテク化・ハイブリッド化されて新しい分野に使用されている。例えば、リニア推進軌道のように高い磁場を使用する施設、地磁気測定施設などの磁気的雑音を嫌う施設あるいは電解精錬炉など大電流を使用する施設の構造物では非磁性であることが要求される。これに対してコンクリート補強用鉄筋には非磁性鉄筋が開発されている。また、耐久性、耐食性に優れたクラッド鋼が開発され、洋上橋脚、船舶、温水タンクなどに実用化されている。

このように、科学技術の発達に伴い、今後はさらに優れた機能や特性を有する材料が開発され、これらをたくみに利用して現場からの高度な要請に応え、建設事業の発展につながっていくことも確かである。

5.1.3 新素材の用語の説明

新素材・新材料に関するいくつかの用語について説明する。なお、一般によく知られている用語については省略した。

複合材料とは、「2 種以上の材料がそれぞれの独自性を維持できる状態で合体された材料」（高分子学会）と定義されている。複合材料の中で、ある素材の特性を改良するために分散させる微小形素材を分散材（粉体、繊維等）、改良される素材を母材またはマトリックス（ゴム、コンクリート等）という。

繊維材料の分野で用いられる織布（Woven

Fabric)、不織布（Non Woven Fabric）は加工形状による区分で、織布は文字どおり繊維を織った形状（クロス、テープ等）、不織布は繊維を織らずに所定の厚みを持った形状にしたもの（マット、フェルト等）を指す。

高分子材料の分野で用いられるエラストマーは、ゴム状弾性に特徴づけられるゴムとプラスチックスの中間的性質を持つ高分子をいう。熱可塑性エラストマーとは、加熱すると軟化または融解して可塑性を帯び、冷却すると固化するエラストマーのことである。

金属材料の分野で用いられるクラッド鋼は、鋼に異種金属を層状に接合したものをいい、2種以上の鋼材の特性を有効に活かすことが可能である。

水処理分野で使われる固定化担体は微生物を吸着または包み込む素材である。

5.2　分　類

新素材・新材料は、目的、用途、分野、方向、素材、材料、機能や特性などによって分類できる。ここでは、国際特許分類表に準拠して、表5-1のように複合材料・繊維、高分子樹脂、機能性金属、コンクリートなどに分類した。表5-2には新素材・

表5-1　新素材・新材料の分類[2]

材　料	属　　性	材料名（例）
複合材料	繊維強化材料、FRP、FRM、FRC	繊維強化材料
繊維	人造の糸または繊維、糸；糸またはロープの機械的仕上げ　ビームまきとり、織成、組みひも、繊維処理ロープ、不織布	繊維、不織布、織布、シート類
高分子樹脂	有機高分子化合物（無機高分子化合物）	表面被覆材、塗料、プラスチックス
セラミックス	セラミックス（粘土製品、組成に特徴をもつ成形セラミックス製品、焼成セラミックス物と他の焼成セラミックス物品または他の物品との加熱による接合、多孔質人造石または多孔質セラミックス製品）	セラミックス材料
ガラス	ガラス；鉱物またはガラスウール	ガラス材料
機能性金属	磁性流体　形状記憶合金　アモルファス金属　（形状記憶、水素吸蔵、水素吸脱、触媒、超伝導アモルファス、磁性流体、強磁性、非磁性）	形状記憶合金、非磁性体、アモルファス 等
構造用金属	高強度、強靱、高硬度、制振、防振、吸振、超塑性、耐磨耗、固体潤滑、耐食、一方向性凝固、耐熱	熱加工制御鋼、耐塩性鉄筋、ステンレス、チタン、高強度合金、制振合金、耐食合金　等
コンクリート関連材料	セメント、コンクリート、モルタル、人造石またはその類似物　耐久性、強度、耐水性、耐食性、軽量	軽量・耐久性コンクリート、セメント、モルタル 等
アスファルト	アスファルト、タール、ピッチ、ビチューメン	アスファルト
薬剤	土壌改良剤、土壌硬化剤、水・廃水・下水または汚水の処理性物質、発泡性物質、着色性物質、水溶性高分子、フェノール化合物、シアン化合物、F化合物	土壌改良剤、地盤強化剤　等
バイオ材料	バイオ、微生物または酵素、その構成物、微生物または組織の増殖、保存等	バイオマテリアル　等

表5-2　新素材・新材料の力学的性質[13]

材料名	素材名	力学的性質				物理的性質	化学的性質	
		弾性係数 ($\times 10^3$N/mm^2)	引張強度 ($\times 10^3$N/mm^2)	圧縮強度 ($\times 10^3$N/mm^2)	曲げ強度 ($\times 10^3$N/mm^2)	密度 (g/cm^3)	耐酸性	耐アルカリ性
複合材料	繊維強化金属（FRM）	100〜220	65〜90	210	105〜120	2.3〜3.3		
	繊維強化プラスチック（FRP）	18〜36	26〜78	23〜35	35〜67	1.8〜2.02		
	鋼繊維強化コンクリート（SFRC）		0.3	3.0	0.8	2.5		
繊維材料	ポリプロピレン繊維	1.0	40			0.9		
	ポリエチレン繊維	2.5	20			0.96		
	アラミド繊維（AF）	63.5〜133	280	28		1.44〜1.45	△	○
	炭素繊維（CF）	210〜370	210〜250			1.78〜2.05	◎	◎
	耐アルカリガラス繊維（GF）	70	250		60	2.78		
高分子樹脂材料	エポキシ系樹脂	3.0〜5.0	2.8〜9.0	11〜13	10〜13.5	1.1〜2.0	◎	◎
	ポリウレタン系樹脂	0.7〜7.0	3.0〜7.5	5〜15	0.5〜3.0	1.0〜1.3	△	○
	アクリル系樹脂	2.1〜3.5	4.2〜8.0	7〜13.5	8.4〜12	1.2	◎	△
	塩化ビニル系樹脂	2.5〜4.2	3.5〜6.3	5.5〜9.1	7〜11	1.3〜1.5	◎	◎
コンクリート関連材料	レジンコンクリート	〜35	1.0〜1.2	8.0〜12	1.7〜2.1	〜2.35		
	高強度コンクリート	25〜42		3.0〜10				
	ポリマー含浸コンクリート	〜45	〜1.2	16〜18	〜2.5	〜2.45		
	ポリマーセメントコンクリート	0.1〜10	0.6	5.0	1.5			
機能性金属材料	形状記憶合金		30					
	チタン（Ti）	119	35			4.51	◎	◎
ゴム系材料	ブチルゴム（IIR）		0.5〜2.1			0.91〜0.93	◎	◎
セラミックス	アルミナ	250〜360			33〜41	3.7〜3.9		

注）1. 本表は参考文献（3）、（4）、（5）、（6）をもとに作成した。
　　2. 凡例：◎　適する、○　問題なし、△　問題あり
　　3. 上記の空欄部分については、性質が未発表のもの。

新材料の力学的特性を中心に示す。また、これらの材料を機能特性別に求められている性能に着目して分類すると表5-3のようになる。

表5-3 材料別の機能特性（例）[3]

		特性 / 材料	複合材料	繊維	高分子樹脂	セラミックス	ガラス	機能性金属	構造材用金属	コンクリート関連材料	アスファルト	薬剤
新材料の機能分類項目	構造材的特性	1.機械的特性	1. 強度	○	○	○				○	○	○	
			2. 比強度										
			3. 硬度										
			4. 制震										
			5. 弾性										
			6. 形状記憶						○				
			7. 塑性										
			8. 耐摩耗				○			○			
		2. 化学的特性 耐食	○		○	○						
		3. 熱的特性 耐熱				○						
	機能材的特性	4. 化学的・生体的機能										
		5. 電気的・電子的機能										
		6. 磁器的機能						○				
		7. 光学的機能					○					
		8. 放射線機能										
未分野への応用を意識して追加した項目		耐久性・耐候性	○	○	○	○	○			○		
		透水性・吸水性										
		遮水性・防水性										
		流動抵抗										
		密着性・接着性										
		施工性	○	○	○	○	○			○		
		低コスト										

5.3 利用

5.3.1 一般

建設分野における新素材・新材料の利用例として、その目的・素材・利用例を示したのが表5-4である。また、その利用ならびに利用が期待される分野を材料別に示したのが表5-5である。

これらの表から、利用分野では道路、橋梁、海洋構造物、地盤・基礎などが多く、河川、上・下水道などが続いていることがわかる。また、材料別にみると、複合材料、繊維材料、高分子樹脂材料、高性能塗料、薬剤・新舗装材料などが多いが、表5-5に示したほとんどの分野が対象となっていることがわかる。

表5-4 新素材・新材料の利用例[13]

目的	素材	利用例	備考
耐久性向上	耐候性鋼	橋梁、建築（外壁、屋根材）	微量のNi, Cu, P等を加えた鋼材、チタン、塗装不要
	クラッド鋼	ダム（コンジットの吐出し口、ゲートのスキンプレート）	ステンレス・チタン等耐食性に優れた金属を鋼材に接合した複合材料
	ガラスフレーク	橋梁、水門扉等の塗装	塗膜の充填材、塗膜の耐久性向上、再塗装が困難な箇所に使用
	アルミ溶射	水門扉、石油タンク	鋼材にアルミニウムを溶射、高耐久性
	ジオシンセティック	河川護岸の吸出し防止材	土質安定用繊維材
	レジンコンクリート	地下配管工事、耐薬品保護仕上げ	セメントをレジンに代え、地中耐久性・耐薬品性を増大
	鋼繊維補強コンクリート	トンネルの吹付け・舗装、橋梁の床版・舗装	コンクリートにスチールファイバを混入し、引張強度、曲げ強度、靭性等を増大
	ふっ素樹脂塗料	建築屋根・外壁（塗装）	ふっ素の高耐食性を利用、ステンレス等に焼付け
機能の付加部材の代替	アルミ・ステンレス	橋梁等の高欄	
	セラミックス発光管	高圧ナトリウムランプ照明灯	セラミックスの透光性、ナトリウム蒸気に対する耐食性、維持管理費の低減
	人造木材	建築物の造作材	無機系シリカ材、木材と同等質感
部材代替	合成布びき製ダム	河川の起伏堰	維持管理の容易化、経済性の向上
機能付加	電波吸収材	橋梁、建築物の電波吸収材（TV電波、レーダー電波）	フェライトを構造物表面に張り、反射による電波障害の防止
廃棄物の活用	高炉スラグ、水硬性粒度調整スラグ	コンクリート用骨材、路盤材等	製鉄廃棄物の有効利用

5.3.2 材料別にみた利用状況

(a) 複合材料（繊維強化材）

繊維強化材は、複合材料の中でも最も多く使用されている材料であり、複合材料の応用は、ほぼすべての土木分野にわたっている。

(b) 繊維材料

繊維材料は、軽量でかつ引張強度が高く、しかも柔軟な材料として、急速に土木分野に応用されており、各種のシート類や地盤補強材（ジオシンセティックス）などがある。

(c) 高分子樹脂材料

高分子樹脂材料は、構造材料として用いられるエンジニアリングプラスチックなどといわれており、各種の合成樹脂がある。

(d) 吸収性高分子材

吸収性高分子材は、シールドのシーリング材、種子吹付け用保水剤、コンクリート養生材などに使われている。

(e) 高性能塗料

高性能塗料は、塗料のハイテク化を目指したもので、主として補修、耐食、電波吸収・吸音材料などに使われている。

表 5-5　新素材・新材料の利用ならびに利用が期待される土木分野の例[13]

材料名	素材名	交通				治水・利水			海岸		地中		防災		機械
		道路	橋梁	トンネル	交通	河川	上・下水道	ダム	海岸	海洋構造物	地下開発	地盤・基礎	砂防	防災	建設機械
複合材料（繊維強化材）	繊維素材と複合材料との組合せで、繊維強化金属（FRM）、繊維強化プラスチック（FRP）、繊維強化コンクリート（FRC）等。	◎	◎	◎	○	○	◎	○	◎	◎	○	○		○	○
繊維材料（保護材、地盤強化材（ジオシンセティック）、スーパー繊維など）	ポリプロピレン、ポリエステル、ポリエチレン、塩化ビニール等。ガラス繊維、アラミド繊維（AF）、炭素繊維（カーボン繊維：CF）、熱可塑性エラストマー（TPE）等。	◎	○	○		◎	○	◎	○	○	○	◎			○
高分子樹脂材料（合成樹脂）	構造材としてエンジニアリングプラスチックなどといわれ、素材別にはエポキシ系、ポリウレタン系、アクリル系、塩化ビニール系等。	◎	◎	○	○	○	◎		○	◎	○	○		○	○
吸収性高分子材	エマルジョン系吸水性高分子等。					○	○	○							
高性能塗料（ハイテク化）	主として補修、耐食、電波吸収、吸着材料としてふっ素、エポキシ、シリコン、不飽和ポリエステル、アクリル、フレーク入り塗料等。	○	◎	○	○		○		◎	○	○			○	○
コンクリート関連材料（ハイテク化）	特殊セメント・混和剤、レジンコンクリート、締固め不要コンクリート、高強度コンクリート、長期耐久性コンクリート等。	○	○	○		○	○	○	○	○	○	○		○	
薬剤（地盤強化剤、土壌改良剤等）	地盤改良、グラウト注入等有機系のイソシアネートやポリアミン系、無機系のゼオライト、水ガラス、セッコウ、セメント等。	○		○							◎	◎			
新舗装材料（樹脂系結合材料）	石油樹脂、エポキシ樹脂、アクリル樹脂、ウレタン樹脂等。	◎	○	○	○										
機能性金属材料（ハイテク金属）	形状記憶合金、触媒、超伝導材、アモルファス合金、磁性流体、水素吸蔵、吸脱合金、強磁性材料、非磁性材料等。		○							○				○	○
構造用金属材料（耐熱性、耐食性、耐摩耗性等）	特殊合金、複合材料（金属同士、金属非金属）等。		○	○			○			○					○
ゴム系材料（ハイテク化）	免震、吸震材料として粉末ゴム、膨潤性ゴム、橋梁の支承等。	○	◎	○						◎				○	○
制振材料（制振、免振等）	構造材料として吸振合金、ゴム等。		○												◎
セラミックス（硬度、耐食性、耐摩耗性等）	構造材としてセラミックス複合材等。	○	◎	○		○					◎				○
ガラス	ガラスファイバー、光ファイバー等。	○		○	○										
固定化担体（下水道処理固定化）	ポリビニルアルコール等。	○					◎								
その他	接着剤、止水剤等。										○			○	
	半導体等。														○
	バイオ等。									○					

注）1．本表は参考文献（1）、（2）、（3）をもとに作成した。
　　2．表中、◎印は利用がある程度進んでいる分野。
　　3．表中、○印は利用が期待されている分野。

(f) コンクリート関連材料

従来材料のハイテク化を目指すものであり、特殊セメント、混和剤（高流動化剤、高性能減水剤、水中不分離性混和剤など）を用いた締固め不要コンクリート、高強度コンクリート、長期耐久性コンクリートなどと、結合材（熱硬化性樹脂である不飽和ポリエステル、エポキシなど）を用いたレジンコンクリートなどがある。

(g) 薬剤

地盤改良、グラウトなどの薬液注入剤や土壌改良剤など多数ある。

(h) 新舗装材料

多様なニーズに応えるべくハイテク化が求められている。

(i) ゴム系

以前より緩衝材、継手等に使用されているが、免震材料として積層ゴム、レーダ偽像防止のための電波吸収ゴム等、高機能化を図っているものがある。

(j) その他の材料

特にここで述べなかったものでも、表5-5の中にあるとおり、多くの材料がハイテク化や用途拡大などを目指して開発が進んでいる。

5.3.3　用途分野別にみた利用状況

(a) 道路関係

道路関係は、新材料を比較的多く使用している分野であり、その中でも舗装が多く、これに土工、付属施設、法面工が続く。

舗装では、耐摩耗舗装材、耐流動舗装材の研究や試験が盛んであり、補修材料、カラー舗装材料、路盤凍結防止材料、透水性舗装材料などがある。また路盤自体の補強やわだち掘れ抑制を目的としてジオシンセティックスが用いられる。

道路本体部の盛土工では補強盛土としてジオシンセティックス、軽量盛土材（発泡スチロール）、地盤改良材などがある。

(b) 橋梁関係

橋梁関係は道路関係に次いで新材料が多く用いられている分野であり、ほとんどが上部工でその中でも塩害防止のための重防食塗料が多い。近年では、コンクリート製上部・下部工における塩害・中性化・凍害・アルカリ骨材反応などの劣化進行を遅らせ、構造物の耐久性を向上させる工法として表面含浸工法も用いられている。含浸材としてはシラン系やケイ酸塩系の材料が多く使用されている。

(c) トンネル関係

覆工の防水に多くの新材料が試験されている。今後はさらに裏込め材や地盤強化材なども多く用いられるようになる。また豪雪地帯に位置するトンネルの覆工は融雪剤の影響による劣化防止ため橋梁関係と同様に表面含浸工を施す例もある。

(d) 河川関係

河川関係は道路、橋梁関係に次いで新材料が多く用いられている分野である。護岸の法面工の修景ブロック、ジオセル工法、堤防のジオシンセティックス、樋門・樋管の可撓性継手、揚排水機場のポンプの軸受けなどがある。

(e) 上下水道関係

上下水道関係は河川関係に次いで新材料が多く用いられている分野であり、管路材料が多い。特に、下水道関係ではFRPなどの軽量、耐食性材料、コンクリート打継目材料、防食塗料などが防食防水用材料として利用できる。

(f) ダム関係

コンクリートダム堤防と放流管がほとんどで、防食材料と止水材料として用いられるものが多い。また、コンクリートの補修や凍結防止用材料としても用いられている。

(g) 海岸関係

防水材、混和材、高性能化、耐水性などコンクリートに関するもので、ほかに海中の鋼材の防食材などにも用いられている。

(h) 砂防関係

砂防ダムとしては天端保護、コンクリート型枠が、砂防施設としては岩盤固結剤などに用いられている。

(i) その他の材料

海洋構造物関係、地盤・基礎関係、その他など表5-5の中にあるとおり、多くの材料が利用されるか、利用が期待されている。

5.4 利用の実例

5.4.1 ジオシンセティックス

(1) 概説

ジオシンセティックス（geosynthetics）は、geoという言葉とsyntheticsという言葉の合成語で、syntheticsは化学的用語の「エレメントまたは簡単な要素が合成されたもの」という意味を持っている。1977年「第1回国際ジオテキスタイル学会」において、Dr. J.P. Giroud（ジルー）が論文中で、石油化学で合成された繊維材料で建設用資材として用いられるものをジオテキスタイル（geotextile）と名付けたのが最初である。その後、遮水シートやジオグリッド等多くの製品が登場し始めると、ジオテキスタイルという用語ですべてを包括しきれなくなり、現在ではジオシンセティックスという用語を用いている。

日本工業規格 JIS L 0221「ジオシンセティック用語」での定義では、ジオシンセティックスは広義のジオテキスタイル、ジオメンブレンおよびジオコンポジットの総称とし、ジオテキスタイルは土木等の用途に用いられる織布、不織布および編物で、透水性のあるシート状の高分子材料の製品。広義では、狭義のジオテキスタイル、ジオグリッド、ジオネットおよびジオテキスタイル関連製品を含めた総称としている（図5-2 参照）。

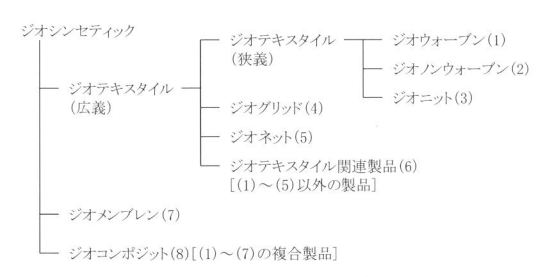

図5-2 ジオシンセティックの分類（ジオシンセティック用語（日本工業規格 JIS L 0221）解説より引用）

土木工事や建築工事に繊維を用いることは、特に新しいことではなく、人類が繊維加工物を作り始めたと同時に始まったといっても過言ではな

い。これはエジプトのピラミッドの建設の記録、イラク、バグダッド郊外のアガルクーフの遺跡、中国の堤防工事の記録などに、パピルス、竹、木などの天然繊維を用いて、補強を施していたことが残されている。

(2) ジオシンセティックスの種類と機能

　ジオシンセティックスは、引張力、透水性、ろ過性能などの特性を活かして用いられるが、その種類を製品の観点から分類すると、表5-6のように分けられる。またジオシンセティックスの機能は、排水、ろ過、分離、補強そして遮水と5つの機能に大別される（図5-3参照）。

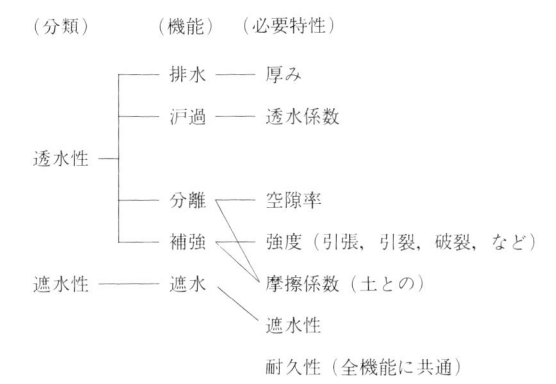

```
(分類)      (機能)    (必要特性)
            ┌ 排水 ─── 厚み
            ├ ろ過 ─── 透水係数
透水性 ─────┤
            ├ 分離 ─── 空隙率
            └ 補強 ─── 強度（引張，引裂，破裂，など）
                       摩擦係数（土との）
遮水性 ─── 遮水
                       遮水性

            耐久性（全機能に共通）
```

図5-3　ジオシンセティックスの機能と必要条件[13]

表5-6　ジオシンセティックスの種類

ジオシンセティックスの種類	定義と特徴	補強	排水	分離	ろ過	遮水	形状安定	空間確保	主な用途
織布 (Woven)	繊維を縦糸と横糸を用いて織った織物で排水機能は低いが強度は高い。	○		○	○				軟弱地盤安定、吸出し防止、洗掘防止、堤体砂防、汚濁防止膜、砂防
不織布 (Non woven)	規則的または不規則に配列した繊維を接着、融着あるいは機械的に絡ませることで織り目のない布状にしたもので排水機能は高いが、一般的に剛性は低い。繊維の長さにより長繊維と短繊維のものに大別される。	○	○	○	○				吸出し防止、洗掘防止、盛土等の排水、分離、緩衝材、軟弱地盤安定、防草、盛土補強、遮水材保護、コンクリート養生シート、舗装強化
ジオグリッド (Geogrid)	主に高分子材料からなる板状の樹脂または繊維を網目の持つ直交格子状に加工したもので、網目があるため土とのインターロッキング効果が期待できるので主に補強材として用いられる。	○		○					盛土補強、軟弱地盤安定
ジオネット (Geonet)	網目の開口部が構成要素の占有面積より大きい網状構造を持つシート状のもの。排水経路の確保を目的としてジオテキスタイルやジオメンブレンの間に挟んで用いる。		○	○				○	しがら工、地盤・コンクリート補強
プラスチックボードドレーン (Plastic board drain)	軟弱地盤に鉛直に打設し圧密促進をはかるバーチカルドレーンや高含水比盛土内に敷設する水平ドレーンとして用いられる。		○						排水、軟弱地盤改良
ブロックマット (Block mat)	高強度のジオテキスタイルに多数のコンクリートブロックを工場において規則的に貼り合せたもの。堤体法面や斜面等の保護工に用いられる。					○			法面保護、護岸
ジオコンテナ (Geocontainer)	ジオシンセティックスを袋状や管状に縫い合わせたもので、その中に土砂を入れて形状を保つ。特に管状のものは、ジオチューブ (Geotube) とも呼ばれる。これまで用いられてきた土のう袋もジオコンテナの一種と考えられるが、現在では直径1～2m、長さ数十～数百mの巨大なものもある。						○	○	護岸、堤防
ジオメンブレン (Geomembrane)	石油化学高分子樹脂やゴム等で作った不透水性の膜で、遮水材として用いられる。広範囲にわたり隙間のない遮水面を形成するため、不透水性の他に強度、地盤への追従性、耐久性、突き刺し抵抗性も必要である。					○			廃棄物処分場の遮水シート、貯水池、トンネル防水、水路、吸出し防止、地下防水、屋上防水、洗掘防止
ジオシンセティッククレイライナー (Geosynthetic Clay Liner)	ジオテキスタイルやジオメンブレンに、ベントナイト等の不透水性の粘土層を貼り合せたり、2枚のジオテキスタイルやジオメンブレンの間に挟んだ構造のもの。ジオメンブレンと同様に遮水材として用いられる。粘土の膨潤作用により自己修復性効果が期待できる。					○			遮水シート、自己修復材
ジオパイプ (Geopipe)	高分子樹脂で作った管状のもので、土中に埋設し排水路や液体・気体の輸送路として用いられる。これまでの塩ビ管とは異なりフレキシブルで耐久性の高いものが開発されている。		○					○	排水路
ジオセル (Geocell)	帯状のシート材料を千鳥状に接着してハニカム状の立体補強材としたもの。このセル内に土砂を入れ、転圧を行い厚みのある板構造を形成する。	○							軟弱地盤安定、擁壁、法面保護
繊維混合補強土 (Fiber-reinforced soil)	高分子の繊維と土を連続的に混合・吐出して土を補強し、盛土、法面等に用いる。用途により長繊維、短繊維の材料を使い分ける。緑化工法にも適する。	○							盛土、法面保護
ジオコンポジット (Geocomposite)	上記の各種ジオシンセティックスを貼り合せるなどして組み合わせて用い、複数の機能を持つ材料としたもの。さまざまな応用製品が存在する。	○	○			○			盛土補強、軟弱地盤安定

注）本表は参考文献 (12)、(13) をもとに作成した。

(a) 排水

高含水比で低透水性の粘性土地盤や盛土に対して、透水性の高いジオシンセティックスを内部に打設もしくは敷設することで間隙水の排水経路をつくる。土中内の排水距離が短縮されるため圧密促進が図られる。また、通常の土構造物内へ浸み込んだ雨水等を速やかに排水するためにも用いられる。排水材は長期にわたり土中内において高い透水性を保つため、目詰まりや土圧による圧縮および破断しないことが重要である。

(b) ろ過

土構造物の土粒子を流出させず間隙水のみを外部に排水する場合や、堤体や斜面等で降雨や表流水から浸食を防ぐため、ろ過材としてジオシンセティックスが用いられる。長期にわたり十分な透水性を維持し、土粒子の移動を防ぐ性能が求められる。

(c) 分離

性質が大きく異なる材料が接触する箇所（例えば、地盤と鉄道のバラストのように粒径が異なる）や、遮水材のように廃棄物などが直接触れることを防止する場合などに、分離材として突き刺しや引張りに対して破れにくいジオシンセティックスが用いられる。

(d) 補強

ジオシンセティックスが持つ引張抵抗力によって、土のみで不足する引張力を外力に抵抗させて補強する作用である。補強材として用いられる場合は、強度・剛性の高いジオシンセティックスが使われる。

(e) 遮水

貯水池、堤体、廃棄物処分場、水路、地下ダム等で、水や浸出水等の液体が流出・浸入するのを防ぐために、遮水性の高いジオシンセティックスを境界面に敷設する。広い面積に敷設され、一カ所でも漏水すれば機能が大幅に低下するため、透水性が低いことと同時に、強度、基礎地盤への追従性、耐久性および突き刺し抵抗が求められる。

(f) 形状安定

ジオシンセティックスを袋や管状に縫い合わせ、その中に土を入れることで、形のある形状を保つ。軟弱粘性土や浚渫土を入れて積上げることで、建設発生土を用いても比較的安定な護岸や堤防等を構築することができる。また、土のう等のように良質の砂礫を詰めて使う場合もある。

(g) 空間確保

排水や液体・気体の輸送のために空間を土中内に形成・確保する。

図 5-4 は、ジオシンセティックスの働きを軟弱地盤上に構築された盛土を例に図示したものである。自然状態のままであると、例えば降雨により盛土内部には容易に水が浸透し、盛土内の水位上昇が原因となり崩壊の危険性が高まる。また、法面を流れる表面水の働きにより、法面の浸食や洗掘も発生する。その他にも盛土自重により圧密沈下を起こしたり、地震力による盛土崩壊の可能性もある。それと比較しジオシンセティックスを各部に用いた場合は、排水、ろ過、分離、補強等の機能が働きこのような被害は最小限に抑えられる。

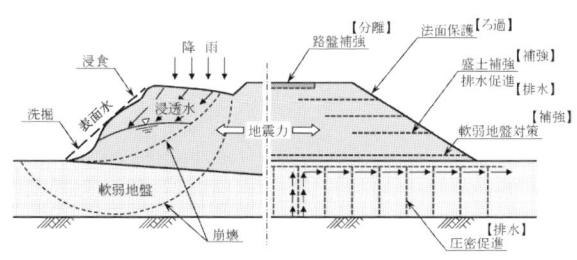

図 5-4 ジオシンセティックスの機能[4)加筆]

（3） ジオシンセティックス利用の実施例

(a) ジオシンセティックスを補強に用いた例
　　―フランスのAllevardの道路拡幅工事―

この道路工事は1983年に建設された、幅員2.2m、延長700mであり、スキーシーズンの近郊の道路混雑を解消する対策として拡幅が計画された。現場は平均勾配が1：1より急峻で、さらに基礎地盤が石こうからなっているため、拡幅の方法として道路の山側を掘削することができないので、谷側に盛土をして拡幅することになった。この盛土にジオシンセティックスを用いた補強盛土工法が採用された。その主な理由は、①交通を遮断することなく施工できる、②現場の土を用いて施工できる、③工費が安い（他の工法より30％もコストダウンできた）。

盛土は図 5-5 に示すように1段の厚さを 0.75m として、2～3段となっている。ここで用いた代表的なジオシンセティックスは引張破壊強度 T_R

= 510N/m 以上、破壊ひずみ ε_R = 25％より大きいものであった。写真 5-1 に、3m の高さに施工されたものを示す。最終的には施工直後のジオシンセティックスの最大ひずみ 1.8％、9 カ月後の最大ひずみは 1.9％であった。また、側面の水平変位は 6 カ月後に盛土の底部で 10mm、天端で 25 mm であった。

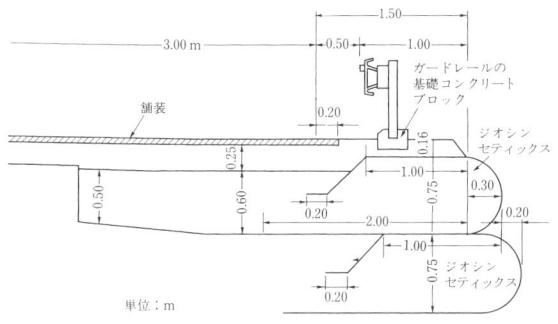

図 5-5 補強盛土の断面とジオシンセティックスの配置[5]

写真 5-1 完成後の補強盛土と道路[5]

(b) ジオシンセティックスを排水に用いた例
　　—集合住宅地盤の液状化防止対策—

1964 年、新潟地方を襲った地震によって、基礎地盤の砂層で液状化が発生し建造物に大きな被害が発生した。これは地震の衝撃で地盤の間隙水圧が急激に上昇し、有効応力が低減して、あたかも液体のように流動する挙動を呈して支持力をなくしたものである。このときから地盤の液状化が問題となり、これまで様々な対策が検討されてきた。その 1 つとしてジオシンセティックスを用いた液状化沈下防止対策工法が施工された。

新潟市内の 6 世帯ほどの直接基礎の軽量 RC 造 2 階建集合住宅にて施工された。地震の衝撃による急激な間隙水圧上昇を防止するために、水圧抜きの役割をする有孔パイプにネット状のジオシンセティックスをまいたものを、図 5-6 のような平面配置で設置した。

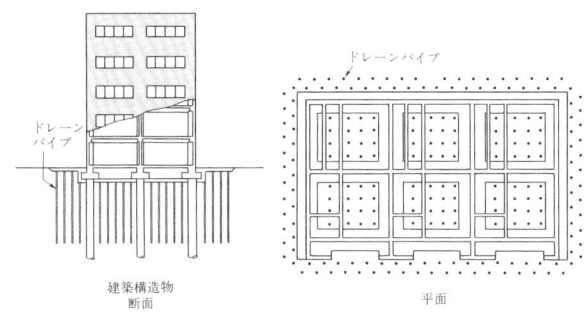

図 5-6 ドレーンパイプの配置[6]

(c) ジオシンセティックスを遮水に用いた例
　　—廃棄物最終処分場の遮水工—

廃棄物最終処分場における遮水工は、降雨の浸透により廃棄物から浸み出す浸出水を埋立地場外へ漏水させない機能が求められ、埋立地の底面部と法面部に施される（図 5-7、写真 5-2、写真 5-3 参照）。そして、その遮水性能は一般的なダムや貯水池よりもさらに厳しいものである。そのため 2 重の遮水シート（ジオメンブレン）が用いられ、その遮水シートの損傷を防ぐため保護マット（不織布）が敷設される。また、ベントナイトや高分子材料の膨潤作用を利用した自己修復機能を持つジオコンポジットも用いられ、遮水工全体の漏水に対するリスク低減が図られている。

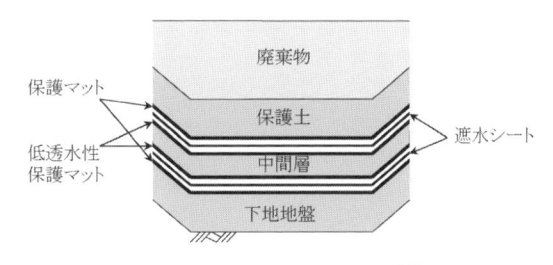

図 5-7 遮水工構造の一例[7] 加筆

写真 5-2 廃棄物最終処分場の全景

写真 5-3 保護マットの敷設・融着状況

(d) ジオシンセティックスを分離と補強に用いた例
　—軟弱地盤上の構造物の基礎補強工事—

　基礎地盤の補強は、支持力の改善や軟弱地盤上の土構造物のすべり抑止などで用いられている。そして、その補強技術は平面補強と立体補強に大別されている。

　地盤改良工法として、軟弱地盤を砕石等の良質な土質材料に置き換える置換工法がよく用いられるが、ジオグリッドを用いた立体補強としてマットレス工法がある（図 5-8、図 5-9、写真 5-4 参照）。この工法は高強度のジオグリッドで砕石部を包みこむ構造体とするため、①周囲の土から砕石が分離される、②ジオグリッドの拘束力が働くため、より大きなせん断力が発揮される、③ジオグリッドに発生する引張力と構造体としてのマットレスの剛性により荷重分散効果が期待される。また、立体補強には、ジオグリッドを用いる場合のほかに、ジオセルと呼ばれるハニカム構造を持つジオシンセティックスも用いられる（写真 5-5 参照）。

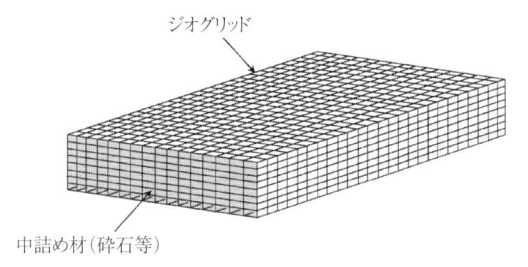

図 5-8　ジオグリッドを用いた立体補強（マットレス工法）[8)加筆]

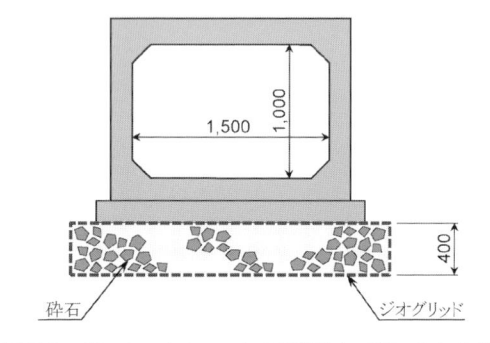

図 5-9　ボックスカルバートの基礎として用いられた例

写真 5-4　ボックスカルバートの基礎として用いられた例

写真 5-5　ハニカム構造を持つジオセルの例

5.4.2　発泡スチロール工法（EPS：Expanded Poly-Styrol Construction Method）

（1）概　要

　発泡スチロール（EPS）は1943年米国で初めて工業化されている。わが国には1954年に輸入され保温・断熱材、包装・梱包材、食器さらには畳などの材料として使用されている。この材料がEPS工法として大規模に建設材料として使用されるようになったのは、1972年ノルウェー・オスロ郊外の橋台背面盛土が始まりであり、わが国では1985年札幌で同様の工事に適用された。以来今日まで道路や土地造成、スポーツ施設工事などに数多く採用されてきており、さらにあらゆる工事への適用が試行されている。表5-7はEPS工法の適用分野を示すものである。

　発泡スチロールが従来の建設材料（鉄、コンクリートや木材など）と異なる最大の特徴は、軽量性、加工の容易性にある。今日まで建設・土木工事の多くは施工機械の大型・高性能化や使用部材をプレハブ化することで効率化・省力化が進められてきた。これにより工期短縮や安全性の向上が図られてきたが、多様化するニーズに対し、従来の方法で対処することが困難なケースも見られるようになった。

　EPSの軽量性、加工の容易性はこれまでの建設工事の常識を変えるものであるといえる。すなわち特殊な施工機械などを用いることなく省力化・急速施工が可能となる。さらに自然環境保護や建設公害（振動・騒音、土粒子飛散など）の防止、景観対策さらには急峻・狭隘地における各種工事、超軟弱地盤での急速盛土工事などでも多くのメリットが得られるとして注目されている。

表5-7　EPS工法の適用分野[9]

用途		模式図	軽量性	自立性	施工性	適用メリット	主な適用分野
盛土	盛土		◎		○	・沈下の低減 ・すべりに対する安全率の確保 ・維持管理コストの低減	道路、鉄道、滑走路、造成地、宅地、埋立地、公園
	拡幅盛土（土羽土）		◎		○	・引込み沈下の抑制 ・不同沈下の防止 ・周辺への影響緩和	車線拡幅、用地拡幅、堤防背面盛土
	拡幅盛土（保護壁）		○	◎	○	・すべりに対する安全率の確保 ・土留め構造物の簡易化 ・用地の有効利用	車線拡幅、用地拡幅、自己用地内拡幅〔造成地、ゴルフ場、公園、駐車場、歩道〕
構造物背面盛土	橋台裏込め		○		○	・構造物背面の土圧低減 ・側方流動の低減 ・段差の防止	橋台背面、構造物背面、半地下構造物
	自立壁		○	◎	◎	・沈下の低減 ・基礎対策の軽減 ・用地の節約	橋台取付盛土、立体交差部盛土
	擁壁・護岸裏込め		○	◎		・構造物背面土圧の低減 ・構造物安全率の向上	擁壁、護岸等抗土圧、構造物背面
基礎			○		○	・沈下の低減 ・不同沈下の防止 ・基礎の一体化	埋設管、水路基礎、工場、低層構築物基礎、簡易構造物基礎
構造物保護			○	○		・既設構造物への荷重軽減 ・不同沈下、局部沈下防止	地下埋設物の保護、既設構造物の保護
中詰・埋戻し			○		◎	・構造物の荷重軽減 ・転圧不足への対応 ・スペース確保	アーチ橋、大規模橋脚等の中詰、中空部充填、狭隘箇所の盛土
拡幅・嵩上げ			○	○	◎	・急速施工、簡易施工 ・既設構造物への荷重軽減	ホーム拡張、ホーム嵩上げ、屋上造園盛土
仮設・復旧			○		◎	・急速施工、急速撤去 ・施工が容易 ・スペース確保	仮設道路、仮設ステージ、環境施設帯盛土、災害復旧、仮復旧

（2） 種　類

EPSは石油を原料として得られるスチレンモノマー（液体）を重合してできるポリスチレン（固体）と発泡剤を主原料とし、型内発泡、押出発泡の2通りの製造方法がある。それぞれの方法により製造されたEPSの形状・性状は図5-10、表5-8に示すとおりで、その強度は重量・発泡倍率によって調整することができる。

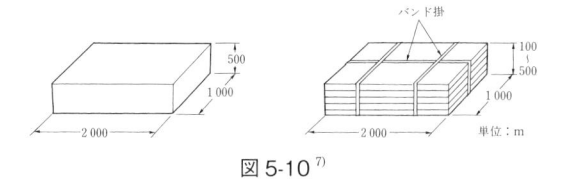

図5-10[7]

表5-8　EPSの圧縮特性[9]

項　目	単位	製　造　法						備　考
		型　内　発　泡　法					押出法	
		D-30	D-25	D-20	D-16	D-12	DX-29	
種　別								
単位体積重量	kgf/m^3	30	25	20	16	12	29	
許容圧縮応力	×10^{2}N/mm^2	9.0	7.0	5.0	3.5	2.0	14.0	圧縮弾性限界
品質管理時の圧縮応力	×10^{2}N/mm^2	18.0以上	14.0以上	10.0以上	7.0以上	4.0以上	28.0以上	5%ひずみ時

（3） 適用事例

(a) 軽量盛土

EPSの重量は土の約1/100であり、図5-11のように軟弱地盤の盛土材に適用することで各種の地盤改良（圧密プレロード、サンドドレーン、固化工法など）を行うことなく、しかも短期間で工事が行える。また、これの使用により大規模な盛土構造の計画が可能となり、併用される各種構造物（カルバート、埋設管など）の断面形状を簡略化できるなどのメリットも期待できる。

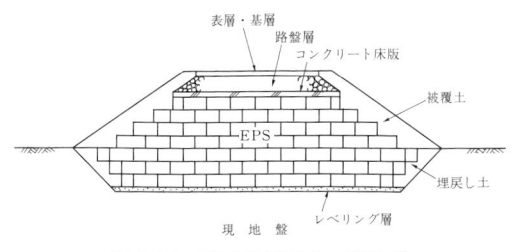

図5-11　EPS道路盛土の構造[10]

EPS工法による盛土の設計的な考え方は、盛土荷重に応じた置換掘削を行い地盤の荷重バランスをとり、地盤応力が極力変化しないようにすることである。これにより盛土施工後も圧密沈下の発生を防止することができる。置換掘削深さの算定は、図5-12に示す方法で行うことができる。

軟弱地盤上での道路拡幅工事に適用された事例を図5-13～5-15、写真5-6に示す。この事例では通常の土砂による場合と比較し、沈下量を1/50（2mm）に低減することが可能となりEPSの有効性が実証された。このほか、EPSによる盛土は、地すべり地での盛土工事に対しても非常に有効な工法となっている。

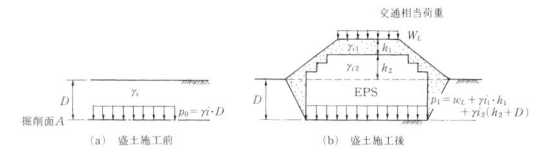

図5-12　EPS置き換え厚さの算定モデル[10]

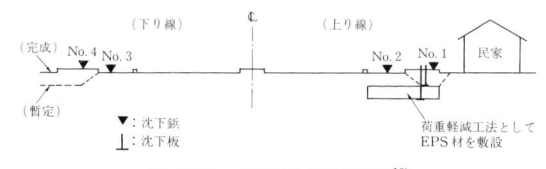

図5-13　EPS設置断面図[10]

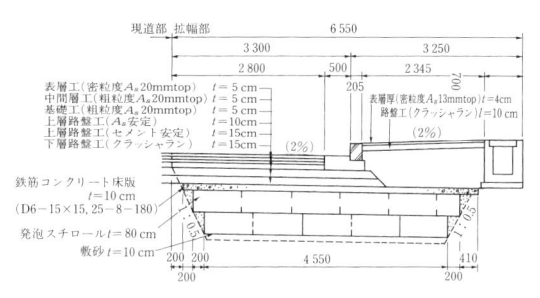

図5-14　EPS標準断面図[10]

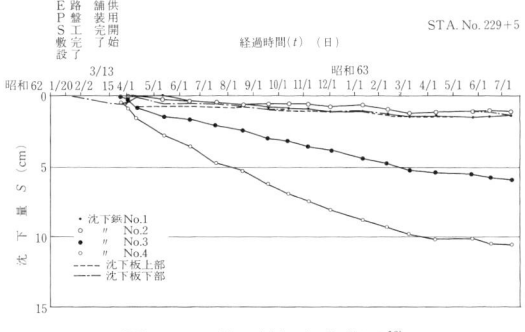

図5-15　沈下量経年変化図[10]

(b) 土圧軽減

EPSの有するもう1つの特徴は、ブロック成形・加工が可能で、積み重ねた場合でも自立することにある。この特性を利用し、擁壁や橋台背部などの裏込め材として使用した場合、土圧・側圧

写真 5-6　EPS ブロック布設状況 [11]

を低減でき擁壁構造を簡略化することが可能となる。EPS が圧縮荷重を受けたときに発生するこれ自体の側圧は、圧縮荷重のわずか 1/10 である。したがって、安定な形状で EPS を積み上げることが可能な場合では、擁壁（防護壁）の規模は、図 5-16、写真 5-7 に示すような非常に簡易な構造とすることができる。

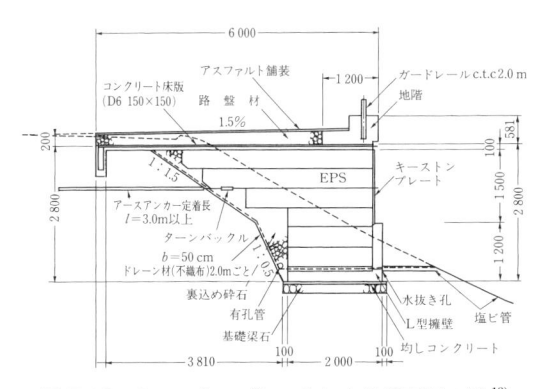

図 5-16　キーストンプレートによる壁面工の例 [12]

写真 5-7　施工状況 [11]

5.4.3　繊維強化プラスチック材の適用
（1）概説
近年、土木分野でも鉄筋や PC 鋼材などの棒材の代替として FRP 材の利用が始まり、注目されている。

FRP 材が用途拡大されてきたのは次の理由がある。塩害問題が顕在化してきて耐食性と耐久性に優れた材料の開発が求められ、5.1.2 でも述べた非磁性を必要とする施設の需要が高まり、これに対応する材料の適用が検討され、また、施工の合理化の機運に伴う新材料の開発が求められ、あるいは従来より厳しい条件下で海洋構造物やウォーターフロント関連施設を構築する必要性が高まり、この条件に応えるべき耐食性の優れた材料の開発が必要となり、加えてコンクリートや土などの構造物の補強材に新素材・新材料に用いる新しい工法が普及してきたことなどによる。

（2）FRP 材の利用
FRP 材は、従来の鉄筋や PC 鋼材に比べると一方向のみに強化された材料であるが、高強度で耐食性に優れ、また、軽量であり非磁性体などの特徴を有している。

FRP 材には、炭素繊維（CFRP）、アラミド繊維（AFRP）およびガラス繊維（GFRP）などがあり、具体的には、海洋構造物およびコンクリートや土などの構造物などへの利用が検討され、その一部はすでに実用化されている。

また、FRP 材の一種である硬質発泡ウレタン樹脂をガラス長繊維で補強した FFU（Fiber reinforced Foamed Urethane）材は、耐食性、耐薬品性を有し、吸水率が極めて小さく加工性に優れた材料であり、現在、この材料は構造材料として枕木やシールド用山留め壁の一部、アースアンカーの受圧板に利用されている。以下に FRP 材および FFU 材の適用事例を述べる。

（3）FRP 材の適用事例
(a)　海洋構造物への利用

FRP 材はその優れた耐食性から港湾コンクリート構造物の鉄筋、緊張材および直結材への適用が検討され、その一部は実用されている。例えば、防衝板の補強材や多角形浮体構造物（浮桟橋や浮防波堤などのマリーナ施設の 1 つ）がその利用例としてある。

(b)　コンクリートや土などの構造物の補強材としての利用

① トンネル吹付けコンクリートの補強網：FRP 材が軽くて施工しやすいうえに、耐食性に優れ、金網より吹付け面への追従性が良好などの特徴を利用して、金網の代用とし

てCFRP材、AFRP材、GFRP材が用いられている。写真5-8に道路トンネル、写真5-9に地下構造物の補修例を示す。

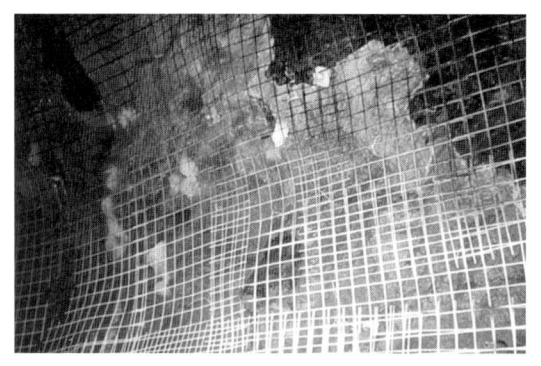

写真5-8 道路トンネルの補修[14]

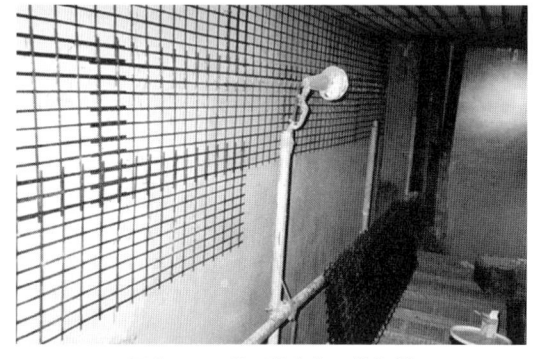

写真5-9 地下構造物の補修[14]

② トンネルのロックボルト：FRP材は従来の鋼材に比べてかなり高価であるが、高強度であること、重量が1/5程度と軽いため現場でのハンドリングが容易であることなどから、ロックボルト（地盤補強材）としてGFRP材やAFRP材が適用されている。ロックボルトによる補強概念を図5-17に示す。

③ 盛土用補強材：ジオシンセティックスについては新素材・新材料としてすでに述べた

とおりであるが、FRP材としては斜面防護、特に高盛土や急勾配盛土などの地盤補強材として、あるいは金網の腐食が懸念される温泉地帯などに適用が期待され、多くの適用事例もある。

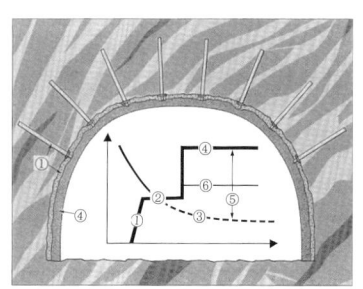

（4） FFU材の適用事例

(a) シールド工事への適用事例

シールド工事における発進・到達は、施工上重要な位置を占めており、従来はシールド機通過部分の地盤改良を行ったあと、山留め壁を人力またはブレーカ等の機械によって開口しており、大深度および大断面シールドでは出水や土砂の崩壊の危険性があった。また、円形や矩形を組み合わせた複雑な断面形状を持ったシールド機の開発に伴い発進・到達施工はさらに困難な状況となっている。

これらの問題を克服することを目的として、山留め掘削時は所要の強度特性を満足し、シールド発進、到達時は容易に切削できる特性を有するFFU材を使用したシールド直接発進到達工法が開発され実用化している。この工法は、図5-18、写真5-10に示すように、山留め壁のシールド機が通過する部分に鉄筋コンクリートまたはH形鋼に代えてFFU材を設置し、シールド機で直接切削して発進または到達する方法である。

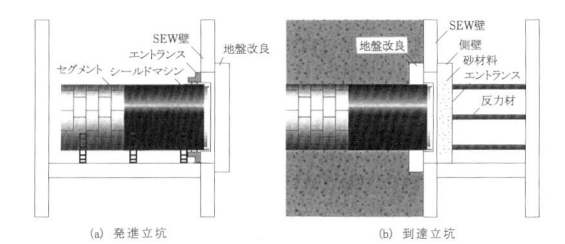

図5-18 シールド直接発進・到達工法の概要図[16]

① ロックボルト／吹付けコンクリート
② ロックボルト／吹付けコンクリートによる補強が岩盤の負荷と均衡しているために、これ以上の変形は起こらない
③ 地盤反応曲線の理論的延長線
④ 覆工コンクリートによる支保
⑤ 安全限界：覆工コンクリート、ボルトと吹付けコンクリートによる支保の耐荷能力と地盤反力曲線の差
⑥ 全支保要素におけるロックボルトの補強要素の予想損失。その結果としての耐荷能力は吹付けコンクリートと覆工コンクリートを合わせた耐荷能力以上である

図5-17 トンネルのロックボルトによる補強概念図[15]

写真5-10 FFU材の全景[16]

(b) 斜面安定工法での適用例

斜面安定工法では、アースアンカーの軸力を斜面に分散させる受圧板を設置するが、従来はこれが鉄筋コンクリートなどで造られていたため、現場での施工性が悪かった。これに対して、**写真5-11**に示すように、FFU材で製作した受圧板は、比重が0.74とコンクリートの1/3と軽いため大型重機を必要とせず安全でスムーズな運搬・施工ができ、また吸水・腐食がなく初期強度を長期に維持できることと、木材の風合いを持ち合わせており着色も自由なので環境にマッチさせることができる。

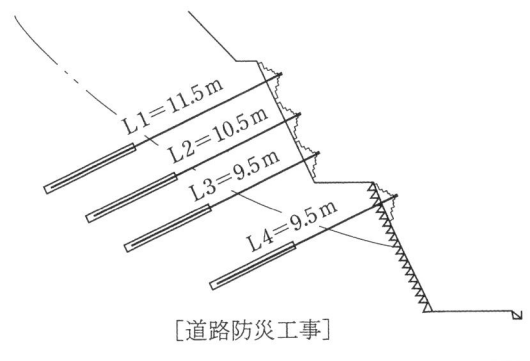

[道路防災工事]

写真5-11　FFU材の受圧板設置全景[17]

(5) リニューアルへの適用事例

建設構造物のリニューアルとしては、炭素繊維、アラミド繊維を用いた橋脚の耐震補強などが数多く実施されている。最近では、スチール補強材を組み込んだ硬質塩化ビニール樹脂（プロファイル）を用いた既設下水管のリニューアルが実用化されている。この方法は、下水管を取り壊し再構築するのではなく、図5-19に示すように、下水が流れた状態で帯状のプロファイルを自走式の製管機械により管の内側に嵌合させながら巻き建てて下水管をリニューアルするものである。リニューアル後の下水管は、新管と同等以上に復元し、耐久性、耐摩耗性および耐薬品製に優れている。

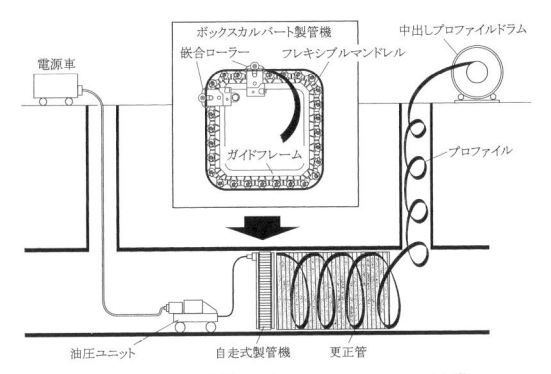

図5-19　下水管のリニューアルの全景[18]

[第5章　引用文献]

1) 堂山昌男・小川恵一・北田正弘共編：21世紀の材料研究、p.52、アグネ承風社、1991
2) 土木学会：建設分野における新材料とその展望（講習会テキスト）、p.2、1989
3) 前出2)、p.3
4) (財)土木研究センター：ジオテキスタイルを用いた補強土の設計・施工マニュアル、2000
5) 坂口昌彦ほか：ジオテキスタイルを用いた補強盛土の設計法とその実施例、第30回土質工学シンポジウム（ジオテキスタイルを用いた工法）発表論文集、p.85、土質工学会、1985
6) 中村純平・眞島正人：細径有孔パイプを用いた液状化対策工法、土木学会論文集Ⅵ．No.391, Vol.8、p.70、土木学会、1988
7) (社)全国都市清掃会議：廃棄物最終処分場整備の計画・設計・管理要領（改訂版）、2010
8) (社)地盤工学会：地盤補強技術の新しい適用―他工法との併用技術―、2006
9) 発泡スチロール土木開発機構編：発泡スチロール土木工法技術資料、材料マニュアル（第3版）、1992
10) 発泡スチロール土木開発機構編：発泡スチロール土木工法技術資料、設計マニュアル（第2版）、1993
11) 写真提供：発泡スチロール土木開発機構
12) 発泡スチロール土木開発機構編：発泡スチロール土木工法技術資料、施工・積算マニュアル（第1版）、1990
13) 原田宏：土木材料学、鹿島出版会、1994
14) NEFMACパンフレット1998.8
15) FRPロックボルトのパンフレット
16) (財)土木研究センター：SEW工法建設技術審査証明

報告書、2001
17) NMアンカー工法協会編：NMアンカー工法技術資料
18) 日本SPR工法協会編：自由断面SPR工法技術資料、2000

[第5章　参考文献]
(1) 土木学会：建設分野における新材料とその展望、1989
(2) 建設省：先端技術の活用懇談会報告、1984
(3) 土木学会：土木工学ハンドブック（第四版）、技報堂出版、1989
(4) 土木学会：土木工学ハンドブック（中巻）、技報堂出版、1974
(5) 岡田 清・明石外世樹・小柳治共編：土木材料学（新編）、国民科学社、1988
(6) 日本複合材料学会編：複合材料を知る事典、アグネ、1982
(7) 岩崎高明：ジオテキスタイルの種類と物性、土と基礎、Vol.33, No.5、土質工学会、1985
(8) J. Costet, G. Sangierat : Cours pratique de mecanique des sols 2 (Calcul des ouvrages), J-P, Giroud. Dunod, 1983
(9) 箕作光一：PC橋をはじめとする土木分野へのFRP材の適用、コンクリート工学、Vol.29, No.11、コンクリート工学協会、1991
(10) 深田和志ほか：シールド直接発進到達工法の開発と実施工、土木学会「最新の施工技術・13」、2000.2
(11) 青柳計太郎：高耐久性グラウンドアンカーの開発、長岡技術科学大学大学院工学研究科、博士論文、1999.3
(12) (財)土木研究センター：ジオテキスタイルを用いた補強土の設計・施工マニュアル、2000
(13) 国際ジオシンセティックス学会日本支部編：ジオシンセティックス入門、理工図書、2001

付録資料

付表-1　異形棒鋼の寸法、単位質量および節の許容限度（JIS G 3112）
付図-1　PC 鋼棒の分類
付図-2　PC 鋼線および PC 鋼より線の分類
付表-2　丸棒鋼の径、径の許容差および公称断面積（JIS G 3109）
付表-3　異形棒鋼の公称径、公称断面積、単位質量、節高さおよび節間隔の最大値（JIS G 3109）
付表-4　種類および記号（JIS G 3536）
付表-5　機械的性質（JIS G 3536）
付表-6　線およびより線の公称断面積および単位質量（JIS G 3536）
SI 単位について

付表-1　異形棒鋼の寸法、単位質量及び節の許容限度

呼び名	公称直径[a] (d) mm	公称周長[a] (l) cm	公称断面積[a] (S) cm²	単位質量[a] kg/m	節の平均間隔の最大値[b] mm	節の高さ[c] 最小値 mm	節の高さ[c] 最大値 mm	節のすき間の合計の最大値[d] mm	節と軸線との角度
D4	4.23	1.3	0.140 5	0.110	3.0	0.2	0.4	3.3	
D5	5.29	1.7	0.219 8	0.173	3.7	0.2	0.4	4.3	
D6	6.35	2.0	0.316 7	0.249	4.4	0.3	0.6	5.0	
D8	7.94	2.5	0.495 1	0.389	5.6	0.3	0.6	6.3	
D10	9.53	3.0	0.713 3	0.560	6.7	0.4	0.8	7.5	
D13	12.7	4.0	1.267	0.995	8.9	0.5	1.0	10.0	
D16	15.9	5.0	1.986	1.56	11.1	0.7	1.4	12.5	
D19	19.1	6.0	2.865	2.25	13.4	1.0	2.0	15.0	45°以上
D22	22.2	7.0	3.871	3.04	15.5	1.1	2.2	17.5	
D25	25.4	8.0	5.067	3.98	17.8	1.3	2.6	20.0	
D29	28.6	9.0	6.424	5.04	20.0	1.4	2.8	22.5	
D32	31.8	10.0	7.942	6.23	22.3	1.6	3.2	25.0	
D35	34.9	11.0	9.566	7.51	24.4	1.7	3.4	27.5	
D38	38.1	12.0	11.40	8.95	26.7	1.9	3.8	30.0	
D41	41.3	13.0	13.40	10.5	28.9	2.1	4.2	32.5	
D51	50.8	16.0	20.27	15.9	35.6	2.5	5.0	40.0	

注[a]〜注[d]における数値の丸め方は、**JIS Z 8401**の規則Aによる。

注[a]　公称断面積、公称周長、及び単位質量の算出方法は、次による。
　　なお、公称断面積 (S) は有効数字4けたに丸め、公称周長 (l) は小数点以下1けたに丸め、単位質量は有効数字3けたに丸める。

$$公称断面積\ (S) = \frac{0.785\,4 \times d^2}{100}$$

$$公称周長\ (l) = 0.314\,2 \times d$$

$$単位質量 = 0.785 \times S$$

[b]　節の平均間隔の最大値は、その公称直径 (d) の70%とし、算出した値を小数点以下1けたに丸める。

[c]　節の高さは、下表によるものとし、算出値を小数点以下1けたに丸める。

異形棒鋼の節の高さ

呼び名	節の高さ 最小	節の高さ 最大
D13以下	公称直径の4.0%	最小値の2倍
D13を超えD19未満	公称直径の4.5%	最小値の2倍
D19以上	公称直径の5.0%	最小値の2倍

[d]　節のすき間の合計の最大値は、ミリメートルで表した公称周長 (l) の25%とし、算出した値を小数点以下1けたに丸める。ここでリブと節とが離れている場合、及びリブがない場合には節の欠損部の幅を、また、節とリブとが接続している場合にはリブの幅を、それぞれ節のすき間とする。

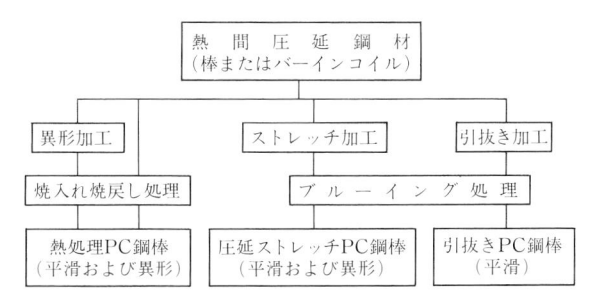

付図-1　PC鋼棒の分類*

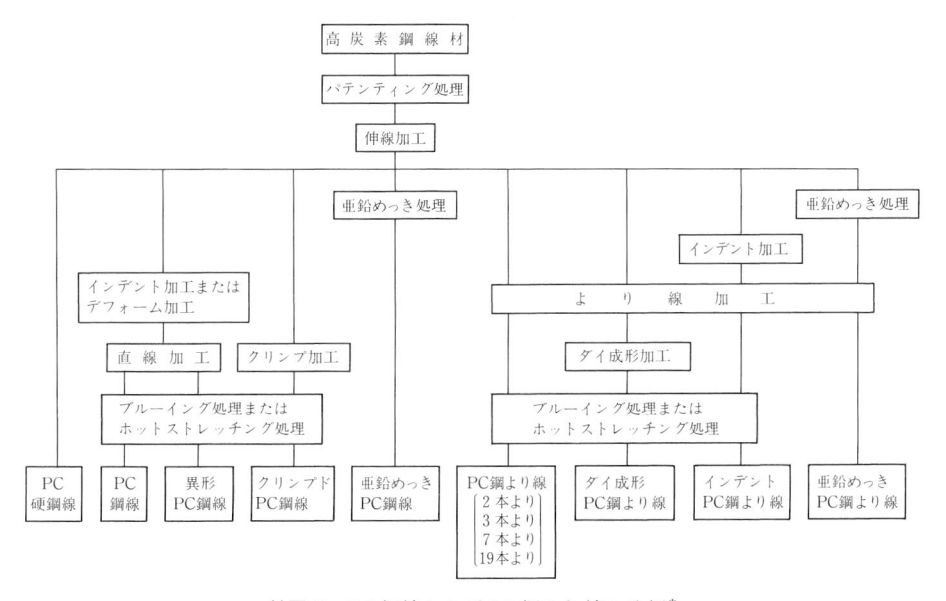

付図-2　PC鋼線およびPC鋼より線の分類*

* 藤井学：コンクリート技術の歴史［緊張材（斜材）の発展］、コンクリート工学、Vol.31、No.5、p.75、日本コンクリート工学協会、1993

付表-2 丸鋼棒の径、径の許容差及び公称断面積

呼び名	径 mm	径の許容差 mm	公称断面積 mm²
9.2mm	9.2	−0.2 プラス側は規定しない。	66.48
11mm	11.0		95.03
13mm	13.0		132.7
15mm	15.0		176.7
17mm	17.0		227.0
19mm	19.0		283.5
21mm	21.0	−0.6 プラス側は規定しない。	346.4
23mm	23.0		415.5
26mm	26.0		530.9
29mm	29.0		660.5
32mm	32.0		804.2
36mm	36.0		1 018
40mm	40.0		1 257

付表-3 異形鋼棒の公称径、公称断面積、単位質量、節高さ及び節間隔の最大値

呼び名	公称径 (d) mm	公称断面積[a] (S) mm²	単位質量 (m)[b]			節高さ (h)[d]		節間隔 (p) の 最大値[c] mm
			基準質量 (m_0)[a] kg/m	最小値 kg/m	最大値 kg/m	最小値 mm	最大値 mm	
D17mm	17.0	227.0	1.78	1.69	プラス側は規定しない	0.8	1.6	11.9
D19mm	19.0	283.5	2.23	2.12		1.0	2.0	13.3
D20mm	20.0	314.2	2.47	2.34		1.0	2.0	14.0
D22mm	22.0	380.1	2.98	2.83		1.1	2.2	15.4
D23mm	23.0	415.5	3.26	3.10		1.2	2.3	16.1
D25mm	25.0	490.9	3.85	3.66		1.2	2.5	17.5
D26mm	26.0	530.9	4.17	3.96		1.3	2.6	18.2
D32mm	32.0	804.2	6.31	6.06		1.6	3.2	22.4
D36mm	36.0	1 018	7.99	7.67		1.8	3.6	25.2

注 [a] 公称断面積及び基準質量の算出方法は、次による。
$S = \pi d^2/4$ (有効数字5けた目を **JIS Z 8401** によって4けたに丸める。)
$m_0 = 7.85(\text{g/cm}^3) \times S(\text{mm}^2) = 0.785 \times S/100(\text{kg/m})$ (有効数字4けた目を **JIS Z 8401** によって3けたに丸める。)
[b] 単位質量の最小値は、基準質量の95%とする。
[c] 節間隔は公称径の70%以下とし、算出値を小数点以下1けたに丸める。
[d] 節高さは、次の表によるものとし、算出値を小数点以下1けたに丸める。

公称径	節高さ	
	最小値	最大値
17mm	公称径の4.5%	最小値の2倍
19mm以上	公称径の5.0%	最小値の2倍

付表-4　種類及び記号

種類			記号[a]	断面
線	丸線	A種	SWPR1AN、SWPR1AL	○
		B種[b]	SWPR1BN、SWPR1BL	○
	異形線		SWPD1N、SWPD1L	○
より線	2本より線		SWPR2N、SWPR2L	8
	異形3本より線		SWPD3N、SWPD3L	∞
	7本より線[c]	A種	SWPR7AN、SWPR7AL	✿
		B種	SWPR7BN、SWPR7BL	✿
	19本より線[d]		SWPR19N、SWPR19L	✿ ✿

注[a]　リラクセーション規格値によって、通常品はN、低リラクセーション品はLを記号の末尾に付ける。
[b]　丸線のB種は、A種より引張強さが100 N/mm² 高強度の種類を示す。
[c]　7本より線のA種は、引張強さ1 720 N/mm² 級を、B種は1 860 N/mm² 級を示す。
[d]　19本より線のうち、28.6mmの断面の種類はシール形及びウォーリントン形とし、それ以外の19本より線の断面はシール形だけを適用する。

付表-5　機械的性質

記号	呼び名	0.2%永久伸びに対する試験力 kN	最大試験力 kN	伸び %	リラクセーション値 %	
					N	L
SWPR1AN SWPR1AL SWPD1N SWPD1L	2.9mm	11.3以上	12.7以上	3.5以上	8.0以下	2.5以下
	4mm	18.6以上	21.1以上	3.5以上	8.0以下	2.5以下
	5mm	27.9以上	31.9以上	4.0以上	8.0以下	2.5以下
	6mm	38.7以上	44.1以上	4.0以上	8.0以下	2.5以下
	7mm	51.0以上	58.3以上	4.5以上	8.0以下	2.5以下
	8mm	64.2以上	74.0以上	4.5以上	8.0以下	2.5以下
	9mm	78.0以上	90.2以上	4.5以上	8.0以下	2.5以下
SWPR1BN SWPR1BL	5mm	29.9以上	33.8以上	4.0以上	8.0以下	2.5以下
	7mm	54.9以上	62.3以上	4.5以上	8.0以下	2.5以下
	8mm	69.1以上	78.9以上	4.5以上	8.0以下	2.5以下
SWPR2N SWPR2L	2.9mm 2本より	22.6以上	25.5以上	3.5以上	8.0以下	2.5以下
SWPD3N SWPD3L	2.9mm 3本より	33.8以上	38.2以上	3.5以上	8.0以下	2.5以下
SWPR7AN SWPR7AL	7本より 9.3mm	75.5以上	88.8以上	3.5以上	8.0以下	2.5以下
	7本より 10.8mm	102以上	120以上	3.5以上	8.0以下	2.5以下
	7本より 12.4mm	136以上	160以上	3.5以上	8.0以下	2.5以下
	7本より 15.2mm	204以上	240以上	3.5以上	8.0以下	2.5以下
SWPR7BN SWPR7BL	7本より 9.5mm	86.8以上	102以上	3.5以上	8.0以下	2.5以下
	7本より 11.1mm	118以上	138以上	3.5以上	8.0以下	2.5以下
	7本より 12.7mm	156以上	183以上	3.5以上	8.0以下	2.5以下
	7本より 15.2mm	222以上	261以上	3.5以上	8.0以下	2.5以下
SWPR19N SWPR19L	19本より 17.8mm	330以上	387以上	3.5以上	8.0以下	2.5以下
	19本より 19.3mm	387以上	451以上	3.5以上	8.0以下	2.5以下
	19本より 20.3mm	422以上	495以上	3.5以上	8.0以下	2.5以下
	19本より 21.8mm	495以上	573以上	3.5以上	8.0以下	2.5以下
	19本より 28.6mm	807以上	949以上	3.5以上	8.0以下	2.5以下

付表-6　線及びより線の公称断面積及び単位質量

記号	呼び名	公称断面積 mm²	単位質量 kg/km
SWPR1AN	2.9mm	6.605	51.8
SWPR1AL	4mm	12.57	98.7
SWPR1BN	5mm	19.64	154
SWPR1BL	6mm	28.27	222
SWPD1N	7mm	38.48	302
SWPD1L	8mm	50.27	395
	9mm	63.62	499
SWPR2N SWPR2L	2.9mm 2本より	13.21	104
SWPD3N SWPD3L	2.9mm 3本より	19.82	156
SWPR7AN SWPR7AL	7本より 9.3mm	51.61	405
	7本より 10.8mm	69.68	546
	7本より 12.4mm	92.90	729
	7本より 15.2mm	138.7	1 101
SWPR7BN SWPR7BL	7本より 9.5mm	54.84	432
	7本より 11.1mm	74.19	580
	7本より 12.7mm	98.71	774
	7本より 15.2mm	138.7	1 101
SWPR19N SWPR19L	19本より 17.8mm	208.4	1 652
	19本より 19.3mm	243.7	1 931
	19本より 20.3mm	270.9	2 149
	19本より 21.8mm	312.9	2 482
	19本より 28.6mm	532.4	4 229

SI 単位について

　わが国では第二次大戦後、従来の尺貫法を改め、1949 年の JIS 規格発足と同時に全面的にメートル法へ切り替わった。その後、半世紀の経過でやっと日常生活に浸透し、現在はほとんどメートル法が用いられるようになってきている。

　(社)土木学会は 1995 年から SI 単位を導入しているが、土木工学分野における各種の文献はほとんど重力単位（工学単位ともいう）で記述されているため、急激な SI 単位への切替えは無理が生じると考え、本書では、可能な限り重力単位に SI 単位を併記することにとどめた。なお、将来の SI 単位の普及に備えて、土木工学で必要となる単位換算表を以下に掲載した。

力

N	dyn	kgf	lbf
1	1×10^5	1.01972×10^{-1}	2.2481×10^{-1}
1×10^{-5}	1	1.01972×10^{-6}	2.2481×10^{-6}
9.80665	9.80665×10^5	1	2.20462
4.44822	4.44822×10^5	4.5359×10^{-1}	1

圧　力

Pa	bar	kgf/cm²	atm	lbf/in²
1	1×10^{-5}	1.01972×10^{-5}	9.86923×10^{-6}	1.4504×10^{-4}
1×10^5	1	1.01972	9.86923×10^{-1}	1.4504×10
9.80665×10^4	9.80665×10^{-1}	1	9.67841×10^{-1}	1.4223×10
1.01325×10^5	1.01325	1.03323	1	1.470×10
6.89476×10^3	6.89476×10^{-2}	7.031×10^{-2}	6.804×10^{-2}	1

応　力

kPa (SI)	MPa または N/m² (SI)	kgf/m²	kgf/cm²	lbf/in²
1	1×10^{-3}	1.01972×10^{-1}	1.01972×10^{-2}	1.4504×10^{-1}
1×10^3	1	1.01972×10^{-1}	1.01972×10	1.4504×10^2
9.80665×10^3	9.80665	1	1×10^2	1.4223×10^3
9.80665×10	9.80665×10^{-2}	1×10^{-2}	1	1.4223×10
6.89476	6.89476×10^{-3}	7.031×10^{-4}	7.031×10^{-2}	1

索　引

あ
アイアンブリッジ　90
I形鋼　115
アカダムローラ　135
あき　39, 42
アーク溶接　91
アクリル系　72
上げ越し量　44, 105
足場パイプ　119
AASHO　128
アスファルト　137
アスファルトフィニッシャ
　　77, 135
アスペクト比　80
アーチ橋　92
圧縮強度　32, 33
当て金継手　103
孔あけ　105
アノード（陽極）　66
洗い試験　15, 58
アラミド　23
アラミド繊維　24, 79, 80, 146, 157
アルカリ骨材　68
アルカリ骨材反応　18, 20, 47, 58, 63, 65, 66, 90
アルカリシリカ反応　58
アルカリ総量　58
アルカリ反応性　47
RCCP工法　77
RCD工法　77
アルミ合金型枠　46
アルミナセメント　10
アルミネート相　10, 13, 67, 77
アルミン酸カルシウム水和物　13
アルミン酸三カルシウム（C3A）　10, 13
アンダーカット　107
安定度　138

い
異形鉄筋　21, 34, 42
一般構造用圧延鋼材　95
一般道路　125
鋳鉄　90
引火点　132

う
受け防護　117
打込み　48
打継目　52
埋戻し　112, 119
上澄み水　14

え
永久ひずみ　99
AE減水剤　15, 16, 26, 29, 34, 56
AEコンクリート　34, 63
AE剤　15, 16, 25, 26, 29, 30, 34
H形鋼　115
エコセメント　12, 71
SEW工法　116
ASTM（米国材料試験学会）　70
x-Rs-Rm管理図　62
x-R管理図　62
エトリンガイト　13, 19, 67, 74, 77
エネルギー吸収性能　80
FRC　79
FRP　23
FRP材　157
FFU壁　116
FFU材　157, 158, 159
FFU部材　116
FFU材料　146
FM　53
エーライト　10, 13, 21
エラストマー　147
塩害　63, 65, 69
塩化カルシウム　65
塩化物　15, 58
塩化物イオン　65, 67, 69, 77
塩化物含有量　60
延性　132
円柱供試体　32
エントラップトエア　48
エントレインドエア　26, 34

お
横断形状　125
応力集中　100
応力集中係数　100
応力度　36
応力-ひずみ曲線　21, 22, 36, 99
オーバーラップ　107

親杭横矢板工法　114, 116, 118
折曲鉄筋　42
温度応力　32, 71
温度制御養生　50
温度ひび割れ　6

か
開先　103, 104
開先形状　103
開削工法　111, 113, 116, 117
改質アスファルト　129, 130
回収水　14
界面活性剤　15
海洋構造物　12
海洋コンクリート　77
外来塩分　65
開粒度　141
開粒度アスファルト　136, 141
化学劣化　67
下降伏点　21
重ね継手　43, 103
ガスアーク溶接　98, 103
ガス切断　102
仮設構造物　111
仮設材料　111, 114, 116, 118
カソード（陰極）　66
形鋼　95
型枠　44, 118
型枠材　111
型枠振動機　48
型枠バイブレータ　50
活性度指数　18, 19
割線弾性係数　36
割裂引張強度　32
カーテンウォール　80
角継手　103
加熱アスファルト混合物　134, 136
加熱養生　16
かぶり　39, 41, 42, 63, 66, 69
下方管理限界線　61
カーボンファイバー　24
ケミカルプレストレス　74
ガラス　23
ガラス繊維　24, 80, 146, 157
ガラスファイバー　24
仮組立て　105, 106
仮締切工法　111
カルシウムアルミネート　10

カルシウムアルミネート水和物　13
カルシウムアルミノフェライト　10
感温性　133, 134
環境負荷低減コンクリート　70
還元　95
乾式吹付け方式　79
含水量　54
乾燥収縮　17, 32, 36, 37, 50, 73, 74
管理限界線　62
管理図　61

き
機械切断　102
気乾状態　54
気孔　107
基層　128, 136
気泡間隔係数　26
脚長不足　107
ギャップアスファルト　137
キャンバー量　105
急結剤　16
急硬剤　16
吸水率　53
吸水量　54
凝結・硬化時間調整剤　16
凝結時間　13
凝結　15
凝結促進剤　16
凝結遅延　74
強度　32
強度発現性状　13
強熱減量　18
切梁　117
キルン　10
金属シリコン　12, 20

く
空気質圧力方法　26
空気中乾燥状態　54
空気量　26, 48, 56
空気連行性　17
空隙率　138, 141
グースアスファルト舗装　141
掘削　112, 117
組立て　105
グラウト用セメント　10
グラフト鎖　16
グランドアンカー　23
クリープ　32, 37
クリープ係数　37
クリープひずみ　37
クリンカ　10
クーリング　50

グリーン購入法　71
グルーブ溶接　103
クレータ割れ　108

け
けい酸カルシウム水和物　13, 18
けい酸三カルシウム（C_3S）　10, 13
けい酸二カルシウム（C_2S）　10
けい石　10
軽量骨材　14, 75
軽量コンクリート　47, 75
罫書き　105
ケミカルプレストレス　19
ケミカルプレストレストコンクリート　74
ゲル　65
減圧蒸留　129
減水剤　15, 16, 25, 29
建設材料　9
現場配合　57

こ
硬化時間　15
鋼管矢板　115
高機能舗装　141
高強度コンクリート　8, 12, 16, 20, 73, 80
鉱さい　10
硬質発砲ウレタン樹脂　157
公称応力　100
公称応力度　99, 101
鋼床版舗装　141
鋼スラグ骨材　71
鋼性型枠　46
高性能AR減水剤　15, 16, 73
高性能減水剤　16, 20, 72, 77
鋼繊維　24, 80
構造規格　125
構造用圧延鋼材　95
高速道路　125
構築　112
合板型枠　46
降伏　100
降伏強度　42
降伏値　27, 28
降伏点　89, 99
降伏点応力度　22
鋼矢板　114, 115
広葉樹　115
高力ボルト　91, 96
高力ボルト継手　104
高流動コンクリート　12, 16, 20, 39, 72

高炉水砕スラグ微粉末　12
高炉スラグ　10, 63
高炉スラグ骨材　71
高炉スラグ砂　14
高炉スラグ砕石　14
高炉スラグ微粉末　19, 66, 72, 73
高炉セメント　10, 12, 71, 77
高炉セメントB種　48
小型振動ローラ　135
国際標準化機構（ISO）　107
骨材　14, 131
骨材間隙率　138
コールドジョイント　16, 39, 52
コンクリート技士　47
コンクリートコア　69
コンクリート主任技士　47
コンクリート舗装　80
コンクリートポンプ工法　75
コンクリートマット工法　75
コンクリート目地盤　146
混合セメント　12
コンシステンシー　24, 25, 27, 28, 30, 132
コンポジット舗装工法　141, 142
混和材　13, 15, 18, 90
混和剤　15
混和材料　6, 9, 15

さ
細骨材　131, 132
細骨材率　25, 29, 30, 55, 56
砕砂　14
再生舗装　142
砕石　14
細粒度アスファルト　137
材料係数　42
材料分離　25, 30, 48, 72
材料分離抵抗性　72
材料分離防止　77
座屈　44, 89, 90
サブマージアーク溶接　98, 103
サブマージ　98
サルファークラック　107
サルファーバンド　107
酸化鉄　66
3σ限界　62
3σ限界線　62
サンドイッチ舗装工法　141, 142
サンドドレーン工法　146

し
仕上げ　50
シアー切断　102

支圧 32	上方管理限界線 61	脆性破壊 100
支圧強度 33	消泡性 17	性能照査型設計 39
支圧接合 104	初期塩分 65	赤外線法 70
CBR 値 128	初期転圧 136	石油アスファルト 129
CBR-TA 128	織布 146	石油アスファルト乳剤 129, 130
ジオグリッド 150, 154	Joseph Aspdin 6	施工性 136
ジオシンセティックス 148, 149, 150, 152, 153, 158	Joseph Monier 6	石灰石 9, 10
	暑中コンクリート 16, 35	石灰石微粉末 21, 72, 79
ジオセル 154	シリカゲル 69	石灰石粉 132
ジオテキスタイル 150	シリカ質材 10	絶乾状態 54
ジオネット 150	シリカセメント 10	設計基準強度 33, 36, 42, 53, 73
ジオメンブレン 153	シリカフューム 20, 29, 73, 74, 79	せっこう 10, 13
試験練り 56	シリカフュームセメント 12	切削 102
自己収縮 17, 37, 74	シールド工事 158	接線弾性係数 36
自己充てんコンクリート 16	シールド工法 111, 116	絶対乾燥状態 54
シース 44	シールドトンネル工法 111	切断 105
止水板 146	人工軽量骨材 75	セミブローンアスファルト 130
指数 PI 133	伸度 132	セメント 9, 90
自然電位 69, 70	浸透液探傷 107	セメントゲル 36
自然電位値 70	浸透液探傷法 107	セメントの凝結 48
自然電位法 70	振動コンパクタ 135	セメント水比 32, 55
湿式吹付け方式 79	振動台式コンシステンシー 28	セルフレベリング 76
湿潤状態 35, 54	振動ローラ 77	セルロース系 72
湿潤養生 50	針入度 129, 132, 133	繊維強化プラスチック 146, 157
自動車専用道路 125	針入度試験 129	繊維素材 24
地盤補強材 148	針入度指数 133	繊維補強コンクリート 6, 24, 79
磁粉探傷 107	針葉樹 115	線形 125
磁粉探傷法 107		潜在水硬性 19, 21
示方配合 57	**す**	せん断 32
支保工 44, 45, 111, 118	水酸化カルシウム 13	せん断応力 28
締固め 48	水酸化第一鉄 66	せん断強度 33
斜張橋 89, 94	水酸化第二鉄 66	せん断補強筋 7
車道 125	水中コンクリート 75	全断面工法 111
シャルピー吸収エネルギー 100	水中不分離性コンクリート 76	銑鉄 95
シャルピー衝撃試験 100	水中不分離性混和剤 76, 149	線膨張係数 7, 38
シャルピー衝撃値 96	水密性 32, 38, 48	
シャルピー値 103	スチールファイバー 24	**そ**
十字継手 103	ステージング工法 111	早強ポルトランドセメント 12, 48
収縮 32	ステンレス型枠 46	
収縮低減コンクリート 74	ストレートアスファルト 129, 130	挿入型バイブレータ 50
収縮低減剤 17, 74	スペーサ 39	側圧 44, 45
収縮ひびわれ 50	すべり抵抗性 136, 139	促進剤 16
収縮補修コンクリート 74	すべり止め舗装 141, 142	促進養生 50
重量法 26	すみ肉溶接 103, 104	側壁導坑先進工法 111
重力式コンクリートダム 77	スラグ巻込み 104	粗骨材 90, 131
主筋 7	スラッジ水 14	底開き箱（袋）コンクリート工法 75
シュミットハンマー 68	スラブ巻込 107	
常圧蒸留 129	スランプ 15, 25, 29, 30, 31, 47, 48, 56	塑性域 100
衝撃弾性波法 70	スランプフロー 28, 47, 48	塑性粘度 27, 28
衝撃強さ 100	すりへり減量 58	塑性変形輪数 127
照合電極 70		外ケーブル 68
上降伏点 21	**せ**	粗粒度アスファルト 137
蒸発後の針入度比 133	正規分布 60	
消波ブロック 85		
上部半断面工法 111		

粗粒率　25, 29, 53

た
第1種の誤り　61
耐久性　63
耐侯・耐水性　136
台船使用工法　111
第2種の誤り　61
耐摩耗性　136
タイヤローラ　77, 135, 136
耐硫酸塩ポルトランドセメント
　　12, 67
耐流動性　136
ダイレタンシー　27
多層弾性理論　128
たたき　50
タックコート　130
脱型　51
ダムコンクリート　7
炭酸カルシウム　65
弾性係数　21, 22, 32, 34, 36, 68, 99
弾性限界　21, 99
弾性体　89
短繊維補強コンクリート　79
炭素繊維　23, 24, 79, 80, 146, 157
タンデムローラ　135, 136
タンピング　50

ち
遅延剤　16
遅延材　52
着色舗装　141, 142
中央分離帯　125
中間杭　111, 116, 118
中間杭建込み　112, 114
中性化　7, 18, 63, 65, 67, 69, 90
中庸熱ポルトランドセメント
　　12, 72, 73, 77
柱列式地下連続壁　114
超音波探傷試験　107, 108
超音波伝播速度　68
超音波法　70
超高強度コンクリート　12
超早強ポルトランドセメント
　　10
超遅延剤　16
直接せん断試験　33
沈下収縮　48
沈埋トンネル工法　111

つ
つき　50
突合せ継手　101, 103
継手　43
吊り橋　89, 94

吊り防護　117

て
低アルカリセメント　66
底設導坑先進上部半断面工法
　　111
低騒音舗装　141
定着長　41, 43
T継手　103
低熱型（多成分混合型）セメント
　　12
低熱ポルトランドセメント
　　10, 12, 72, 73, 77
低発熱性セメント　6, 72
鉄アルミン酸四カルシウム
　　（C_4AF）　10, 13
鉄筋　21
鉄筋加工　39
鉄筋コンクリート　7, 32, 80
鉄筋コンクリート構造　7
鉄筋コンクリートの地下連続壁
　　114
鉄筋直径　41
鉄鉱石　95
鉄骨鉄筋コンクリート　89
鉄骨鉄筋コンクリート構造　8
転圧コンクリート　77
転圧舗装用コンクリート　78
電気アーク溶接　98
電気防食　68
電気炉　95
電気炉酸化スラグ骨材　71
電磁波レーダー法　70
天然アスファルト　129

と
凍害　67
銅管　95
トゥクラック　107
凍結防止剤　67
凍結融解　15, 17, 63, 67, 74, 78
凍結融解抵抗性　15, 55, 75
透水性コンクリート　71
透水性舗装　141
道路橋示方書　103
道路構造令　123, 127
道路復旧　112
溶込不良　107
溶込み不良　108
土留め壁　111, 112, 114
土留め工法　113
土のう　146
ドライミックス　79
トラス　89
トラス橋　92, 93
トラックアジテータ　14

トルエン可溶分　132
トルシア形のボルト　104
トレミー管　76
トレミー工法　75, 76
トンネル覆工　79

な
内部振動機　39, 44, 48
NATM工法　79, 111
ナフタレン系　16
軟化点　132, 133

に
2σ限界線　62
二次転圧　136
ニュートン流体　28

ね
熱拡散係数　38
熱可塑性エラストマー　147
熱間圧延異形棒鋼　21
熱間圧延棒鋼　21
熱間曲げ　102
熱収縮　71
熱切断　102
熱伝導率　38
粘弾性体　27
粘土　10
粘土塊　15

の
のど厚不良　107

は
バイオポリマー　72
配筋　39
配合強度　53
配合設計　14, 53
排水性舗装　141
パイプクーリング　72
パイプサポート　119
パイプルーフ工法　111
バイブレータ　30, 72
破壊エネルギー　34
白色ポルトランドセメント　10
薄膜加熱質針入度残留率　133
薄膜加熱質量変化率　133
剥離材　51
箱（袋）詰めコンクリート工法
　　75
破断　21
発錆限界量　66
発砲スチロール工法　146, 155
はつり調査　68
腹起し　117
半たわみ性舗装　141

索引

盤ぶくれ　117

ひ

PAN系　80
引出し工法　111
PC橋梁　73
PCケーブル　23
PC鋼材　8, 22, 44, 69, 90
PC鋼線　22
PC鋼より線　22
PCコンクリート構造物　90
ひずみ　36
ひずみ速度　28
ピッチ　39
ピッチ系　80
引張　32
引張応力　32
引張強度　32, 33
引張接合　104
引張強さ　21
引張軟化特性　33, 80
ビティ　119
ビティパイプ　119
ピット　104
ビード　107
ヒートアイランド現象　78
ビード下割れ　107, 108
ビニロン繊維　79, 80, 146
非破壊検査　69
比表面積　18, 19
非ビンガム流体　28
ヒービング　117
被覆アーク溶接　98, 103
表乾状態　54, 56
表乾密度　53
標準偏差　60, 61
表層　128, 136
表層用アスファルト　142
標本平均　61
表面乾燥飽水状態　54
表面乾燥飽和状態　53
表面水率　57
表面水量　54
ビーライト　10, 13
ビーライトセメント　72
比例限界　21
疲労　101
疲労強度　22, 101
疲労抵抗性　136
疲労破壊　127
疲労破壊輪数　127
ビンガム流体　28

ふ

フィニッシャビリティー　25, 30

フィラー　131, 132
フェノールフタレイン溶液　69
フェライト相　10, 13
フェロシリコン　12, 20
フェロニッケルスラグ骨材　71
フォース鉄道橋　90
吹付けコンクリート　16, 71, 79
覆工桁　111, 116
覆工板　111
複合劣化　67
腹板　102
腐食　13
不織布　147
付着強度　32, 33
普通ポルトランドセメント　12, 44, 48
普通丸鋼　21, 34, 41, 42
フック　41
覆工板　116
不動態皮膜　63, 65
フライアッシュ　10, 12, 18, 20, 25, 29, 63, 66, 72
フライアッシュセメント　10, 12, 71, 77
プライムコート　130
プラスチック型枠　46
プラスチックひびわれ　50
プラスティシティー　24, 25, 30
プラズマ切断　102
プラント再生舗装工法　142
ブリーディング　30, 31, 50, 52, 66, 76
ブリーディング水　45
フルデプスアスファルト舗装工法　141, 142
プレウェッティング　75
プレキャスト　8
プレキャストコンクリート　5, 16, 80
プレキャストコンクリート製品　80
プレキャストブロック工法　83
プレクーリング　72
プレストレス　7, 8, 37
プレストレスコンクリート　32, 33
プレストレストコンクリート　22, 80, 82, 89
プレストレストコンクリート構造　7
フレッシュコンクリート　9, 13, 14, 24, 25, 27, 30, 39, 44, 45, 47, 48, 76
フレッシュモルタル　25
プレテンション　22, 82
プレテンション方式　8

プレートガーダー　89, 102
プレートガーダー橋　92, 93, 106
プレパックドコンクリート　75, 76
ブレーン比表面積　21
ブローイング　129
フロー値　138
ブローホール　104, 107, 108
ブローンアスファルト　129
分離低減剤　72

へ

平均値　60, 61
平坦性　127, 139
pH　66
BET比表面積　20
ペーパードレーン工法　146
変動係数　60, 61
ベントナイト　115, 153

ほ

ボイリング　117
ホイールトラッキング試験　137
棒鋼　95
放射線透過試験　107, 108
放射線透過法　70
膨張コンクリート　74
膨張材　19, 74
膨張セメント　10
飽和度　138
母集団　61
ポストテンション方式　8
舗装　127
舗装コンクリート　7
ポゾラン反応　18, 20, 21
ボックス・カルバート　83
歩道　125
ポーラス　77
ポーラスコンクリート　78, 79
ポリカルボン酸系　16
ポルトランドセメント　6, 9, 10, 12
ボールベアリング　18, 29
ボールベアリング効果　15

ま

埋設物復旧　112, 119
埋設物防護　112, 117
曲げ　32
曲げ加工　102
曲げ強度　32, 33
曲げ形状　41
曲げひび割れ　32
摩擦接合　104

摩擦接合継手　91
摩擦接合用高力ボルト　96, 98
摩擦接合用トルシア高力ボルト　96
マーシャル安定度試験　137, 138
マスコンクリート　6, 71, 72
マットレス工法　154
まぶしコンクリート　78

み
ミキサ　14
水セメント比　53
溝形鋼　115
密粒度アスファルト　137
ミルスケール　66

む
無機繊維　23
無筋コンクリート　7, 80

め
明色性舗装　142
明色舗装　141, 142
目地材　146
メタルフォーム　46, 118
メンテナンスフリー　63

も
毛細管空隙　17
毛細管張力　17, 74
木製型枠　46
木矢板　114, 116, 118
モノサルフェート水和物　13

や
山形鋼　115
ヤング係数　21, 32, 36, 99

ゆ
有害物含有量　15
有機繊維　23
融合不良　107
油井セメント　10

よ
溶鉱炉　95
溶剤脱瀝アスファルト　129
養生温度　35
養生　50
養生マット　146
容積法　26
溶接　91, 105
溶接構造用圧延鋼材　96
溶接構造用耐候性熱間圧延鋼材　96

溶接継手　101, 103
溶存酸素　66
呼び強度　47, 48, 60

ら
ライフサイクルコスト（LCC）　67, 70, 107
ラベリング試験　137
ラーメン橋　89, 92, 93
ランガー橋　92, 93

り
リグニン系　16
リース材　116
立体障害反発力　16
リバウンド　79
リベット　91, 96
リベット継手　104
リモルディング　28
粒形判定実績率　29
硫酸　67
硫酸塩　67
流動化コンクリート　47
流動化処理土　119, 121, 122
流動性　15
緑地帯　125
リラクセーション　22
理論最大密度　138
輪荷重　127

る
ルートクラック　107

れ
冷間曲げ　102
冷間曲げ加工　102
レイタンス　30, 50, 52
0.2%ひずみ点　22
瀝青　128
レディーミクストコンクリート　14, 16, 47, 48, 58
連行空気泡　15
連続繊維シート　23
連続繊維補強材　23
連続繊維　23
錬鉄　90

ろ
路肩　125
ロサンゼルスすりへり試験機　15
路床　128
路上再生路盤工法　143
路上表層再生工法　142
ローゼ橋　92
路体　128

ロックボルト　158
路盤　128
路面覆工　112, 114, 116, 122
ロールドアスファルト舗装　141

わ
ワーカビリティー　13, 14, 18, 24, 25, 26, 35, 48, 60
ワーカビリティーの改善　15
わだち掘れ　127
割増係数　53

編著者略歴

原田　宏（はらだ　ひろし）

1932 年	東京生まれ
1955 年	日本大学理工学部土木工学科卒業
1955 年	鹿島建設株式会社入社
	鹿島では、大略始めの 10 年間は技術研究所、次いで東名高速道・本四架橋など現業部門に 10 年間、本社海洋開発室に 15 年間、最後の 1 年間は土木の統括部門である土木技術本部の本部次長。
	1966 年に技術士、1981 年に工学博士。この間政府機関や土木学会、日本建築学会等、産・官・学の各種委員会に参加。玉川聖学園で 1 年間、早稲田大学で 3 年間、東海大学で 2 年間、日本大学で 1 年間講師。また 3 年間、日本大学理工学研究所嘱託。
1991 年	日本大学理工学部土木工学科教授
	日大では、学部・大学院で土木材料学、土木施工学を担当。
2002 年	日本大学教授定年退職
2021 年	逝去

コンストラクション　マテリアル

2012 年 9 月 20 日　第 1 刷発行
2022 年 9 月 30 日　第 3 刷発行

編著者　原田　宏

発行者　新妻　充

発行所　鹿島出版会
　　　　104-0028　東京都中央区八重洲 2 丁目 5 番 14 号
　　　　Tel. 03(6202)5200　振替 00160-2-180883

落丁・乱丁本はお取替えいたします。
本書の無断複製(コピー)は著作権法上での例外を除き禁じられています。また、代行業者等に依頼してスキャンやデジタル化することは、たとえ個人や家庭内の利用を目的とする場合でも著作権法違反です。

装幀：石原 亮　　DTP：エムツークリエイト
印刷・製本：壮光舎印刷
Ⓒ Hiroshi Harada. et al., 2012
ISBN 978-4-306-02447-2　C3052　　Printed in Japan

本書の内容に関するご意見・ご感想は下記までお寄せください。
URL：https://www.kajima-publishing.co.jp
E-mail：info@kajima-publishing.co.jp